PLAUFL 解放军外国语学院
PUBLICATION FUND 出版基金

情报分析

理论、方法与案例

Intelligence: Theories, Methods and Cases

李景龙・著

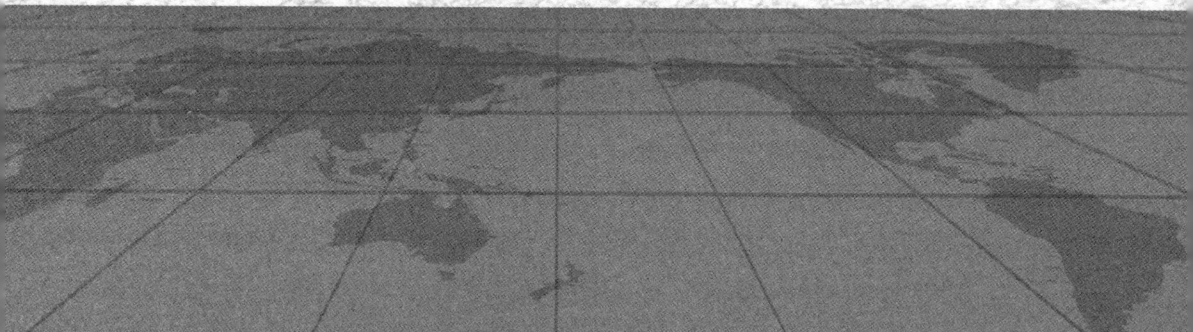

时 事 出 版 社
北 京

图书在版编目（CIP）数据

情报分析：理论、方法与案例/李景龙著．—北京：时事出版社，2017.1（2023.12重印）

ISBN 978-7-5195-0050-4

Ⅰ.①情…　Ⅱ.①李…　Ⅲ.①情报分析　Ⅳ.①G353.1

中国版本图书馆 CIP 数据核字（2016）第 298459 号

出版发行：时事出版社

地　　址：北京市海淀区彰化路 138 号西荣阁 B 座 G2 层

邮　　编：100097

发行热线：（010）88869831　88869832

传　　真：（010）88869875

电子邮箱：shishichubanshe@sina.com

印　　刷：北京世纪优彩科技有限公司

开本：787×1092　1/16　印张：22.25　字数：300 千字

2017 年 1 月第 1 版　　2023 年 12 月第 9 次印刷

定价：80.00 元

目　　录

导　　言

一、研究的主要内容

以高质量的情报服务于决策，是任何国家维护利益和运用实力的必要保障。在充满竞争的世界里，一个国家的治理和决策，如果没有可靠的情报作为后盾，就不可能顺利实施。而卓有成效的情报工作又必须依靠高质量的情报分析，因为分析研判是情报工作全部价值得以最终实现的关键。如果获取了大量情报素材却无法做出精当和及时的分析，只能是对宝贵情报资源的浪费。

从专业角度看，情报分析既是科学，也是艺术，更是两者的巧妙结合；从职业角度看，情报分析处于情报流程的核心和顶层位置，是情报工作的全部价值得以最终实现的关键。因此，对于情报分析的研究自然成为情报理论研究的核心领域和持续增长点。在笔者看来，对于情报分析的系统研究，根基在于理论积淀与指导，支柱在于方法创新和应用，而亮点在于案例总结和示范。具体而言，可做如下解释：

首先，情报分析理论是一个纷繁复杂的体系，其知识复合程度、学科交叉程度以及研究细化程度均非常高，通过梳理和情报分析理论的具体成果，情报分析理论汇集了源自现实领域的大量应用性成果，具有极高的实践参考价值。从研究基础看，情报分析理论研究者大多长期从事一线情报分析工作，他们有着深刻的专业思考和切身体会，能够将其所经历的经验得失作为理论研究的鲜活素材，其中必然包含了大量可以应用的方法、工具和技巧；从发展过程看，情报分析理论之间的起承转合，反映了各种理论认识与观点在实践中不断被检验、改良和创新的经过，客观记录了情报分析工作模式的转变、方法的改进和理念的更新；从效果评估看，研究成果包含了对各种应用理论的主导理念、适用范围、使用条件和操作方法的案例示范和效果评估，浓缩了情报分析专家从实践中积累的集体智慧和经验。

其次，科学的构成不仅在于知识体系，而且在于发现和积累新知识的方法。实际上，与很多应用科学一样，如果缺乏科学的方法体系作为理论指导和工具，情报分析不仅将缺乏足够的专业特质，而且实施过程也会无所依托。因此，情报分析理论研究必须重视研究方法，而其理论的发展进步也经常源自于研究方法的创新。对于情报分析教育和训练工作而言，全面掌握和熟练应用研究方法对于培养情报分析人员的专业技能，以及提升其发现问题、解决问题的实际能力具有重要作用。

再次，情报分析人员还需要不断地对经典分析案例中包含的成败得失进行总结、消化和吸收，所以，案例分析对于情报分析教学和研究来说也是一种理想途径。情报分析案例研究本身就是要通过引用和诠释相关情报分析理论成果，再紧密结合情报分析方法的指导与应用，去总结经验教训，以达成解释性或启发性的效果，最终更好地牵引情报分析实践活动。

综上所述，从理论、方法和案例三个层面研究情报分析，是一种通过阐释和探索对情报分析各种现象、经验和规律的系统考察，三者之间既相对独立又相互融合，是能够系统展现情报分析学术研究成果的最佳框架。本书的体例，正是从理论、方法和案例三个层面展开论述，详细评介了经典的情报分析理论研究成果、主要的情报分析研究方法以及可供演练的情报分析案例。

二、情报分析理论研究概述

情报分析理论研究始于 20 世纪 40 年代初，发展兴盛于冷战时期，变革转型于世纪之交，至今依然保持着蓬勃的发展势头。国内外情报学术界对于分析理论的研究早已呈现百家争鸣之势，从基本的逻辑推理、历史经验与直觉判断等方法的使用，到法政学、数学、认知心理学、组织行为学等相关学科成果的移植，研究局面蔚为壮观，研究成果车载斗量，其中也产生了众多具有国际影响力的名家、名作。

情报分析理论研究始终保持高度开放的研究态度，广泛吸收其他成熟学科的研究成果，并在积极借鉴的基础上努力进行转化与创新，形成了能够促进自我发展与繁荣的知识源泉和学术土壤。同时，情报分析理论研究也能够在兼收并蓄的过程中始终保持研究的核心趋向，即从初建至今不断探索符合情报分析自身专业特色的规律与特点，形成了独特的研究范式和发展逻辑。纵观情报分析理论研究的演变过程，可以将其历史进程大体划分为借鉴与开创、丰富与争鸣和整合与创新三个逻辑阶段。

（一）借鉴与开创

从20世纪40—60年代中期，情报分析理论研究经过第二次世界大战的洗礼、历次情报机构调整和改革的影响以及冷战初期情报斗争的锻炼，逐渐形成了稳定的研究流派，并发布了具有奠基意义的传统情报分析理论研究成果。因为是首次创建理论，传统情报分析理论从初创到发展成熟经历了较长过程，不但在这一时期里占据了研究的主导地位，而且对日后的分析理论研究产生了深远影响。客观地说，早期的情报分析理论研究的确创立了一个可观的研究基础，而传统情报分析理论也树立了在情报分析理论体系的主干地位。限于历史的局限性，借鉴和开创时期的理论研究的最大意义在于尽可能广泛地拓展研究范畴，建立研究方法论，形成可持续发展的研究根基，而不在于能够提出并解决全部的理论问题——这实际上也是不可能的。然而，从研究发展阶段的角度来衡量，起步时期的情报分析理论研究，尽管以移植、借鉴、并在短期内发展成熟为最主要特色，却也为理论研究之后出现的争鸣与繁荣奠定了坚实基础。同时，虽然传统情报分析理论在20世纪60年代末期就已经发展成熟，但是承接于传统理论的研究工作却并未停歇，而是步入了稳定的持续发展阶段，并对后代的理论研究发挥了持续、深远的影响。

（二）丰富与争鸣

伴随着情报分析环境和内容的变化，传统理论已经不能完整涵盖研究领域出现的种种新问题。一方面，技术进步和机构调整都使实践工作出现了较大变化，理论研究必须跟踪和适应这些变化；另一方面，通过全面、深刻地反思日渐积累的分析失误，对于情报分析本质过程和制约因素的理论认识也在不断深化。虽然从研究对象看，这些研究依然源于传统理论曾经关注的某些领域，比如分析模式、工具和理念等，但是在研究的内容和深度方面已经逐渐超越了既有理论所涵盖的范畴，有必要进行另外的专门研究。因此，从20世纪60年代中期到90年代初期，新的研究方向逐渐从传统情报分析理论研究中分离或生发出来，形成相互独立的分支，促成了情报分析理论研究百家争鸣的局面。在这一阶段，情报分析理论研究呈现出蓬勃发展和高度繁荣的势头，这一方面反映出实践工作日益复杂的发展趋势，另一方面也映证了情报分析专业对理论指导的强烈需求。从总体上看，传统理论一枝独秀的局面被不同理论流派之间的相互竞争、补充与融合所取代。在研究命题不断拓展和深化的过程中，定量分析研究、团队分析研究、应对情报分析“政治化”研究、分析失误研究和认知心理研究相继形成比较稳定的研究流派，成为这一时期理论研究的典型代表。虽然研究起点不一、研究内容各异，但是它们在多个层面上很好地补充了传统情报分析理论研究相对缺失与薄弱的部分，并能够与传承于传统理论的相关研究并行发展，进一步丰富和完善了情报分析理论体系。

（三）整合与创新

大体从冷战结束之后，情报分析理论研究也进入了一个积极探索和谋求创新的新阶段。研究者试图在有机整合既有理论成果的基础上，创建适应信息时代的情报分析理论，为实践工作提供明确的导向与牵引，实现情报分析理论研究的转型。因此，当前的情报分析理论研究正处于整合与创新时期。一方面，研究者置身于全方位变革的时代背景下重新审视研究需求，系统整合既有成果积淀，催生出“结构化”分析等先进理念；另一方面，在大数据时代“分析转型”的概念引领下，研究者也在积极利用技术进步和体制革新带来的有益变化，不断创新思路，努力开拓研究的新领域。

从总体上看，情报分析理论研究呈现出以下特色：首先，与实践紧密互动和提升学科专业化的双重需求是推进理论研究持续发展繁荣的内在动力；其次，研究命题的拓展和深入催生了不同流派的理论不断产生与发展、竞争与融合，最终形成了能够自我持续、业已成熟的理论体系；再次，在融合基础上进行创新是当前理论研究主要的发展特点与趋势，也反映出情报分析理论在传承中发展、在批判中改良、在竞争中创新的发展逻辑。

三、情报分析方法研究概述

科学最为本质的特征应该是研究方法，一门专业的发展进步经常源自于研究方法的创新。因此，情报分析必须重视研究方法。从基本的历史分析方法、经验主义方法，到逻辑学、法证学、数学、认知心理学成果和研究方法的吸纳引入，研究成果非常丰硕。这些研究成果一方面引领了世界情报分析学术研究的前沿趋势，另一方面也在实践领域产生了长期、稳定的现实效益，促进了情报分析的科学化和专业化发展。从总体上看，情报分析方法研究体现出如下特色。

（一）问题指向鲜明

情报分析方法研究的每一步创新都有明确的现实指向，这样做的直接效果是方法创立和转化周期会比较短，能够较快地在现实工作中产生或大或小的积极影响。比如，兰德公司研究专家发明的系统分析方法就曾为建议美国政府采取最佳的核战略对抗苏联方面发挥了关键作用；而对博弈论的思想加以引申和灵活运用的方法也在商业竞争乃至体育竞赛领域屡获成功。这些情报分析方法的研究突破往往来自于各种实践领域出现的紧迫需求，而美国情报分析方法研究的主旨在于适时对各种现实问题进行针对性的剖析和破解，为实践应用提供有力的研究工具。

因为情报分析在服务政治、经济、军事、科技、法律、教育各个领域均占据一席之地，而各个领域所涌现的问题也不断需要创新适应变化、聚焦实践的方法进行应对，尤其以服务企业竞争为特色的商业情报、参与国家利益博弈为实质的军事情报以及鉴别证据和推理案情为核心的法政情报最为突出。于是，在各个领域现实需求的强大牵引下，情报分析方法创新和应用往往对问题的最终解决起到非常重要的作用，并最终表现为商业利益的增长，安全形势的优化以及法律权威的维护。所以，情报分析方法研究便获得了满足各种现实需求的直接动力，并成为情报服务领域的一种必要而且关键的基础性投资。

（二）善于转益多师

总体上看，情报分析方法研究总是能够从相关领域的研究成果中寻找智力支持，将成熟学科的研究方法加以移植和转化，用以描述、概括和解释情报分析研究领域的现象和问题。20 世纪 40 年代末，以哈佛大学历史系教授威廉·兰格和耶鲁大学教授谢尔曼·肯特为代表的历史学家携笔从戎，加入战略情报局从事情报分析工作，他们借鉴了历史学、哲学的实证经验主义研究范式，将历史学研究方法与模式应用于对情报分析的研究，建立了美国情报研究历史上赫赫有名的“历史经验主义流派”，也开启了情报分析从社会科学中寻求智力支持的大门；50 年代末期，“头脑风暴”、“德尔菲”法等研究方法经过兰德公司研究部门的改进或发明之后，在学术研究领域迅速推广应用，也被陆续被引入情报分析领域，为有效提升分析团队的合作效益发挥了积极作用；贯穿整个 60 年代，主张采用定量分析的“科学行为主义”理论在西方学术界盛行，定量分析方法被广泛应用于经济、科技、军事领域的情报分析，不仅拓宽了情报分析借鉴社会科学和自然科学理论工具的广度，而且从方法论层面弥补了情报分析专业化发展进程中的薄弱环节；70年代末期，以理查兹·休尔为代表的研究者充分借鉴认知心理学的研究进展，从思维机制的微观层面的探索了改进情报分析的途径与方法，其研究成果在学术界引发了热烈反响；90年代初，由于计算机网络技术的兴起，智能化、网络化的分析工具在很大程度上改变了情报分析工作的面貌，也给情报分析方法创新拓展了巨大的研究空间；新世纪以来，情报分析方法研究进入了技术、专业、理念全面融合的阶段，以“结构化”分析为代表的研究成果表现出先进的设计和应用思路，引发了情报分析方法研究的革新。

综上所述，对任何一门学科来说，如果能够在发展过程中合理吸收和利用相关学科研究所取得的进步，对于促进自身发展来说是非常合理和有益的手段。依据目前情报分析理论发展的状况来考察，情报分析的学科支撑依然呈现出非常明显的复合性和交叉性：典型的社会科学如历史学、政治学、国际关系学、哲学、心理学发挥了决定性作用，而自然科学中的基础学科如数学也发挥了一定辅助作用。究其本质原因，情报分析工作涵盖方方面面的专业知识，还需要分析人员在综合时空环境中打破常规的学科主题界限灵活应用多种方法和技巧。所以，正所谓在情报分析专业里，“杂家”之“杂”，正是公认的“专家”之“专”的重要标志。因此，对于情报分析方法研究来说，在发展过程中积极进行跨学科的交叉与融合，对相关研究成果兼收并蓄，并加以改造和创新，无疑是一种最佳的方式。而且，这种积极鼓励和培育交叉研究的做法不是传统意义上在相近学科之间所进行的简单交流，而是为了尽可能拓展和强化情报分析的学科支撑，获取更宽广的发展空间和更长远的发展潜力的一种主动行为。

（三）精于形成合力

情报分析方法研究已经形成了非常成熟的产业、学府、研究机构分工明确、配合默契的合理布局，而且它们相互之间能够实现优势互补。作为产业，比如企业的情报部门负责捕捉现实领域出现的新变化，从中寻找和定位需求，为开展新的情报分析方法研究提出要求；作为学府，以完善而基础性的情报课程教学与科研为依托，广泛从各种专业知识领域获取营养，为创建新的情报分析方法提供线索信息，并将适用的知识和理念加工成为构成应用方法的要素和组件；作为研究机构，则要更有针对性地化解来自实践领域的需求，并与来自院校基础研究成果支撑进行对接，完成分析方法创新的最后合成与检验，实际上很多著名的情报分析方法的创新和改进都是直接源自于兰德公司这样的智库。综上所述，正是因为具备了产、学、研一体化的完整研究链条，情报分析方法研究才能够不断保持活力。

客观来说，美国作为世界第一情报强国，在情报分析方法研究方面处于领先地位。美国社会非常看重情报、善用情报的文化，的确为情报分析方法研究提供了良好的社会氛围和充裕的基础条件。如果说美国相关产业部门和科研部门研究情报分析方法更多来自于直接的需求和利益驱动，那么高等学府对情报的重视就并非功利而重于基础。包括多所“常春藤”名校在内，美国有200多所大学开设有固定的情报或与情报专业直接相关的国土安全类课程，这个数据足以说明美国拥有情报研究的充足资源和良好氛围，而这足以保证情报分析方法研究在美国能够构筑出完整且均衡的产、学、研链条。

四、情报分析案例研究概述

情报分析方法是运用各种理念、原则和技巧生产情报产品的工具，是解决问题的直接途径，相当于生产情报产品的制作工艺。掌握这种工艺的最好途径就是按照使用要求检验性地生产出分析产品——即开展案例研究。一方面，成功的分析案例有如合格的产品，进行案例研究能够给情报分析人员提供一种标准化的参照，是需要通过学习去掌握的操作范本，也是通过模仿体验去锤炼专业素质的基本功；另一方面，失误的分析案例类似不合格的产品，能够给分析人员提供一个设身处地的机会去感受当时的压力和苦难，理解导致分析失误的原因，探索解决困难的办法，从而避免犯同样的错误。

（一）案例研究的价值分析

研究情报分析案例，是一种通过原理阐释和经验探索，使用合适的方法和可用的素材对情报分析实践活动开展的综合考察。换句话说，这种研究不仅关注在当时当地的情报分析过程中发生了什么，还关注置身此情此景情报分析的各种可能将会怎么发生。如同情报分析努力消除不确定性一样，情报分析案例研究也要关注置身在具体的分析任务当中的分析人员所掌握的资源、面临的困难和保持的心理状态，这些因素共同成为案例研究努力挖掘的价值所在。所以，案例研究关注的领域和聚焦的问题往往具有典型性和普遍性，甚至是情报分析方法在实践应用中必然会经历的瓶颈问题，而且这些问题在不同的环境和背景中应该存在其他适合的解决办法。通过参与案例研究本身或学习案例研究成果，都可以使分析人员更好地培养思维习惯和专业意识，研习分析方法，最终实现能力的融入。

（二）案例研究的困难分析

一般而言，完成解释型案例、评价型案例比较容易，而完成决断型、想定型案例则比较困难，但是后者对于指导情报分析实践工作的意义更大。解释型、评价型案例研究一般就是对已经发生的情报分析过程进行还原或回溯分析，从第三方的超然视角发现问题，提出整改建议，提供参考借鉴。决断型、想定型案例研究必须要以解决现实中具体的分析问题为指向，必须通过案例分析和模拟分析的全部过程，要基于实战的背景环境设定各种条件，并要求训练人员竭尽全力得出准确、清晰的分析结果。这个过程需要立足于描述性和探索性的研究，依循一种或多种情报分析方法得出结论，还要对各种情报分析方法做大胆而合理的改造，使之远远超出方法介绍文本所蕴含的固定价值，成为活的知识和技巧。比如，建立特定的分析程序和处理机制，这必须通过基于真实背景的情报分析案例才能加以检验，并在具体的分析过程中发现问题，思考应对的办法，并最终解决问题。因此，无论是对已发生案例进行重新设定后做复盘模拟，还是基于真实情境模拟编写新案例，对于接受决断型、想定型案例研究训练的人来说，都应该以实战要求投入分析，而不受制于既有结论和先例的局限。

经过多年研究积淀，学术界在情报分析案例研究领域取得了相当丰硕的成果。情报分析案例研究则往往以经典的情报战战例、危机处理中的情报对抗活动以及重大决策情报评估为素材，以后见之明的研究方式推演、还原情报分析的过程与结果，典型的研究成果包括：罗伯塔·沃尔斯泰特所著的《珍珠港：预警与决策》、迈克·汉德尔所著的《无言的船长：二战中的情报失误》、萨拉·米勒·毕比等著的《情报分析个案集》、谢尔曼·肯特撰写的《古巴导弹危机：一次重要评估回顾》等等。但是，上述罗列的案例研究成果，绝大多数都是解释型、评价型案例，而少有决断型、想定型案例，学术价值高但是可操作性不强。因此，本书希望在学习和借鉴经典情报分析案例研究成果的基础上，基于热点事件的公开报道素材，对应不同的情报分析方法分专题编写决断性和想定型模拟案例，以供读者试用。因为作者的知识结构和研究经验所限，对案例素材的收集也严格限定在公开资料，必然使得分析案例的设计会存在诸多缺陷。以上不足，希望本书读者能够包涵，并提出宝贵的意见建议。

五、研究依据的主要素材

为了完成本书的写作，作者着重从以下三个方面对国内外的研究文献进行系统搜集和梳理：一是查阅了国内综合和专业图书馆的馆藏文献资源，获取了对本书写作富有参考价值的出版成果；二是登录“中国知识资源总库”（CNKI）等通用型和专业型数据库系统，对相关研究成果进行了完整检索和收集；三是利用互联网的多种中英文搜索引擎，对可以检索到的相关研究文献进行了下载和编辑，从中挑选出与研究范围相符或相关的文献资料。总体上看，对本书研究帮助较大的研究素材包括以下几类：

（一）国内研究素材

1. 学术专著（含译著、文选）

（1）张晓军所著的《美国军事情报理论研究》（军事科学出版社，2011年版）是国内第一部以美国军事情报理论为研究对象的公开学术专著，这本书对美国军事情报理论研究的五大主题进行了分专题阐述，最大程度地实现了研究者的主观认识与美国军事情报理论研究的真实面貌的统一。另外，张晓军主编的《美国军事情报理论著作评介》（时事出版社，2005年版）和《美国军事情报理论著作评介（第二辑）》（时事出版社，2010年版）以广阔的学术视野，收录了美国情报理论研究的经典研究专著和论文集共计45部，将原文研究成果的精华部分进行了翻译，并以研究论文的形式客观、科学地评价了所选著作的学术价值。

（2）张长军博士所著的《美国情报失误研究》（军事科学出版社，2006年版）有少量篇幅介绍了美国学者对情报分析失误的根源、类型、典型表现和应对措施。他的另一部专著《战略突袭预警研究》（军事科学出版社，2010年版）也有部分篇幅阐释了情报分析人员在预警分析时所面临的困境。

（3）钱军博士所著的《情报分析的认知理论与方法》（深圳报业集团出版社，2009年版）从认知角度对影响情报分析的因素和现象进行了总结，他在书中提出了“认知能力是决定情报分析质量的根本要素”这一命题，部分借鉴了美国微观分析理论研究专家理查兹·休尔的相关观点；书中所探讨的如何改善分析人员认知策略和思维水平等问题，也参考了理查兹·休尔“竞争性假设分析”方法的经典思想。

（4）高庆德博士所著的《军事情报分析模型建构》（军事科学出版社，2010年版）专门研究了定量方法，特别是模型建构在情报分析中的相关应用，其中多次引用了美国情报分析量化研究领域的相关成果，包括博弈分析、贝叶斯理论等等。

2. 发表的学术论文

（1）进行单纯的理论阐释，从某种侧面或角度介绍或论述了相关理论的内容与特点。比如：张俊、姜扬、王国良的《情报分析人员的批判性思维研究》，发表于《情报杂志》2010 年第 1 期，等等。

（2）侧重实践方法的演示，借鉴或套用美国相关分析理论进行独立的案例分析。比如：崔华华、林涛的《论军事情报分析中竞争性假设分析法的应用》，发表于《情报杂志》2006 年第 12 期；作者本人的《贝叶斯分析理论在情报研究中的应用》，发表于《情报探索》2007 年第 1 期；惠朝阳、蓝军的《基于图式的军事情报分析》，发表于《现代情报》2009 年第 11 期；等等。

（3）在研究情报分析的相关理论问题时，论述或者引用了部分美国情报分析理论的观点，并进行了相应解释和引申。比如：沈固朝的《情报失察——西方情报研究的重要课题及其对我们的启示》，发表于《图书情报工作》2009 年第 2 期；钟亮的《美国情报界情报分析转型的新举措——A-Space 网站》，发表于《情报杂志》2010 年第 11 期；等等。

（二）国外研究素材

1. 专著（含编著）

外国学者出版的学术著作数量众多，总体上可以分为以下几种：

（1）对情报分析依循的流程与模式进行剖析，考察情报分析的基本要素、主要过程和相互关系，主要进行基础性理论研究，能够反映出美国研究者对于情报分析最为本质问题的深入思考。这类著作的典型代表有：谢尔曼·肯特所著的《为美国世界政策服务的战略情报》（*Strategic Intelligence for American World Policy*，1949），艾布拉姆·舒尔斯基和加里·施密特合著的《无声的战争：理解情报世界》（*Silent Warfare：Understanding the World of Intelligence*，1991），杰罗姆·克劳瑟所著的《情报研究与分析导论》（*An Introduction to Intelligence Research and Analysis*，2008），朱利安·理查兹所著的《情报分析的艺术与科学》（*The Art and Science of Intelligence Analysis*，

2010），托马斯·芬加所著的《减少不确定性：情报分析与国家安全》（*Reducing Uncertainty*：*Intelligence Analysis and National Security*，2011），史蒂芬·马琳所著的《改进情报分析：跨越学术和实践的鸿沟》（*Improving Intelligence Analysis*：*Bridging the Gap between Scholarship and Practice*，2011），等等。

（2）关注情报分析的相关重要命题（预警、欺骗、失误等），从理论上深入阐释影响分析人员的各种主客观因素，以及结合情报分析的经典案例去解释各种因素的作用机理、特殊表现和影响效力，主要进行解释性理论研究，能够反映出不同时期的研究者对同类命题进行理论解答的发展情况。这类著作的典型代表有：罗伯塔·沃尔斯泰特所著的《珍珠港：预警与决策》（*Pearl Harbor*：*Warning and Decision*，1962），阿瑞尔·列维特所著的《情报与战略突袭》（*Intelligence and Strategic Surprises*，1987），辛西娅·克拉伯所著的《期待突袭：战略预警的分析》（*Anticipating Surprise*：*Analysis for Strategic Warning*，2002），杰佛里·库伯所著的《治疗分析病理学：改进情报分析的途径》（*Curing Analytic Pathologies*：*Pathways to Improved Intelligence Analysis*，2005），罗伯·约翰斯顿所著的《美国情报界的分析文化：一项人类学研究》（*Analytic Culture in the U. S. Intelligence Community*：*An Ethnographic Study*，2005），罗杰·乔治和詹姆斯·布鲁斯合编的《分析情报：起源、阻碍和革新》（*Analyzing Intelligence*：*Origins*，*Obstacles and Innovations*，2007），戴维·摩尔所著的《批判性思维与情报分析》（*Critical Thinking and Intelligence Analysis*，2007），帕特里克·沃尔什所著的《情报与情报分析》（*Intelligence and Intelligence Analysis*，2011），等等。

（3）在借鉴、移植其他专业研究成果的基础上进行理论转化和革新，专门研究分析人员可以应用的理论工具，既阐释理论本身，也探讨理论的适用范围、运用技巧和典型范例，主要进行应用性理论研究，能够直观反映情报分析应用方法和指导理念的改进和创新情况。这类著作的典型代表包括理查兹·休尔主编的《政治情报定量分析法：中央情报局的经验》（*Quantitative Approaches to Political Intelligence：The CIA Experience*，1978）、他所著的《情报分析心理学》（*Psychology of Intelligence Analysis*，1999）、他和兰多夫·佛森合著的《情报分析的"结构化分析技巧"》（*Structured Analytic Techniques for Intelligence Analysis*，2011），戴维·舒姆所著的《分析人员的依据与推理（1、2卷）》（*Evidence and Inference for the Intelligence Analyst：Volume I，II*，1987），美国政府发布的指导手册《技艺指南：改进情报分析的"结构化分析技巧"》（*A Tradecraft Primer：Structured Analytic Techniques for Improving Intelligence Analysis*，2009），美国国家研究委员会发布的电子版专著《明日的情报分析：从行为和社会科学中进步》（*Intelligence Analysis for Tomorrow：Advances from the Behavioral and Social Sciences*，2011），萨拉·米勒·毕比和兰多夫·佛森合著的《情报分析个案集：行动中的"结构化分析技巧"》（*Cases in Intelligence Analysis：Structured Analytic Techniques in Action*，2011），等等。

2. 研究论文

（1）具有多年情报分析实践经验的业内专家根据切身的心得体会，总结、改进或创新出来的理论、方法和技巧。此类论文侧重于关注实践工作，旨在解决问题、演示案例，多发表于中央情报局《情报研究》等业内期刊，或者情报分析理论专题研讨会论文集，典型的代表如：谢尔曼·肯特撰写的《古巴导弹危机：一次重要评估回顾》（*Cuba Missile Crisis：A Crucial Estimate Relived*，1964）、《评估可能性的文字表述》（*Words of Estimative Probability*，1964）、《评估与影响》（*Estimate and Influence*，1966），杰克·佐罗尼克撰写的《情报分析的贝叶斯理论》（*Bayes Theorem for Intelligence*，1970），查理斯·费斯克撰写的《中苏边境纠纷：情报预警方面常规和贝叶斯方法的比较》，弗兰克·华特纳比撰写的《如何在情报处成功：给分析人员的15条公理》（*How to Succeed in the DI：Fifteen Axioms for Intelligence Analysts*，1997），罗杰·乔治撰写的《修补分析中的思维定式问题：可选择分析》（*Fixing the Problem of Analytical Mind - Sets: Alternative Analysis*, 2004），等等。

（2）专门从事情报分析教育和训练、科研的专家对情报分析的相关问题进行理论分析和批判研究。此类论文旨在解释疑难、剖析瓶颈，主要发表于中央情报局《肯特中心不定期论文集》（*Kent Center Occasional Papers*）或者存储了“情报研究中心”的研究文献档案数据库，典型的代表如：伊萨克·本·以色列撰写的《情报哲学与方法论：评估流程的逻辑》（*Philosophy and Methodology of Intelligence: The Logic of the Estimate Process*, 1989），杰克·戴维斯撰写的《“机会分析”的挑战：一篇情报专论》（*The Challenge of Opportunity Analysis: An Intelligence Monograph*, 1992）、《改善分析的质量：斗争思维定式》（*Improving the Quality of Analysis: Combating Mind - set*, 1992）、《分析技艺笔记纲要》（*A Compendium of Analytic Tradecraft Notes*, 1995）、《改善中情局的分析表现：分析人员与政策制定过程》（*Improving CIA Analytic Performance: Analysts and the Policymaking Process*, 2002）、《改善中情局的分析表现：战略预警》（*Improving CIA Analytic Performance: Strategic Warning*, 2002），卡门·麦迪娜撰写的《即将到来的情报分析革命：如果传统模式失败了怎么办》（*The Coming Revolution in Intelligence Analysis: What to Do when Traditional Models Fail*, 2001），斯蒂文·沃德撰写的《分析需要进化而不是革命》（*Evolution Beats Revolution in Analysis*, 2001），斯蒂芬·马琳撰写的《中央情报局肯特学校：改进分析人员的培训》（*CIA's Kent School: Improving Training for New Analysts*, 2003）、《情报分析：将技艺变为专业》（*Intelligence Analysis: Turning a Craft into a Profession*, 2005），罗伯·约翰斯顿撰写的《发展情报分析变量的分类法》（*Developing a Taxonomy of Intelligence Analysis Variables*, 2003），理查德·哈克曼和麦克·康纳合作的《如何打造伟大的分析团队？情报分析的个体与团队路径（*What Makes for a Great Analytic Team? Individual versus Team Approaches to Intelligence Analysis*, 2005）》，萨

拉·泰勒撰写的《分析人员的几重世界》（*The Several Worlds of the Intelligence Analyst*，2005），约翰·海德利撰写的《情报分析之挑战》（*The Challenges of Intelligence Analysis*，2005），理查兹·休尔撰写的《“结构化分析技巧”的分类法》（*Taxonomy of Structured Analytic Techniques*，2008）和《“结构化分析技巧”的进化》（*The Evolution of Structured Analytic Techniques*，2009），等等。

（3）情报分析职业外的研究专家，从“局外人”的视角，对情报分析若干理论命题进行开放性的学术探讨，此类论文侧重于提出新的研究问题，或者从观念或技术角度延伸既有研究问题的内涵，旨在引起情报理论界的共同关注和思考，多发表于公开学术杂志如《世界政治》（*World Politics*）、《国际情报与反情报》（*International Journal of Intelligence and Counterintelligence*）、《情报与国家安全（*Intelligence and National Security*）》以及其他高等学府、科研机构、研究期刊的网站，典型的代表如：理查德·贝茨撰写的《分析、战争和决策：为什么情报失误不可避免》（*Analysis, War, and Decision: Why Intelligence Failures Are Inevitable*，1978），加里·施密特撰写的《向权力说出真相？重新思考情报分析》（*Truth to Power? Rethinking Intelligence Analysis*，2005），诺尔·汉德里克森撰写的《情报分析中的批判性思维》（*Critical Thinking in Intelligence Analysis*，2008），等等。

第一章　情报分析理论

情报分析理论是一个纷繁复杂的体系，其知识复合程度、学科交叉程度以及研究细化程度均非常高，通过梳理和情报分析理论的具体成果，情报分析理论汇集了源自现实领域的大量应用性成果，具有极高的实践参考价值。从发展过程看，情报分析理论之间的起承转合，反映了各种理论认识与观点在实践中不断被检验、改良和创新的经过，详细记录了情报分析工作模式的转变、方法的改进和理念的更新；从效果评估看，研究成果包含了对各种应用理论的主导理念、适用范围、使用条件和操作方法的案例示范和效果评估，浓缩了情报分析专家从实践中积累的集体智慧和经验。

研究情报分析理论，并不仅是单纯的学术研究，而更像是一种通过理论阐释和探索对情报分析实践工作的间接考察。因此，既有的理论成果未必都是最佳答案，而所有的研究成果在运用时也无规则限定，需要反复推陈出新，因时因地制宜，善于转益多师，而这一点，无论对于情报分析领域的初学者，还是资深业内人士来讲，应该始终明了。

本章介绍的情报分析理论均是情报分析学术研究积淀的经典理论成果，具体包括以下内容：

第一节为情报分析理论研究综述，对情报分析的核心概念和重要命题进行总体阐述，帮助读者了解情报分析理论研究的基本范畴以及主流的研究结论，为后文的分专题论述提供基本框架。

第二节主要论述传统情报分析理论，包括介绍传统情报分析理论形成与后续发展情况；阐明传统情报分析理论在实践领域、研究范式和理论影响方面发挥的深远作用；介绍了基本的基于逻辑与经验判断的分析方法。

第三节主要论述定量情报分析理论，包括介绍定量分析研究在情报分析领域的发展概况；比较论述定量分析与定性分析的区别与联系。

第四节主要论述团队情报分析理论，包括介绍团队分析的实践基础以及组织程序；影响团队分析的主要因素；从增进合作和引入竞争两个方面介绍优化团队分析的研究成果。

第五节主要论述应对情报分析“政治化”的相关理论，包括对情报分析“政治化”现象的理论分析；论述情报分析客观性与相关性的关系；介绍改进情报分析的“机会分析”理论。

第六节主要论述情报分析失误理论，包括介绍主流的情报分析失误理论研究结论；梳理导致分析失误的各种主客观因素；着重评介了在预警和反欺骗分析方面可以借鉴的相关方法。

第七节主要论述情报分析认知理论，包括论述认知心理与情报分析的关联；解析思维定势、知觉特性、先入之见、镜像思维等多种术语；评介“竞争性假设分析”的核心思想。

第一节　情报分析理论研究综述

一般意义上说，理论是对现象的系统反映，以便更好地解释各种现象。几乎“所有的学科都需要用理论来指导研究，从而为解释现象提供基础，如果可能的话，还应使该学科具有一种概然的预测力”。[①] 由此，分析理论是对情报分析领域已知和未知现象进行系统的推演、解释和抽象，由一系列概念、论断和观点所构成的专门知识体系，能够对所研究的问题做出高度简约的阐释和说明，并为指导实践提供一种概然的预测力。在研究者的眼中，“努力发展理论对

① 【美】詹姆斯·多尔蒂，小罗伯特·普法尔茨格拉夫著：《争论中的国际关系理论（第5版）》，阎学通，陈寒溪等译，北京：世界知识出版社，2002年版，第18页。

于情报十分重要，因为情报既是一种理论概念，也是一项实践活动，而且，对前者的思考能够帮助促使后者的效率最大化”。[①] 因此，情报分析理论和实践之间总体上保持了良性互动，比如传统情报分析理论就曾长期主导冷战时期的美国战略情报评估工作，而很多成熟的理论研究成果也经常在略加修改后出现在美国情报界官方颁布的各种情报条令和指令性文件中。

下文将从成熟的情报分析理论研究成果中遴选精华，对情报分析学术研究的整体情况进行概述，主要从核心概念述评、研究维度区分、焦点命题解析的角度展开。概念既是理论的核心，又是描述理论观点的关键节点；研究维度不仅反映了理论的基本分布和关联，而且展示了理论之间的逻辑关联；研究命题因为是理论高度浓缩之后的表述，所以焦点命题实际上反映出情报分析理论体系的框架结构。综合起来看，焦点命题展示了情报分析理论的精华观点，既反映了理论研究在不同维度上的发展水平，又包含了理论研究所依托的核心概念。

一、核心概念述评

情报分析（Intelligence Analysis）这一术语有着相当宽泛的定义，研究者尝试从各种角度对情报分析进行描述，每种定义方式都反映了情报分析某一方面的特定属性，多种定义也印证了“分析”这一术语所具有的丰富内涵。下面从众多情报分析理论研究成果中选取最具代表性的观点进行归纳与辨析，以厘清对这一核心概念的认识。

（一）如何理解情报分析

首先，情报分析通过提供特定形式的分析产品服务情报用户，也是帮助情报用户保护和拓展国家利益的最主要方式。比如，“情报

① Stephen Marrin, *Improving Intelligence Analysis: Bridging the Gap between Scholarship and Practice*, London and New York: Routledge, 2011, pp. 11 – 12.

分析是将原始数据评估和转换成为用户所需的描述、解释和结论的过程”;[①] 以及“情报分析是生产书面和口头评估报告的过程，这些评估协助政策官员更好地理解、处理现实和未来的国家安全问题，包括涉及影响国家利益的机会和威胁，以此来改进决策过程”。[②] 客观地说，情报机构每天获得的情报素材本身不能直接被用户使用，如果没有训练有素的分析专家对相关信息进行整合并做出评估，那么耗费巨大资源获取的海量情报素材就无法被有效利用。情报用户既没有时间，也缺乏必要的知识和经验储备来一一辨明这些原始资料。因此，分析人员必须依循严格的标准和科学的程序将大量原始情报素材生产为对用户可用的情报产品，以满足用户在政策制定与实施方面的迫切需求。

其次，情报分析绝不仅是对情报资料的整理和编辑，还要包含对可能发生的情况做出预测评估。“情报分析的关键在于使信息结合来自于专业知识的洞察力，能够辅助决策和行动部门达成积极的转变，及时的情报能够对迫近的危机发出预警，识别威胁，监控快速变化的形势，解释问题并且察觉趋势”。[③] 换句话说，分析人员通过严谨的思考和分析，必须做出超越现有素材的判断，并将其附加于最终的情报产品，这才能真正体现情报分析的存在价值。“情报分析这种跨越——从既有信息到充满意义的分析产品——始终要承担从已知向未知的风险”。[④] 毫不夸张地讲，情报分析人员的日常工作就是不断与不完整的、模棱两可的和经常出现矛盾的情报素材打交道，

---

① Bruce D. Berkowitz, Allan E. Goodman, *Strategic Intelligence for American National Security*, NJ: Princeton University Press, 1989, p. 85.

② Directorate of Intelligence, *A Compendium of Analytic Tradecraft Notes*, *Volume I*, Washington, D. C. : The Central Intelligence Agency, Reprinted with a new Foreword by the Deputy Director for Intelligence, February 1997, p. 9.

③ John Hollister Hedley, *The Challenges of Intelligence Analysis*, in Loch Johnson, ed. , *Strategic Intelligence*, *Vol. 1*: *Understanding the Hidden Side of Government*, London: Praeger Security International, 2007, p. 124.

④ Ibid. , p. 127.

而他们必须依靠先进的技术、完备的专业知识和久经考验的经验判断来超越这种局限性，随时都可能会有各种错综复杂的因素导致情报分析失误。

再次，情报分析既是一种依循科学规律的研究活动，也是一种高度个性化的思维过程。在分析之前，首先要能够发现和提出问题，并形成合理的假设，即“情报分析需要把大的问题分解为一系列小的问题，然后通过思考来得出结论或概括的过程”,① 这个过程中必然需要对各种类型的证据进行比对和评估，包括仔细检查证据之间是否相互映证、是否相互补充或者又在多大程度上相互矛盾。然后，分析人员还要借助各种推理方法检验证据与假设的相关性（Relevance）,② 从而证实或者证伪假设，而这个过程“完全建立在分析人员的经验、专业知识、想象力和推理能力的基础之上”。③ 因此，“情报分析和评估是一个非常个性化的过程，没有公认的分析模式，而且分析人员必须主要依靠他自身的观念系统来提出假设和解读信息”。④

最后，就从事情报分析的个体来说，“情报分析活动更多是依靠

① Robert Mathams, The Intelligence Analyst's Notebook, in D. Dearth and R. Goodden, eds., *Strategic Intelligence: Theory and Application, 2nd Edition*, Washington, D. C.: Joint Military Intelligence College, 1995, p. 88.

② 对于证据的相关性的一般解释是：如果一份证据资料包含的信息可以增加或减小一个或多个假设的可能性，那么这份证据就与假设存在相关性。证据与假设的相关性会有所不同，证据之间可能相互支持也可能相互冲突，评估和整合相关的证据将直接影响到假设的修正和取舍。根据相关的程度不同，曾在中央情报局分析部门任职，后来在乔治·梅森（George Mason）大学专门研究证据和推理问题的研究者戴维·舒姆把能够证实假设的证据称为“肯定性证据”（Positive Evidence），能够证伪假设的证据称为“否定性证据”（Negative Evidence），此外还有与假设相关但表达信息不明的“模棱两可性证据（Equivocation Evidence）”和未能获取的“缺失性证据”（Missing Evidence）。详细解释参见：David A. Schum, *Evidence and Inference for the Intelligence Analyst, Vol. 1*, Lanham, MD: University Press of America, 1987, pp. 114－120.

③ David A. Schum, *Evidence and Inference for the Intelligence Analyst, Vol. 1*, Lanham, MD: University Press of America, 1987, p. 64.

④ Ephraim Kam, *Surprise Attack: the Victim's Perspective*, Cambridge, MA: Harvard University Press, 1988, p. 120.

人脑内在观念主导而不是依靠外在信息驱动”。[①] 分析人员的思维模式和既有经验，会对他所选择的证据资料，采用的逻辑方法以及应用的推理工具产生不易察觉的影响。所以，“情报分析是整合推理和证据的认知与经验活动，通过生产判断、提供有洞察力的观点和做出预测帮助国家安全政策制定者增进理解和减少不确定性”。[②] 因为分析人员的认知能力存在与生俱来的局限性，所以情报分析只能依循思维方式所能适应的机制去简化认知过程。于是，“情报分析是利用多种方法将秘密领域中的特定复杂问题简化为一系列相对容易问题的社会认知过程”。[③]

综合以上论述，从具体操作角度考察，情报分析可以理解为由分析人员的情报思维模式主导的，从大量的素材信息中收集和评估证据，据此产生并验证假设，并根据用户的需求生产出分析产品的循环认知活动（如图 1—1 所示）。

（二）描述性的定义

从情报流程的角度区分（如图 1—2 所示），可以将情报分析工作分为“处理与加工”（Processing and Exploitation）和“分析与生产”（Analysis and Production）两个紧密联系的环节（如图 1—3 所示）。[④] 这种描述性的定义方式符合情报分析实践工作的基本分工，所以当前也被其他国家情报机构所借鉴和认同。

---

① J. R. Thompson, R. Hopf－Weichel, and R. Geiselman, *The Cognitive Bases of Intelligence Analysis*, Alexandria, VA: Army Research Institute, Research Report 1362, 1984, p. 132.

② Roger Z. George, James Bruce, eds., *Analyzing Intelligence: Origins, Obstacles and Innovations*, Washington, D. C.: Georgetown University Press, 2008, Glossay of Analysis Terms, p. 309.

③ Rob Johnston, Developing a Taxonomy of Intelligence Analysis Variables, in *Studies in Intelligence*, *Vol. 47*, *No. 3*, *Unclassified Edition*, 2003, p. 65. See: https://www.cia.gov/library/center－for－the－study－of－intelligence/kent－csi/v47i3ao5p.pdf.

④ U. S. Joint Chiefs of Staff, Joint Publication 1－02, *Department of Defense Dictionary of Military and Associated Terms*. Washington, D. C.: GPO, November 8, 2010 (As Amended through January 31 2011), p. 182.

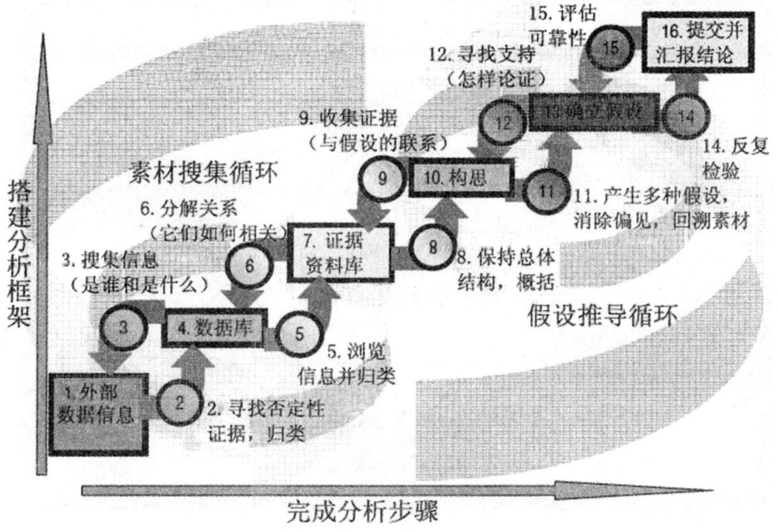

图 1—1　情报分析的循环认知过程①

说明：上图中从下到上反映的是分析框架的建构过程，从左至右反映的是分析活动的递进过程。第 1 至第 6 个步骤主要是素材搜集循环，主要是收集和考察证据；第 7 至第 16 个步骤主要是假设推导循环，主要是产生和验证假设。这两个循环是相互联系和影响的认知过程，比如为了验证相互竞争的假设，分析人员必须回溯查找素材，用证据检验假设，所以，情报分析是一种双向、联锁的循环认知过程。

“处理与加工”是指“将搜集到的原始信息转化为情报生产适用的形式，主要工作包括对各种品类的情报信息进行解读，如文档翻译、解密破译、图像判读、信号分析、信息关联和融合等”。② 这个环节的分析工作需要特定领域的专家使用专门的技术和手段将从特定来源获取的非常专业化的数据转变成为分析人员可以利用的素材，实现从数据到信息的转变。

---

① PARC AI^3 Team with Richards Heuer, *ACH1. 1*: *A Tool for Analyzing Competing Hypotheses Technical Description for Version 1. 1*, CA: Palo Alto Research Center, June 27, 2005, p. 10.

② Ibid., p. 294.

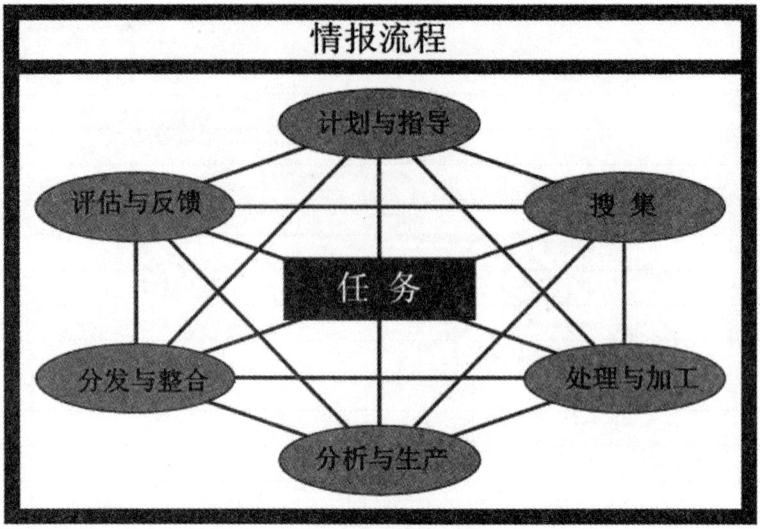

图 1—2 “情报流程”示意图

说明：“情报流程”模型是一种网状的拓朴结构，着重于强调不同情报行动之间的相互关联，各种情报活动之间没有固定的界限，而且也没有固定的顺序。这种模型认为情报工作各个环节的衔接不是一种单向的线性循环，而可以是同时发生的。“情报流程”能更加合理地描述情报工作的复杂性和多样性。在“情报流程”中，情报分析居于关键地位，而这一观点也得到了美国情报分析理论研究者的普遍认同。

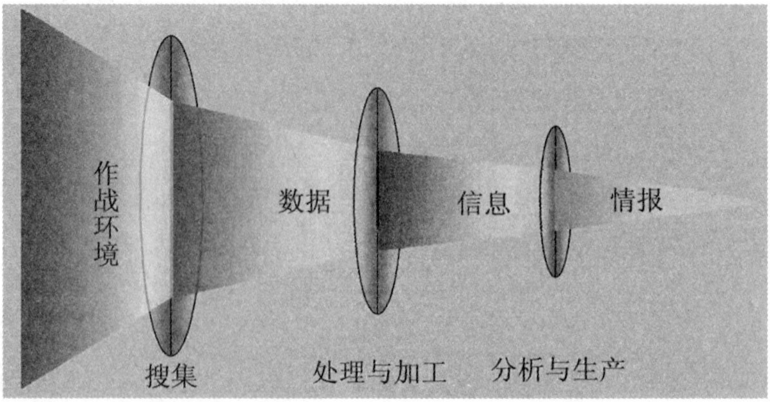

图 1—3 情报分析实现从数据到情报的转变

“分析与生产”是指“综合、分析、评估和解读各种来源的数据，将处理过的信息转化为情报并根据已知或预期的用户需求准备情报产品”。[①] 这个环节的分析工作需要专门的分析人员依据处理过的“全源”情报素材进行研究，对研究对象的能力、意图、行为和趋势进行分析和判断，根据用户的需求生产各类情报产品，实现从信息到情报的转变。

对比以上两者的特点，可以认为：广义的情报分析应该是两者的综合，而狭义的情报分析，实际上与“分析与生产”相对应，实际上是情报分析的后端工作，也是情报工作的全部价值得以最终实现的关键所在。

（三）分析流程（Analytic Process）

情报分析实践工作没有完全固定的模式，不同的机构和人员会根据需要采取适合的分析流程。但是从理论上说，情报分析活动应该依循一个基本的流程，以规范情报的生产过程，并确保最终产品的价值。美国情报界长期以来一直试图从理论上构建出一种标准化的“最佳实践（Best Practices）”模式。他们认为，从分析人员的视角，可以比较简化地将分析的核心流程划分为 5 个步骤：[②]

第一，确定问题；

第二，收集资料；

第三，使用“全源”资料分析，综合检验“可选择”（Alternative）的结论；

第四，通过提供口头简报或者出版情报产品的形式直接支援用户；

第五，分析人员还要评估可能存在的或大或小的变数。

---

① PARC AI^3 Team with Richards Heuer, *ACH1. 1: A Tool for Analyzing Competing Hypotheses Technical Description for Version 1. 1*, CA: Palo Alto Research Center, June 27, 2005, p. 22.

② Thomas A. Garin, Appraising Best Practices in Defense Intelligence Analysis, in Russell G. Swenson, ed., *Bringing Intelligence about Practitioners Reflect on Best Practices*, Washington, D. C.: Center for Strategic Intelligence Research, Joint Military Intelligence College, May 2003, p. 84.

美军2012年版的联合出版物《军事行动的联合与国家情报支援》（JP 2－01）中，将分析流程进一步分解为7个步骤。这种更为细致的划分主要是详细地阐述了分析的前期准备工作——理解用户需求和收集所需资料；以及说明分析的后期工作——与用户进行交流与反馈，具体如下：[①]

第一，确定问题。政策制定者和指挥官将根据他们的情报需求提出各种问题。分析人员不仅需要努力理解对手的思维，也需要了解用户的思维。因此，分析人员需要确保他们能够充分而且毫不含糊地理解用户提出的问题。

第二，产生假设。一旦定义了问题，分析人员应“基于问题”提出合理的假设。在这个阶段，不要抛弃所有可能的假设。

第三，确定信息需求并且收集信息。信息包括分析人员已经掌握的信息和搜集部门获取的信息。分析人员通常也会研究其他来源的信息，比如公开来源、历史档案和其他数据库资料。

第四，评估来源。情报分析使用的信息大多数是从努力阻止分析人员获取信息的人或组织那里获得的。敌方都不愿意竞争对手做出正确的判断。因此，分析人员必须评估所获信息的可靠性、可信性以及可能存在的欺骗（Deception）与拒止（Denial）。

第五，评估假设。这是分析工作实质开展的第一步。分析人员使用收集到的证据检验他提出的假设，使用类似关联图表或者“竞争性假设分析”法的工具。在这个阶段，分析人员需要验证假设的正确性。

第六，生产和组装。只要分析人员评估完假设，情报产品就可以被生产出来。情报产品的范围包括书面报告、口头陈述以及可视化的情报产品。为了生产出最好的产品，分析人员应当理解分析人员与用户的结构关系。分析人员应该生产中立的报告并以最佳方式满足用户的需求。

第七，用户反馈与产品评估。将产品分发给用户并不意味着情

---

① U. S. Joint Chiefs of Staff, Joint Publication 2－01, *Joint and National Intelligence Support to Military Operations*, Washington, D. C.: GPO, January 05, 2012, p. D－3.

报流程的结束。相反，将通过生产者与用户互动的方式重新开始。为使产品更加可用，分析人员和政策制定者必须相互听取反馈意见，并且同时改进分析和需求。

事实上，分析流程没有固定的标准模式，因为不同部门的分析任务不同，所处理的分析素材不同，所生产的产品形式也不同。想要在情报分析专业领域建成一种标准化的操作程序，既很难达到，也很难推行。然而，从理论上或规定上制订出合理的指导原则与依循步骤，可以为技艺培训或者开展合作提供帮助，并促成情报分析不断向专业化和规范化方向发展。所以，即使是一种不断接近却没有终点的目标，也有必要在理论上持续探索。

（四）分析标准（Analysis Standards）与分析技艺（Analytic Tradecraft）

美国情报界在情报条令中明确提出了情报分析应该遵循的标准，分别是“及时（Timely）、客观（Objective）、独立于政治考量（Independent of Political Consideration）、依据可获得的全源情报（Based upon All - sources of Available Intelligence）、以及使用适合的分析技艺（Employ the Standards of Proper Analytic Tradecraft）”。[①]

分析技艺指的是分析人员在实践过程中所依循的原则，具体包括以下 10 条内容：“展示信息的有效性和资料的可靠性；包含预警和表述所有相关的不确定性；区分信息、假设和判断；按需加入“可选择分析”（Alternative Analysis）；表明与美国或盟国国家安全的相关性；解释达成关键判断的逻辑和推理过程；表明与先前判断的一致性，或者强调背离和相符的原因来避免堆砌事实；做出准确的判断和估价；表明与美国军事行动和能力的相关性；根据时间和主题展示研究和分析过程中的合作”。[②] 这些具体的原则和依据可以

① Mark Lowenthal, *Intelligence, from Secrets to Policy, 4th Edition*, Washington, D. C.: CQ Press, 2009, p. 143.

② Ibid.

帮助分析人员更加灵活地思考和处置问题，并防止认知偏见影响分析判断的质量。

（五）评估（Estimate）

英文术语评估是情报分析相关定义中最为重要的一个子类，特指需要根据已知事实做出超前预判的分析工作，中文里另外一个意义相当的词就是预测。美国国防部《军事和相关术语词典》中，对“评估”一词存在3种相关的解释：第一，指对外国形势、发展和趋势进行分析，辨析主要因素，解读重要意义，估计未来的可能性以及一系列可能发生事件所导致的预期结果；第二，指预判能力、弱点，以及由外国或国家联盟具体的计划、政策、决定所导致的可能的或预期的行动过程；第三，指对于攸关时局的已经发生或预期发生的秘密行动做出的分析，识别和评价诸如所需资源、潜在阻碍、成就和结果的因素。[①] 从这个定义可以明确：美国情报界将评估视为情报分析的一种特殊类型，着重处理“可能是什么”、“可能发生什么”的问题，大致相当于中文“预测”或“预判”的含义。当然，这种预判存在很大的不确定性，因为通过已知事实，迁移到未知，甚至是不可知的事实，只能是一种基于尽可能严谨的方法和尽可能充足的资料对未来多种可能性的推演。所以，“评估性情报的主要任务是通过提供可选择的范式阐释事实，或者提供关于可能结果的判断，帮助政策制定者在可知的事实之间建立连接”。[②] 这也映证了为什么国家情报评估（National Intelligence Estimate）是美国最高级别的情报分析工作，具有最高的战略意义和价值。在美国情报分析理论研究著述中，评估一词出现的频率非常高，有的时候与分析交叉混用，所以实际上还是属于情报分析理论研究的范畴。同理，预警

---

① U. S. Joint Chiefs of Staff, Joint Publication 1 – 02, *Department of Defense Dictionary of Military and Associated Terms*, Washington, D. C. : GPO, November 8th, 2010 (As Amended through January 31 2011), pp. 128 – 129.

② Stephen Marrin, *Improving Intelligence Analysis: Bridging the Gap between Scholarship and Practice*, London and New York: Routledge, 2011, p. 12.

（Warning）也是情报评估的一个子类，因为它同样属于需要做出预先判断的分析活动，只是重点关注各类威胁，包括“可能在将来突然造成有害影响的发展变化，如迫近的危机和长期的危险”。①

二、研究维度区分

一门学科的理论研究通常会在不同的研究方向上展开，并逐渐形成既相互联系、又彼此区分的研究维度，情报分析理论研究也不例外。一方面，可以依据研究视角的不同区分出不同的研究指向，形成相应类型的理论；另一方面，研究维度又形成了理论体系的基本框架，使之具有相互支撑、相互统一的逻辑关联。依据社会科学理论研究的成熟模式，可以将情报分析理论研究大致区分为基础性理论研究、应用性理论研究和解释性理论研究三种维度（如图 1—4 所示）。

图 1—4 情报分析理论研究的三种维度

① Stephen Marrin, *Improving Intelligence Analysis: Bridging the Gap between Scholarship and Practice*, London and New York: Routledge, 2011, p. 12.

（一）基础性理论研究

基础性理论研究一般是描述性的和探索性的，即首先明确已知现象的基本事实、发生背景和关注焦点，对研究现象建立一个基本的研究轮廓。比如，对已知问题进行描述和解释；提出假设、收集证据来分析各种因果关系；从已经解决的问题中发现规律，或者提出和形成未来需要继续研究的新问题；等等。

基础性理论是情报分析专业赖以生存和发展的根基，主要是建立重要的概念和术语体系，明确基本定义，创建具体模式，描述一般流程，总结相关规律。基础性理论也要随着情报分析工作环境和内容的变化而不断发展，最早的一代研究者借鉴成熟学科的研究成果，提出了专业领域最初的概念、术语、规范与原则，为情报分析划定了职业范围，奠定了研究基础；后代的研究者适应技术和环境变化，不断赋予这些基本问题新的内涵，使研究成果日益丰富。从整体上看，基础性理论的发展反映了研究者对于情报分析本质属性的理解不断深化，是衡量情报分析专业化发展程度的关键指标。

基础性理论研究的主要范畴包括：确立情报分析研究的基本范围、遵循的原则、分析产品的质量标准；建立情报分析的术语体系，包括基本的分析、评估术语和专有概念；提出分析的一般模式，包括设立关键变量、提出假设、考察依据、验证假设、提交结论等相关步骤；明确分析与决策的关系定位，包括情报分析应怎样与政策制定保持合适的距离以保证客观性，以及如何营造良好的互动关系以提高相关性等。

（二）应用性理论研究

应用性理论研究一般是可检验和可推广的，其目的在于解决现实中具体的分析问题，必须给出准确、清晰的研究结果。这个过程需要立足于描述性和探索性研究得出的既有成果，建立特定的分析程序和处理机制，通常需要通过某些实践案例加以检验和证实。比如，利用逻辑学、数学和心理学上的相互关系来评估形势发展的趋势；创立情报分析的具体方法、工具和模型；提出指导分析实践的特定理念；等等。

应用性理论是运用各种技巧、原则和方法生产情报产品的工具，是解决问题的直接途径，相当于生产情报产品的制作工艺，最具实践指导价值。应用性理论可以分为一般理论和具体理论两个层面：一般理论具有普世性，适用于分析任何问题，是分析人员可运用的基本理念和方法，比如直觉和经验判断，逻辑推理的类比、归纳、演绎和溯因，模拟、统计和建模等；具体理论是经过精心设计和巧妙创新后的工具、方法和技巧，往往是对一般理论的有机组合和复杂应用，比如贝叶斯分析理论，"竞争性假设分析"理论等。应用性理论的发展可以视为对情报分析实践工作日益增长的复杂性产生的一种有机反应：基本的工具、技巧和方法需要根据环境的变化不断地从技术层面进行改进和调整；同时，分析人员应用这些工具、技巧和方法的配套理念也要随之更新。从整体上看，应用性理论的发展反映了情报分析实践的时代特征和技术水平，是考察情报分析科学化发展程度的直接指标。

应用性理论研究的主要范畴包括：改进评估资料、提出假设、考察证据、验证假设的推理过程与方法；创立合理、有效的集中团队智慧与经验的程序，在分析的过程中达成良好合作的模式；创新分析的指导理念，对现有应用方法进行重组，比如，强化分析与政策的相关性和适用性，拓宽分析结论所包含的选择范围，以及改进提出假设与检验证据的具体思路；借鉴其他学科研究成果，创新与发展情报分析综合工具，比如建立分析模型，发明推测事件发展概率的工具与方法，整合各种技巧与方法，设立竞争性的分析程序以避免个体或部门偏见等。

（三）解释性理论研究

解释性理论研究一般是解析性和诠释性的，在描述性和预测性理论的研究基础之上，深入发掘事件的原因与结果，从理论上阐释情报分析中涉及的各种因素、现象和关系，并对于理论研究的疑难之处进行反思。

解释性理论通常会对经常发生的现象和既有经验进行重新考察，进行“事后之明”式的理论检验，所以又被称为“消极理论”(Passive Theory)。[①] 解释性理论带有更多的学术探讨特点，研究范围很广，是情报分析理论研究积累经验、澄清误区的必要储备。一方面，解释性理论对于已经被反复研究的某一类问题（如情报失误）加以总结阐述，以丰富其内涵；另一方面，对于现有理论仍不能很好解决的疑难，则充分梳理各类假设与学说，寻找破解问题的关键要素，并尝试得出具有较强解释力和启发性的研究结论。

解释性理论研究的主要范畴包括：

对影响分析人员的思维过程与特点进行思辨和解析，比如，思维模式固有的局限性以及可能对分析造成的负面影响，经验式思维（Empiristic Thinking）与批判性思维（Critical Thinking）的比较等；

解释造成情报失误的主观或客观原因，比如，“情报政治化”的压力，官僚体制的不良竞争关系，素材资料的“信号—噪音”比率，分析团队的“集团思维”，分析人员的“镜像思维”等；

阐述情报分析中重要的延伸性问题，比如，预警的类型、过程与复杂性，欺骗的原理、实施特点以及应对思路，技术变革对分析研究与实践的挑战等；

对分析理论研究的批评与总结，比如，对研究层次、研究命题、发展趋势的总结和归纳，专人、专著、流派研究，对研究历史的梳理等。

（四）小结

基础性理论、应用性理论和解释性理论分别回答了情报分析“是什么”、“怎么做”以及“为什么”的问题，既反映了情报分析理论研究分布的基本特点，也是从总体上描述其理论体系特色的一种框架。

---

① Harry Ransom, Strategic Intelligence and Foreign Policy, in *World Politics*, *Vol. 27*, *No. 2*, October 1974, p. 138.

我们可以通过以下表述来说明三个研究维度的相互关系：基础性理论是情报分析理论生存和发展的必要基础，它为解释性理论和应用性理论提供可以发展和演化的基本平台；解释性理论是对应用性理论在运用中所遇到问题的解释和补充，是支持基础性理论和应用性理论改进和完善的动力；应用性理论是解决分析问题的直接工具，它在实践领域的发展能够反作用于基础性理论和解释性理论。三者有机结合，相互支撑。

三、焦点命题解析

研究命题是对所研究问题做出论断的一种逻辑表达形式，也是对理论研究成果高度浓缩的表现方式。不同的研究层次上分布着不同的研究命题，分别解释不同层次的现象及其关联。因为研究的问题可以被进一步分解，所以大的研究命题里还可能包含子命题或者更小的命题。命题可能表达了明确的结论，也可能仅是一种需要证明的假设；命题的论断之间可能相互支撑也可能相互冲突；可能相互包含也可能相互独立。随着研究的发展，命题的相互关系也会随之演化。

伴随着研究命题在横向上的拓展和纵向上的深化，情报分析理论研究最为密集的交集部分就逐渐显现出来。这些交集一方面反映出研究者对情报分析最为本质的问题进行了持续思考，使关键命题的论断更加科学；另一方面也体现了研究者在焦点问题上所持观点的碰撞与融合，使命题之间的关系更加明晰。因此，焦点命题的出现，可以视为情报分析理论发展的标志性成果。这些命题往往居于宏观层次，具有高度的包容性和辩证性，不仅能够把各类具体而微的分命题和子命题统一起来，而且能够从其表述形式的变化中折射出主流理论的演进趋势，因而倍受研究者的青睐。虽然很多研究者都会在某些具体问题上倾注相当的研究精力，但是只有当研究自觉或不自觉地触及到这些焦点命题，才算是真正进入主流理论的研究范畴。正是从这个意义上讲，焦点命题的形成与变化是串联情报分析主流理论发展脉络的关键线索。下文将主要从成熟的美国情报理论研究成果中提取论点和论据，对情报分析的若干焦点命题做出论证分析。

（一）情报分析既是一门科学，也是一门艺术，更是二者的巧妙结合

1. 情报分析是一门科学

以谢尔曼·肯特为首的传统情报分析理论研究者将情报分析视为一种科学，而且“是社会科学中具有独特方法论问题的一门学科”。[①] 一方面，他们将情报分析与“水晶球占卜”区分出来，与《孙子·计篇》中“先知者，不可取于鬼神，不可象于事，不可验于度，必取于人，知敌之情者也”[②] 的观点高度一致，淡化了情报工作只有“匕首加斗篷”的秘密色彩，反映了他们对情报分析的高度客观和理性的认识；另一方面，将情报分析描述为一种绝对客观的、完全依靠分析人员的经验和智慧，而且不受任何情感影响的研究活动，即“研究是我们愿意承认的能够获知真相或者接近真相的唯一途径”。[③] 换句话说，研究者在认同情报分析不可能完全消除不确定性的前提下，依然对于将严谨的科研模式应用于情报分析保持相当乐观的态度。这种观点符合 20 世纪 40—50 年代西方社会科学研究中的一种普遍乐观情绪，研究者认为一旦“采用了科学方法和科学的理论观点，社会科学能够像自然科学那样精确地解析社会和政治现象（如同物理学解释原子一样）”。[④] 虽然分析人员不可避免地要面对缺失的信息和模糊的征兆，但是对历史资料和现实情形进行客观公正的推理和判断能够克服这个困难，批判性的思维力量能够预

---

① Roger Z. George, Fixing the Problem of Analytical Mind - Sets: Alternative Analysis, in *International Journal of Intelligence and CounterIntelligence*, *Vol. 17*, *No. 3*, September 2004, p. 388.

② 《孙子兵法·用间篇》。

③ Sherman Kent, *Strategic Intelligence for American World Policy*, NJ: Princeton University Press, 1949, p. 155.

④ Abram Shulsky, Gary J. Schmitt, *Silent Warfare*, *Understanding the World of Intelligence*, New York: Brassey's, Inc., 1991, p. 176.

测那些尚未出现的事件。所以，传统理论的拥护者相信：只要具备足够的专业素养，掌握了充足的研究资料，并运用科学方法和技巧（比如通过充分的事实归纳和完善的理论演绎），就可以保证推导出正确的结论。综上所述，认同情报分析是一门科学的研究者一直致力于研究谢尔曼·肯特所主张的“西方从亚里士多德时代就依靠的两种手段——不断拓宽知识面和借助理性工具和科学方法”,[①] 以及如何合理地利用它们。

2. 情报分析是一门艺术

科学研究所应具有的精确性在情报分析领域却屡屡失灵，层出不穷的失误使研究者开始反思情报分析能否完全等同于科学研究，甚至有研究者认为：“所谓的‘情报分析科学’完全是一种误解，只是因为谢尔曼·肯特将情报分析视为科学，这一观点又广为流传造成的”。[②] 对于情报分析来说，研究主体和研究对象都不可能绝对客观，都会受到人类思维或心理局限性的影响。一方面，“分析人员自然地偏好能够适合他们思维模式的信息，而且忽视其他可能支持可选择的假设的信息。或者，他们将信息缺口（Information Gap）的影响最小化，相信美国的情报系统是不可欺瞒的或者美国的分析人员足够聪明，不可能被三流的情报机构欺骗”。[③] 另一方面，研究对象也不会永远保持完全理性，他们的某些行为可能并非是明智思考后做出的最佳选择（或者是自认为是“最佳”的选择），而是基于误判或者愿意冒险。所以，对于特别强调换位思考、“化己为彼”的分析人员来说，既“不可能指望评估过程会猜想什么时候敌方将要采取完全错误的决策，不能有意低估敌方”,[④] 也必须在情报分析中

---

① Sherman Kent, *Strategic Intelligence for American World Policy*, NJ: Princeton University Press, 1949, pp. 206 – 207.

② David T. Moore, *Critical thinking and Intelligence Analysis*, Washington, D. C.: National Defense Intelligence College, 2007, p. 119.

③ Roger Z. George, Fixing the Problem of Analytical Mind – Sets: Alternative Analysis, in *International Journal of Intelligence and CounterIntelligence*, *Vol. 17*, *No. 3*, September 2004, p. 389.

④ Ibid.

达到一种高度艺术化的情感和心理位移，即所谓的“移情”（Empathy），[①] 以免陷入“镜像思维”、“思维定式”（Mind－Set）的误区。无论是“创造力”（Creativity）、“想象力”（Imagination）、“直觉”（Intuition）这些很难用科学来界定的词汇，还是“批判性思维”、“灵感”（Inspiration）、“顿悟”（A－ha!）这些很难用理性来评判的术语，逐渐都成为对情报分析的本质属性进行描述时不可或缺的一部分。同时，研究者发现情报分析中的大部分问题的确是通过严谨的科学研究来解决的，而艺术地想象和思考则是在特定时机和情境中的一种必要补充。所以，对于情报分析艺术性的表达并没有排斥固有的科学性。综上所述，认同情报分析是一门艺术的研究者一直致力于研究“人类的思维机制在处理信息时所固有的优点和缺点”，[②] 以及如何尽可能地趋利避害。

3. 情报分析应该是科学和艺术的巧妙结合

传统理论的拥护者“相信人类事务也能够进行科学描述，社会科学也能够像物理学那样成为‘硬科学’（Hard Science）”，[③] 似乎只有这种客观、理性、精确的特征才能够赋予情报分析类似物理学那样的学科地位，而且他们也有足够自信将所从事的情报分析工作理解为一种求真的科学行为。为了坚持这种信念，他们有时会低估情报分析过程中存在的难以解释的迷惑、诡谲和变数，总是寄希望于运用推理工具和科学方法的分析人员拥有足够的聪明才智来克服这些困难。然而，正如情报领域唯一可以确定的就是不确定性无法根除一样，情报分析不可能成为一种单纯的科学研究，也不具备从事科研所必需的充足条件（如缺失、相互矛盾和有意欺骗的信息始终存在）和良好环境（如官僚体制的消极影响无法根除）。正因如

① Robert M. Clark, *Intelligence Analysis: A Target－Centric Approach*, Washington, D. C.: CQ Press, 2007, p. 292.

② Richards Heuer, Jr., *Psychology of Intelligence Analysis*, Washington, D. C.: Center for the Study of Intelligence, CIA, 1999, Foreword by Douglas MacEachin, p. xi.

③ Josh Kerbel, Thinking Straight: Cognitive Bias in the US Debate about China, in *Studies in Intelligence, Vol. 48, No. 3*, 2004, p. 28.

此，越来越多的研究者承认“分析人员与所有人一样，生来就不具备处理大量复杂信息并从中得出判断的高超能力。他们带有很多认知局限和瑕疵，当许多分析人员合作处理问题并做出判断时这种负面效应还会被放大”。[①] 无论进行怎样严谨客观的分析，这些局限性似乎都是无法避免的。所以，当今的美国情报分析理论研究者大多不再执着于对于科学“虚名”的追求，而是更为务实地认为“分析人员通过近似于科学方法的信息处理方法来解读国际形势，把原始情报数据转变为最终的分析产品”。[②] 这种理论描述的修正，已经证实了研究者的取向发生了转变：“情报分析可能既是一门艺术，因为要充分发挥‘想象力’；也是一门科学，因为要确保情报机构组织有序和运行良好，分析人员需要获得正规培训，并能够应用他们的专业技巧从而达到最佳效果”。[③]

实践领域的经验教训不断印证了将科学性作为情报分析的唯一属性本身就是不科学的，而对问题进行的持续理论反思证明了用“灵活”的艺术性来弥补“刻板”的科学性反而是更加合理的求真途径。这样一来，原本矛盾的研究命题得到了合并，不仅消除了情报分析科学性与艺术性之间的简单对立，反而在更高层次上实现了统一。因此，研究者得出了折中但却是更好的理论解答：“成功的情报分析是既包括‘艺术’也包括‘科学’的完整过程。直觉能力、固有倾向、正规的应用技能和可获得的知识集合在一起使分析人员以多种方式解决问题，并避免‘科学至上主义（Scientism）’和‘冒险主义（Adventurism）’的缺陷。前者的发生是指过度依赖科学

① Julian Richards, *The Art and Science of Intelligence Analysis*, New York: Oxford University Press, 2010, p. 41.

② Stephen Marrin, Improving CIA Analysis by Overcoming Institutional Obstacles, in Russell G. Swenson, eds., *Bringing Intelligence about Practitioners Reflect on Best Practices*, Washington, D. C.: Center for Strategic Intelligence Research, Joint Military Intelligence College, May 2003, p. 42.

③ Julian Richards, *The Art and Science of Intelligence Analysis*, New York: Oxford University Press, 2010, p. 35.

方法论来揭示‘真相’；后者的发生是指灵感得到不严谨分析的支持”。[①] 依循这种理念，分析人员可以更好地应对情报分析领域的复杂性。

（二）情报分析既有技艺特征，也有专业特征，需要从技艺发展为专业

1. 情报分析是一种技艺

虽然情报在西方一直被认为是一种“第二古老的职业”，[②] 但是情报工作经常被描述为一种类似传统手工业者所拥有的特殊技艺。[③] 这种认识上的倾向也深深作用于情报分析领域，即使是在现代情报工作形成了搜集、分析、反情报、秘密行动的专业分工之后，技艺仍然是研究者在指代情报分析时使用频率相当高的用词。按照美国情报分析业内专家的定义，技艺被认为是“在履行情报相关使命过程中所使用的操作层面的技能”，[④] 它注重在实践中源于熟能生巧而取得的成功经验，“主要依靠从事情报分析实践工作的个体之间代代相传，长久以来的变化却很小”。[⑤] 虽然将情报分析职业视为西方从中世纪就已经成熟的手工业行会似乎贬低了现代情报分析工作的地位，然而，研究者从未避讳承认：“情报分析实践的历史上有着根深蒂固的‘基于技艺（Craft－Based）’的传统，虽然很多学者称其为

---

① Steven R. Mann, Chaos Theory and Strategic Thought, *Parameters 22*, *No. 3*, Autumn 1992, in MSgt Robert D. Folker, Jr., *Intelligence Analysis in Theater Joint Intelligence Centers*: *An Experiment in Applying Structured Methods*, *Occasional Paper Number Seven*, Washington, D. C.: Joint Military Intelligence College, 2000, p. 13.

② Phillip Knightley, *The Second Oldest Profession*: *Spies and Spying in the Twentieth Century*, New York & London: W. W. Norton & Co. Inc., 1987, p. 1.

③ 曾任中央情报局局长的艾伦·杜勒斯就在其经典著作《情报技艺（Intelligence Craft）》中使用“技艺”（Craft）一词来定义情报工作，这本书也曾被译为《情报术》。

④ Jan Goldman, *Words of Intelligence*: *An Intelligence Professional's Lexicon for Domestic and Foreign Threats*, *2nd Edition*, Lanham · Toronto · Plymouth, UK: The Scarecrow Press, Inc., 2011, p. 253.

⑤ Stephen Marrin, *Improving Intelligence Analysis*: *Bridging the Gap between Scholarship and Practice*, London and New York: Routledge, 2011, p. 127.

专业，但尚未具有完全意义上的专业特征”。[①] 比如，美国“二战时的情报工作遵循行会的模式，那是一个将少数掌握专业技能的人严密组织和封闭起来的时代”,[②]只有少数人从事情报分析工作，人员培训主要是学徒模式，个人的发展更多是机缘巧合而非组织行为”;[③]到了20世纪70年代，依然处于“一种半专业化的状态，仍像中世纪早期的行会一样，诀窍通过师徒相传的方式传承，技艺并未得到发展而是复制，知识以静态和循环的方式传播”;[④] 冷战结束初期，中央情报局的情报处（Directorate of Intelligence）曾为所有分析人员和众多分析主管开办了为期两周的专业培训课程，其名称虽然使用了面向新千年的流行表达方式，但主题词依然是“技艺2000（Tradecraft 2000）”;[⑤] 即便时至今日，美国情报界在2009年3月发布的代表其最新官方职业指导手册——《技艺指南：改进分析人员的结构化分析技巧（*A Tradecraft Primer: Structured Analytic Techniques for Improving Intelligence Analysis*）》和美军2012年版的联合出版物《军事行动的联合与国家情报支援（JP 2-01）》中，仍旧使用“技艺”作为指代情报分析职业特性的词汇。上述情形绝对不止是在美国情报界存在，而应该是一种普遍现象。我们可以把理论研究者将情报分析界定为一种技艺的原因至少归结为以下三点：首先，情报分析“在实践过程中更多地表现为一种技艺，与医学类似，从业者除了掌

① Stephen Marrin, *Improving Intelligence Analysis: Bridging the Gap between Scholarship and Practice*, London and New York: Routledge, 2011, p. 127.

② Agrell Wilhelm, When Everything is Intelligence, Nothing is Intelligence, in *The Sherman Kent Center for Intelligence Analysis Occasional Papers*, *Vol. 1*, *No. 4*, October 2002, p. 2.

③ Stephen Marrin, *Intelligence Analysis: Turning a Craft into a Profession*, in http://aofi.org.br/images/inteligencia/IA_ Turning_ Craft = into_ Profession_ Marrin. pdf.

④ Agrell Wilhelm, When Everything is Intelligence; Nothing is Intelligence, in *The Sherman Kent Center for Intelligence Analysis Occasional Papers*, *Vol. 1*, *No. 4*, October 2002, p. 3.

⑤ Roger Z. George, Fixing the Problem of Analytical Mind-Sets: Alternative Analysis, in *International Journal of Intelligence and CounterIntelligence*, *Vol. 17*, *No. 3*, September 2004, p. 390.

握书本知识外，也必须经历必要的实践锻炼”。[①] 因为很多技能是在任何教科书中都没有的，而是由新老分析人员口传心授延续下来，所以只能通过亲身实践和技艺传承才能提升从业者的能力。其次，使用技艺一词反映了研究者对情报分析相对于其他成熟专业（如医学和法证学）发展滞后的不满，因为这会阻碍情报分析成为一门严谨、正规的学科，削弱分析人员的职业归属感；再次，研究者发现传统的“技艺文化（Craft Culture）”至今依然具有强大的历史惯性，毕竟情报分析曾经长久局限在情报体制的“圈内”发展，而在这个“圈内”还有很多相互隔绝的“烟囱”机构。因此，这些源于传统行会模式中“门户之见”的负面影响不可能很快根除，而且会对改进信息共享和促进分析合作有百害而无一利。综上所述，除了认同情报分析在实践中依然具有挥之不去的技艺特征外，研究者更多地是树立一种职业发展的逻辑起点，从理论上探讨超越技艺的做法，并在此基础上尽可能实现脱胎换骨的蜕变。

2. 情报分析是一种专业

主流理论认为，现代情报分析工作初步成熟于第二次世界大战的美国战略情报局时期，当时情报分析部门主管威廉·兰格（William Langer）采取集体负责制，让不同学科背景的分析人员合作进行战略情报研究，迈出了情报分析科学化和专业化发展的第一步。从那时起，研究者就树立了一个基本共识：即情报分析的“政治信誉建立在不偏不倚的专业性上，这些专业性依赖于实证主义的客观标准，即使在实践上只能尽量地接近这些客观性，但也不妨碍从理论上对其做出定义”。[②] 然而，时至今日，许多“情报分析专家虽然认为自己属于专业人士，但是对于使情报分析成为一种专业的原因

① Stephen Marrin, *Intelligence Analysis: Turning a Craft into a Profession*, in http://aofi.org.br/images/inteligencia/IA_Turning_Craft=into_Profession_Marrin.pdf.

② Barry M. Katz, *Foreign Intelligence: Research and Analysis in the Office of Strategic Services, 1942–1945*, Cambridge, MA: Harvard University Press, 1989, pp. 14–15.

却不甚明了”,[①] 甚至还有研究者自我拷问“是否情报分析至今也尚未具有完全意义上的专业特征”。[②] 因为他们眼中的专业必须是“拥有专门系统的知识，并具备长久、深厚学术积淀的学科领域”,[③] 而不仅是从工作体制上形成独特的功能分支后，被人为赋予的一种专业名分。如此深究的话，情报分析的确“在现实中缺少许多正规专业所具备的优势，比如缺少体系化的人员教育和培训模式，没有确保分析产品可靠性的质量监督机制等等”。[④] 这些对专业化程度不足的理论批评，实际上反映出研究者追求自我完善，努力提升专业性的强烈愿望。在这种观念的驱使下，历代研究者进行了积极努力，并在专业领域内部形成了促进专业化发展的力量。比如，专门的理论杂志《情报研究》（*Studies in Intelligence*）于 1955 年创刊；专职的情报理论研究机构“情报研究中心”（Center for the Study of Intelligence，CSI）也于 1975 年成立。这两个平台为不仅为丰富情报分析专业理论积淀提供了专门阵地，而且促进了理论研究成果向实践领域转化。2000 年，谢尔曼·肯特情报分析学校（Sherman Kent School for Intelligence Analysis）成立，对情报分析的专业化发展来说又是一个很大的进步。当前，研究者已经总结出衡量情报分析专业化程度的若干标准，也明确了未来研究所要继续努力的方向，具体包括：建立正规的人员教育、培训体系，如学历教育、人员遴选、职业培训和发展规划等；拥有理论期刊来学习从实践中获得的各种经验教训，建立使专门知识能够更新、积累和发展的机制；树立对从业人员的资格审定、工作成果衡量、职业道德规范的标准，帮助能够反

---

① Stephen Marrin, *Intelligence Analysis: Turning a Craft into a Profession*, in http://aofi.org.br/images/inteligencia/IA_ Turning_ Craft = into_ Profession_ Marrin.pdf.

② Stephen Marrin, *Improving Intelligence Analysis: Bridging the Gap between Scholarship and Practice*, London and New York: Routledge, 2011, p. 127.

③ Stephen Marrin, *Intelligence Analysis: Turning a Craft into a Profession*, in http://aofi.org.br/images/inteligencia/IA_ Turning_ Craft = into_ Profession_ Marrin.pdf.

④ Stephen Marrin, *Improving Intelligence Analysis: Bridging the Gap between Scholarship and Practice*, London and New York: Routledge, 2011, p. 127.

映“最佳实践”行为的理论经验可以推广，而不会流失于现实体制当中。[①] 综上所述，研究者对情报分析是一种专业的表述是有待继续证明的命题，还需要通过不懈的研究积累，来不断提升情报分析的专业化程度。

3. 情报分析具有技艺和专业的双重特征，需要从技艺发展为专业

从理论上看，技艺和专业不能等同，但是在情报分析现实工作中二者的确存在混淆。因为在专业化方面进展缓慢，已经导致情报分析职业形成了不良的内部文化。比如，长期以来“分析部门的主管们青睐写‘短平快’报告的人而不是专注于研究长远课题的人，……分析人员凭借写一些短文（指动态简报）就可以成为‘专家’”。[②] 类似的情况导致了“美国情报界只有太少的专家——不论是分析‘大师’还是‘熟练工匠’——而且忙于日常工作的分析人员还要在技艺和价值方面指导新学徒。[③] 从某种意义上说，当谍报就是情报工作的大部分内容时，掌握技艺似乎就已经足够；但是，在“由知识而不是熟练技能构成职业基础的信息时代，情报分析要求实践技能与理论功底二者兼备。换句话说，它应该同时拥有技艺和专业的特征”。[④]这不仅是一种研究结论，也是对改良情报分析文化（Analytic Culture）的一种建议。[⑤] 历史上，美国情报界经历了多次

---

① Stephen Marrin, *Intelligence Analysis*: *Turning a Craft into a Profession*, in http://aofi.org.br/images/inteligencia/IA_ Turning_ Craft = into_ Profession_ Marrin.pdf.

② Richard Russell, *Sharpening Strategic Intelligence*: *Why the CIA Gets It Wrong and What Needs to Be Done to Get It Right*, New York: Cambridge University Press, 2007, p.126.

③ Jeffrey R. Cooper, *Curing Analytic Pathologies*: *Pathways to Improved Intelligence Analysis*, Washington, D.C.: Center for the Study of Intelligence, December 2005, p.6.

④ Stephen Marrin, *Intelligence Analysis*: *Turning a Craft into a Profession*, in http://aofi.org.br/images/inteligencia/IA_ Turning_ Craft = into_ Profession_ Marrin.pdf.

⑤ 美国情报界所讲的“文化”（Culture）与汉语中的“文化”一词的基本含义并不相同。国内学术界对情报文化较为权威的界定出自解放军国际关系学院的高金虎教授，他认为情报文化是指“一个国家或民族对情报工作的态度，如人们对情报工作的认识、情报实践中的惯例、遵循的准则、国家的意识形态等”，参见高金虎：《美国战略情报与决策体制研究》，陕西师范大学出版社，2004 年版，第 41 页。

改革，但是官方很少去真正关注情报分析专业化的问题。正是出于这种原因，以谢尔曼·肯特为代表的历代理论家强烈呼吁整理出一套成体系的“情报文学（Intelligence Literature）”著作，[①] 以明确情报的首要原则及各相关术语的定义，同时推进更高层次的理论争鸣。同时，加强情报分析理论研究也需要必要的体制保障，“情报机构要么需要一个中央学术机构，要么需要几个类似的机构——专门研究军事、政治、经济和科技情报。”[②] 无论采取何种手段，研究者均认为“将情报分析从一种技艺转化成一门专业将提供一个改进甚至是变革的机会，即可以通过在所有情报机构中采取正规的人员培训方法和推行标准化的最佳分析模式，使个人和组织的分析行为得以改进”。[③]

情报分析是技艺还是专业，表面上看是一个归类问题，实际上代表了研究者对于所从事职业如何定位、发展和完善的一种深层次的理论探讨。技艺和专业本身并不对立，从技艺发展为专业应该是一种历史的必然，通过研究不仅可以厘清二者的关系，而且能够同时从理论和实践层面推进这个过程，并使情报分析这一职业真正受益。研究者最终的目标就是通过理论研究的持续牵引，促使情报分析能够发展出职业标准和道德规范，将最佳的实践经验积累并转变为专门理论成果，以正规的人员教育、训练方法将知识与技能传授给新人，并形成可持续发展的、深厚的理论成果积淀。如此这般，情报分析作为一门专业才算是实至名归。

---

① “情报文学”是谢尔曼·肯特使用的一种比喻，他的意思是情报分析需要类似文学典籍那样的理论成果积淀。参见：Sherman Kent，The Need for an Intelligence Literature，in *Studies in Intelligence*，*Vol. 1*，*No. 1*，Fall 1955，pp. 2 – 3.

② Laqueur Walter，*The Uses and Limits of Intelligence*，New Brunswick，NJ：Transaction Publishers，1993，p. 92.

③ Stephen Marrin，*Intelligence Analysis*：*Turning A Craft into A Profession*，in http：//aofi. org. br/images/inteligencia/IA_ Turning_ Craft = into_ Profession_ Marrin. pdf.

（三）情报分析应严格恪守客观性，也需要努力强化相关性，二者应努力形成一种最佳平衡

1. 情报分析应严格恪守客观性

客观性是情报得以安身立命的根本属性，美国前国务卿的乔治·马歇尔（George Marshall）提出的名言“向权力说出真相（Tell the Truth to the Power）”[①] 一直被美国情报界作为核心信条之一，而且“客观性”和“独立于政治考量之外”在情报界当前制定的“分析标准”中排在前两名。[②] 以谢尔曼·肯特为首的传统理论家一贯主张“分析人员须严格保持客观性，独立于政策制定者关注的议题之外，分析人员的任务仅是实事求是地描述和评估世界各地发生的大事，而不要参与决策制定过程，让决策者自己去决定这些事件的重要性、做出决策并采取相应的行动”。[③] 表面上看，这些主张更像是一种原则，毕竟，对于从事情报分析工作的人来说，没有任何理由去牺牲这种宝贵的客观性。然而，还有更加复杂的原因需要从理论上做出补充解释。比如，情报的根本功能在于服务决策，而情报分析作为情报产品的出口，是实现这一功能的关键环节。但是，现实中情报用户（比如说决策者）有权挑选或使用与其既定或计划中的政策相符的情报；[④] 在情报产品未能支持其政策倾向时，也能够对情报分析的过程和结果施加种种消极（如漠视情报）或主动（如施压迫使情报部门修改观点）的影响——即理论界争议最大的“情报政治化（Politicization of Intelligence）”问题。对此，为了避免“政治

---

① Richard Russell, *Sharpening Strategic Intelligence: Why the CIA Gets It Wrong and What Needs to Be Done to Get It Right*, New York: Cambridge University Press, 2007, p. 19.

② Jan Goldman, *Words of Intelligence: An Intelligence Professional's Lexicon for Domestic and Foreign Threats, 2nd Edition*, Lanham · Toronto · Plymouth, UK: The Scarecrow Press, Inc., 2011, p. 38.

③ 张晓军等著：《美国军事情报理论研究》，军事科学出版社，2010 年第二版，第 168 页。

④ Gregory F. Treverton, Intelligence Analysis: Between "Politicization" and Irrelevance, in Roger Z. George, James Bruce, eds., *Analyzing Intelligence: Origins, Obstacles and Innovations*, Washington, D. C.: Georgetown University Press, 2008, p. 93.

化”对情报分析的负面影响，传统理论极力坚持必须和政策之间保持足够的距离，只有这样才能尽量避免主动或者变相迎合决策者的政策需要，毕竟决策者拥有充足的手段和资源使分析人员妥协或者屈从。这种严格恪守客观中立的观点被研究者归纳为“肯特模式”，并长期在理论和实践领域占据支配地位，虽然后来也曾数次被其他激进的理念所挑战，但其居于主流的影响力却一直没有被超越。新出现的理论往往是在坚持（至少从理论上）客观性的前提下，去探讨如何改进情报生产者与用户的互动关系。

2. 情报分析要努力强化相关性

虽然传统理论特别强调保持情报分析的客观中立，但是就连这一理论的倡导者谢尔曼·肯特本人也认同情报分析需要强化与各类用户的相关性，即“情报务必紧贴政策、计划和作战以便起到最大限度的指导作用”。[①]如果情报分析远离用户需求，不能提供用户所急需的情报，情报部门就会变成一种从事学术研究的官方机构，从而失去了其存在的价值。同时，情报分析与政策制定的必要互动也是提高情报产品质量的有效途径，“假如分析人员对决策者正在处理的问题的内容、时限和目的缺乏理解，即使提供的分析产品资料翔实而且论证精妙，对用户来说也没有多大贡献”，[②] 反而会因为得不到想要的情报而疏远他们。因此，与谢尔曼·肯特同期供职的分析专家威尔摩尔·肯达尔（Willmore Kendall）就提出：“情报生产者的责任在于使用户注意到那些可能对美国影响力构成挑战的因素，因而分析人员应尽可能地影响政策”；[③] 后来的研究者雷·克莱恩和切

① Gregory F. Treverton, Intelligence Analysis: Between “Politicization” and Irrelevance, in Roger Z. George, James Bruce, eds., *Analyzing Intelligence: Origins, Obstacles and Innovations*, Washington, D. C.: Georgetown University Press, 2008, p. 93.

② Thomas Fingar, *Analysis in the U. S. Intelligence Community: Missions, Masters, and Methods*, in Baruch Fischhoff, Cherie Chauvin, *Intelligence Analysis: Behavioral and Social Scientific Foundations*, Washington, D. C.: The National Academies Press, 2001, p. 5.

③ Jack Davis, The Kent – Kendall Debate of 1949, in *Studies in Intelligence*, *Vol. 36*, *No. 5*, 1992, p. 95.

斯特·库伯（Chester Cooper）也认为："为了更好地制订情报任务和获得用户反馈，分析人员应该与用户建立更加紧密的联系"；[①] 中央情报局情报处处长罗伯特·盖茨（Robert M. Gates）在他主管情报分析工作时提出了更为激进的主张："除非情报官员下到政策制定者的同一条战壕，理解事件，知晓美国的目标是什么，过程怎样运转，什么人在做，他们将无法提供相关或者及时的情报以支援决策"。[②] 从理论上真正精辟地阐明情报分析应该怎样强化相关性的研究者是民间学者理查德·贝茨，他创造性地对传统理论深恶痛绝的情报"政治化"给予了中性、辩证的分析，认为这种行为本身包含着一定的合理性与积极意义，因为"情报'政治化'在某种程度上是不可避免的和必要的。……任何一个分析人员在分析重大的政治问题时都不可避免地将既定的政策选择考虑在内。问题的关键在于如何在保持情报分析真实性的同时兼顾有用性"。[③] 虽然理查德·贝茨的研究对"肯特模式"进行了大胆却又有益的理论修正，但是实践层面出现的变化却使情况变得更糟。罗伯特·盖茨利用职务之便，强力推行"情报永远不可能中立"的原则，[④] 建立了与传统理论对立的"盖茨模式"——"分析人员不能只在办公室内做研究，他们不仅要提供'客观事实'，还必须积极'评估'政府的各项政策，并对这些政策产生的效果提供预测"。[⑤] 这就要求分析人员必须学习政策

---

① Shaun P. McCarthy, *The Function of Intelligence in Crisis Management: Towards an Understanding of the Intelligence Producer - Consumer Dichotomy*, London: Ashgate Publishing Limited, 1998, p. 48.

② Jack Davis, Improving CIA Analytic Performance: Analysts and the Policymaking Process, in *The Sherman Kent Center for Intelligence Analysis Occasional Papers*, *Vol. 1*, *No. 2*, September 2002, pp. 7 - 8.

③ Richard K. Betts, Politicization of Intelligence: Costs and Benefits, in Richard K. Betts and Thomas G. Mahnken, eds., *Paradox of Strategic Intelligence: Essays in Honor of Michael I. Handel*, Portland: Frank Cass, 2003, p. 59.

④ John Gentry, *Lost promise: How CIA Analysis Misserves the Nation*, MD: University Press of America, Inc., 1993, p. 67.

⑤ Robert M. Gates, The CIA and American Foreign Policy, in *Foreign Affairs*, *Vol. 66*, *No. 2*, Winter 1987, p. 218.

制定和运作的流程与特点，在分析过程中经常和用户交流，并且以政策相关性为重点进行分析。显然，这些激进的做法会带来明显的副作用，在各个情报部门之间存在利益竞争的体制下，分析工作很容易形成唯上思维，即为了博取决策层的认可而不惜牺牲客观性——曲解或“制造”情报。正因如此，“盖茨模式”成为饱受批判的对象，但是，在实践和理论层面激起的争论的确使强化情报分析相关性的重要意义得到了更大的关注和认同，并促成了“机会分析”、“可选择分析”等改良理论的诞生。

3. 情报分析应在坚持客观性的基础上强化相关性，实现最佳平衡

用户对于情报分析实际上具有双重需求：“向权力说出真相”体现了情报价值不可或缺的客观性需求；而“情报永远不可能中立”则反映了使情报更具使用价值的相关性需求。理想状态下二者之间应该达成一种平衡，然而，这种理想的平衡似乎从来不曾出现在饱受批评的现实情报体制中，反而以情报“政治化”的形态引发出种种不平衡的恶果。随着研究命题被不断破解和反复论证，研究者逐渐发现无论是“肯特模式”还是“盖茨模式”都存在难以克服的缺陷，而他们既不愿充当迎合政策的工具，也要避免使情报分析成为“象牙塔”式的学术研究。那么，与其在两难中做出抉择，倒不如继续从理论上寻找实现最佳平衡的途径。

研究者至少在三个方面形成了共识：首先，情报工作的发展已经使“分析成为决策和执行过程中不可或缺的一部分，这必然与传统的分析应与执行政策中立的观念存在显著差异”。[①] 分析人员必须改进自己的工作方式，主动去理解决策的特点（包括政策制定者的职责、所受的限制以及可能卷入的政策斗争等），尤其是“必须要明了用户怎样才能有效地吸收和理解信息，对情报议题到底掌握多少

① John Hollister Hedley, *The Challenges of Intelligence Analysis*, in Loch Johnson, ed., *Strategic Intelligence, Vol. 1: Understanding the Hidden Side of Government*, London: Praeger Security International, 2007, p. 131.

背景知识，所掌握的其他来源的信息以及何种专业技巧能让分析结论获得信任。……同时，分析人员还要保持足够的客观性，保证他能够提供有建设性的建议，即使与现行政策的观点相悖”。① 其次，决策者实际在情报生产者与用户的互动关系中处于优势地位，决策者不能因为迫切需要情报分析为某项政策提供评估和佐证，就把这种压力通过官僚体制施加给情报分析部门。相反，他们还要努力避免有选择地使用、曲解情报分析的结论。再次，实现客观性和相关性的最佳平衡，关键在于生产者和用户之间的“运作接口”——各级情报主管（如国家安全委员会、国家情报主任、中央情报局长、情报处主管）——“他们在分析人员和政策制定者之间起着中间人和‘保险开关’的作用”。② 这些中间人负责传递用户的计划与需求，也负责审定和签发基层生产的分析产品，是把握客观性和相关性平衡程度的关键所在。综上所述，理论研究目前已经提出了可行的建议，虽然在实践层面所能发挥的作用还需要进一步验证，但是找到了解决问题的正确方向。至于如何更加精确地把握客观性与相关性的最佳平衡，还得依靠分析人员在具体的实践过程中融会贯通。

（四）情报分析需要外在资料驱动，但主要依靠内在思维驱动，从本质上看是一种认知活动

1. 情报分析主要依靠外在资料驱动

如果缺少素材，情报分析就会面临“无米之炊”的困境。分析人员大部分的日常工作都是在努力收集各种来源的数据和信息，并对资料及其来源的全面性和可靠性进行综合考察。“他需要获得所调查现象的完整图景，这样才能从资料来源中获取各种片段资料，以及分辨资料相互重叠的部分；他还要通过各种片段资料进行相互校

① Sarah M. Taylor, *The Several Worlds of the Intelligence Analyst*, Lockheed Martin IS&S, in https: //www. e – education.

② Shaun P. McCarthy, *The Function of Intelligence in Crisis Management: Towards an Understanding of the Intelligence Producer – Consumer Dichotomy*, London: Ashgate Publishing Limited, 1998, p. 55.

准，明确信息缺口，以及从哪补充新信息；对于那些不相重叠的资料，他还必须特别小心地求证”。[1] 传统理论认为情报分析就像在做马赛克拼图，只要将收集来的各种零散的资料“碎片”放在一起，就能使分析人员感知到关于事实的清晰画面。谢尔曼·肯特在描述情报评估的“金字塔”模式时，也将收集素材的过程视为至关重要的基础性步骤——“金字塔的基座应全部是由确定无疑的事实凝结而成，只需要最小化的人为处理，这些事实就能够自行排列出非常清晰的金字塔基座”。[2] 对上述观点更为学术化的表述是“资料驱动分析（Data Driven Analysis）”，[3] 即情报分析的准确性主要依赖于可用资料的准确性和完整性，所以要求分析人员应特别注重对情报素材的收集和整编。通过改进搜集技术和手段来提高资料获取的数量和质量；分析人员也需要改进解读信息的推理方法和工具以便提高处理信息的效率。然而，研究者逐渐发现这个命题存在较大缺陷——久而久之分析人员会对外在资料产生一种潜移默化却又无法摆脱的依赖性，而且“分析人员不愿意做出超出手头掌握的确凿证据之外的评估，这就排除了发展和检验关于外国意图的相关假设的可能性”。[4] 同时，更多资料也未必更好，还可能导致“情报过载（Intelligence Overload）”的问题——“在很多（分析）任务中，过剩的情报素材超出了个体分析人员可以阅读、评估和思考的极限”。[5] 因此，仅仅依靠外在资料驱动情报分析似乎行不通，必须从理论上做出更加合理的补充。

---

① Sarah M. Taylor, *The Several Worlds of the Intelligence Analyst*, Lockheed Martin IS&S, in https: //www. e – education.

② Sherman Kent, Estimates and Influence, in *Studies in Intelligence*, *Vol. 12*, *No. 3*, Summer 1968, p. 14.

③ Richard Heuer, Jr., *Psychology of Intelligence Analysis*, Washington, D. C.: Center for the Study of Intelligence, CIA, 1999, p. 59.

④ Roger Z. George, Fixing the Problem of Analytical Mind – Sets: Alternative Analysis, in *International Journal of Intelligence and CounterIntelligence*, *Vol. 17*, *No. 3*, September 2004, p. 392.

⑤ Sherman Kent, A Crucial Estimate Relived, in *Studies in Intelligence*, *Vol. 8*, *No. 2*, Spring 1964, p. 114.

2. 情报分析主要依靠内在观念驱动

基于“资料驱动分析”的缺陷，研究者努力寻找新的解释途径。曾任美国国家情报委员会主席的约瑟夫·奈（Joseph S. Nye）认为：虽然“从某种意义上看，分析人员的确像是在做拼图，而且盒子里有些很好的材料，但是需要看到盒子上的参照图片才知道怎么去搭配组合”。[①] 换句话说，所有的外在资料需要由分析人员首先在头脑中形成的想法和观念进行统筹，才有可能完成“拼图”的过程。如果分析人员对需要解决的问题比较陌生或者没有想法，他就会对眼前的资料感到困惑甚至无从下手。所以，不能寄希望于“资料量的积累自发产生质的变化，……掌握更多的情报数据就会有答案出现。可能在某些时候确实如此，然而在大多数的情况下却行不通”。[②] 这个问题又引发了对更为重要问题的思考——如何解释不同的分析人员依据大致相同的情报资料，却会得出不一致的看法，有时甚至是大相径庭的结论呢？自 20 世纪 70 年代末，中央情报局和美国陆军行为和社会科学研究院的相关专家差不多在同一时期开展了对于人类的认知行为如何影响情报分析的研究，最为主要的发现就是：“情报分析是一项由内在思想观念驱动，而不是靠外在数据驱动的活动”。[③] 对于情报分析来说，“最重要的不只是收集到的数据，还要包括依循分析人员的思想观念模式来解读数据时所附加的东西，情报分析的核心功能是对复杂思想观念模型的运用”。[④] 从此之后，美国情报界将人类的认知能力及特点如何影响情报分析作为研究的重

---

① Joseph S. Nye, Jr., Estimating the Future, in Roy Godson, Ernest R. May, and Gary Schnitt, eds., *United States Intelligence at the Crossroad*: *Agendas for Reform*, Washington, D. C.: Brassey's, 1995, p. 94.

② Laqueur Walter, *The Uses and Limits of Intelligence*, New Brunswick, NJ: Transaction Publishers, 1993, p. 92.

③ Robert Katter, Christine Montgomery, and John Thompson, *Cognitive Processes in Intelligence Analysis*, Technical Report 445, U. S., Alexandria, VA: Army Institute for the Behavior and Social Science, December 1979, Brief, p. ix.

④ Ibid., pp. 1 – 10.

点领域，至今仍在蓬勃发展之中。客观上说，将情报分析理解为依靠内在思维观念驱动可以对情报分析的基本过程做出更为微观、细致的描述——分析人员搜集、使用和解读各种资料实际是带有思维倾向性的（不论其是否意识的到）；也可以更好地解释很多情报分析失误案例——为什么获取了大量素材却依然没有做出准确的评估或提供预警（所谓的“连点成线”）。当然，研究最重要的贡献还是对如何改进情报分析提出了崭新的途径——“观念驱动分析（Conceptually Driven Analysis）”：[①] 由于分析人员必须对最新的、通常是预料之外的事件提供及时的解释，无论情报搜集技术如何先进，他所能掌握的信息都有可能是不完整、不准确和不及时的。在这种情况下，情报分析必然也只能由分析人员的内在观念主导，以思维模式的准确性去应对种种不确定性，并尽可能做出合理的解释和评估。因此，“判断的准确性几乎完全依赖于思维模式的准确性，改善分析人员的思维模式才是提高情报产品质量的根本措施”。[②]

3. 情报分析是一种由内在思维主导的对外在信息进行分析的认知活动

当今的研究者对上述两种分析模式进行了比较，发现“数据驱动”分析主要是归纳式的，往往是“综合各种资料来描述事实的图像或理论”；而“观念驱动”分析主要是演绎式的，从一般（情况）推理到特殊。[③] 这种概括可能并不全面，但至少说明了两个问题：第一，情报分析的过程一定是由整理和归纳足够数量的素材资料为前提，这些素材甚至缺一不可，是搜集工作的重点所在，否则分析人员要么无法做出判断，要么对做出判断缺乏信心，它们是驱动情报分析的外在因素；第二，分析人员头脑中的观念和想法决定了他去

① Richard Heuer, Jr. , *Psychology of Intelligence Analysis*, Washington, D. C. : Center for the Study of Intelligence, CIA, 1999, p. 60.

② Ibid. , pp. 60 – 61.

③ Stephen Marrin, *Improving Intelligence Analysis: Bridging the Gap between Scholarship and Practice*, London and New York: Routledge, 2011, p. 24.

哪收集资料、收集何种资料、如何使用（选择或者摒弃）以及解读资料，而这些是由长期以来在分析人员头脑中形成的思维模式所决定的，是真正主导情报分析的内在因素。因此，“情报素材和分析技巧是使情报分析成为一种特殊产品的必要条件而不是充分条件。改进情报分析必须从清楚地理解主要的分析机制—人类思维—以及人类思维处理信息的方式所固有的优点和缺点出发”。[①]

从当前情报工作的发展趋势看，情报搜集技术的发展远远领先于情报分析技术，资料不足的问题已经被相当发达但仍然不断完善的“全源”获取手段所解决，但是进行分析的基本技术——通过筛选和鉴别资料，建立和检验假设，形成结论并做出评估的方式却没有多大变化，而且分析人员的思维能力似乎也没有像信息技术那样实现革命性的进步，所以，“当前情报分析面临的挑战和困境主要源于人类认知的局限”。[②] 面对这种不对称的情况，众多研究者尝试从思维和心理层面对情报分析的过程和方法进行研究，试图充分掌握和理解人类思维运动形式固有的优缺点，并在思维过程、分析程序、推理方法方面探寻规避种种思维偏见的做法，诞生了“竞争性假设分析”法、“批判性思维”、“结构化分析技巧”（Structured Analytic Techniques）等一系列研究成果，还得到了官方的认可和推广。这些成果不仅能够改进分析人员对情报资料的使用效果，而且能够随时提醒分析人员意识到自身思维模式存在固有的局限性，从而对思维过程进行一种有意识的干预——即所谓的“当你思考的时候，一定要思考你正在思考”。[③] 综上所述，从外在资料驱动的科研活动到内在观念主导的认知活动，研究者对情报分析本质的理解不断深化，不仅反映了理论认识上的进步，而且对于实践工作也发挥了更为积

---

① Richards Heuer, Jr., *Psychology of Intelligence Analysis*, Washington, D. C.: Center for the Study of Intelligence, CIA, 1999, Foreword by Douglas MacEachin, p. xi.

② Mark Phythian, *Intelligence Analysis Today and Tomorrow*, Australia's Strategic Futures Conference, October 2008, p. 1.

③ Julian Richards, *The Art and Science of Intelligence Analysis*, New York: Oxford University Press, 2010, p. 100.

极的牵引和指导作用。

（五）小结

上述焦点命题虽然没有涵盖情报分析理论研究的全部范畴，但却是对迄今所取得的理论成果的一种高度浓缩，分别从不同视角对情报分析的本质属性进行了宏观描述，从理论上解答了情报分析“是什么”以及“应该是什么”的问题。只有经历了长久和艰辛的理论探索，才能使习惯于以片面求深刻的美国研究者逐渐修正既有命题的研究结论，并最终形成一种高度辩证的理论共识。所以，焦点命题的发展变化本身就充分体现出美国情报分析理论研究由浅入深、由表及里的过程。正如科学探索永无止境一样，随着研究的继续，情报分析研究领域的焦点命题也会随之而变，并驱动理论不断向前发展。

第二节 传统情报分析理论

从20世纪40年代初到60年代中期，情报分析理论研究经过第二次世界大战的洗礼、冷战初期情报斗争的历练，逐渐形成了稳定的研究流派，并发布了第一批具有奠基意义的理论成果。因为是首次创建理论，传统情报分析理论从初创到发展成熟经历了较长过程，不但在这一时期里占据了研究的主导地位，而且对日后的分析理论研究产生了深远影响。

一、研究背景

（一）实践工作催生理论研究萌芽

珍珠港事件后，美国的情报机构迅速扩充，情报分析工作处于发展的黄金时期。1942年6月，富兰克林·罗斯福（Franklin Roosevelt）总统任命威廉·多诺万（William Donavan）为新成立的战略情报局局长，他开创了引进社会上的学术权威和青年专家参与情报分析工作的先例，大量高层次人才的加入和战时情报需求的扩张使情报分析迅速转变成为一种专门职业，也为理论研究提供了基础条件。当时，专职负责情报分析工作的研究与分析处汇集了美国国内众多在学术界享有盛名的顶级专家，比如美国外交史和军事史专家詹姆斯·巴克斯特三世（James P. Baxter 3rd.）、哈佛大学的外交史专家威廉·兰格、经济学家爱德华·梅森（Edward S. Mason）、法国史教授唐纳德·麦凯（Donald C. McKay）、密歇根大学政治学系主任约瑟夫·海登（Joseph Hayden）、普林斯顿大学的国际政治学专家爱德华·米德·厄勒（Edward Mead Earle）等，[①] 他们负责主持情报分析工作的大局，并按照严谨的学术研究规范设定了情报分析的工作标准、评价原则和方法论。同时，研究和分析处还吸收了很多来自“常春藤”高校联盟像哈佛和耶鲁这种名校的年富力强的青年学者，使得情报分析部门“几乎在一夜之间就成为了集中全国头脑最灵的人的一个有强大权力的机构”。[②] 这些专家来自于不同学科，以历史学、经济学、政治学等社会科学研究领域为主，比如宾夕法尼亚大学英国历史学家康耶斯·李德（Conyers Read）、哈佛大学中国问题研究专家费正清（John King Fairbank）、麻省理工学院经济学家查理斯·金德尔伯格（Charles Kindleberger）、哈佛大学美国历史学家小阿瑟·施莱辛格（Arthur Schlesinger Jr.）、耶鲁大学历史学家谢尔曼·肯特等。[③] 一方面，他们凭借深厚的学术素养和丰富的专业知识高质量地完成了大量现实工作任务，为赢得战争提供了不计其数准确、客观的分析产品；另一方面，他们将各自熟悉的研究模式与方法集中应用于解决同一类型的实践问题，并尝试对战时分析工作所取得的经验教训加以总结和反思，正式开创了情报分析领

① 韩建新：《二战期间美国情报分析中人文社科学者的作用》，《解放军理工大学学报（综合版）》2010 年第 6 期，第 9 页。

② 【美】阿兰·盖兰：《中央情报局人物志》，何重译，北京：群众出版社，1984 年版，第 2 页。

③ George C. Chalou, *The Secret War: The Office of Strategic Services in World War II*, Washington, D. C.: National Archives and Records Administration, 1992, p. 61.

域的理论研究。因此，美国情报分析理论研究的萌芽出现在战略情报局建立初期。而且，因为最初进行理论研究的是当时学术界最为权威和优秀的专家，所以，美国情报分析理论研究的确具有相当高的历史起点。

（二）多学科研究成果移植与借鉴推动理论初创

战略情报局研究与分析处的分析人员虽然拥有深厚的学术功底，但都是因为战争才加入情报部门，只能依靠自身的学识和专长完成情报分析工作——既包括对苏联战争实力进行评估这样宏大的报告，也包括对德国坦克生产能力进行估算这种非常具体的问题。他们所从事的分析工作跟在大学里做学术研究的模式非常相似，还没有设立具有情报分析特色的专门标准和明确原则。同样的道理，对于这些来自不同学科领域，具备不同学术特长的专家来说，移植和借鉴其所擅长学科的理论和方法去研究情报分析问题，也成为一种便捷、可行的权宜做法。于是，到了战略情报局发展的中后期，分析专家已经能够娴熟地将历史学、政治学、经济学的研究方法与模式应用于对情报分析的研究，并使用学术研究中常用的术语来描述现象、解释原因和表达思想。一部分专家逐渐开始将在实践领域积累的经验体会加以提炼，形成能够指导情报分析实践工作的理论。这个过程一方面促使理论研究从以编写情报报告为目的的实践研究中正式分离出来，另一方面也逐渐完成了对从多学科移植过来的研究思路与方法进行筛选和转化。比如，此时的战略情报分析问题往往比较宏大，如对苏联战后政治意图和经济复苏前景的分析，做出判断需要集中多方面的专家对政治体制、历史趋势、国情文化和经济潜力进行综合分析。对此，战略情报局的分析专家主张并尝试建立一种适合情报分析的专门模式与方法，以保证来自不同学科的专家既能够发挥特长，又避免流于松散的学术研究，从而失去针对情报主题的凝聚力。经过探索之后，他们建立了“小组合作研究的方法，打破把传统研究方法分隔开的那种人为障碍”，[①] 使社会科学（特别是历史学和国际政治学）领域通行的研究模式成为解决问题的基本做法。综上所述，专门的情报分析理论研究实际上是由多学科理论的综合移植和借鉴催生的，而这种方式深深影响了早期的理论研究模式，并对传统情报分析理论的形成和发展起到了至关重要的奠基作用。

（三）实践领域的变化间接促成传统理论创建并发展

美国政府在第二次世界大战胜利之后，大量裁撤了战时建立的情报部门，战略情报局被解散，研究与分析处在哈里·杜鲁门总统（Harry Truman）的授意下被转移到国务院。然而，大多数分析人员或者返回学术界，或者转行，用美国情报分析历史研究专家伍德罗·库恩斯（Woodrow Kuhns）的话讲：“在战时苦心经营才建立起来的独立情报分析能力已经消失殆尽”。[②] 从二战结束到中央情报局建立这段时间，人才流失对美国情报分析工作的影响确实非常大，但是理论研究却并没有因此停滞。以乔治·帕蒂、谢尔曼·肯特、威尔摩尔·肯达尔为代表的分析专家在重返学术界后，反而有更加充分的时间和精力对情报分析进行专门、深入的理论研究。他们从战略情报的视角，对情报分析进行了系统、深入的研究，写成了最早一批具有深远影响力的理论著述，例如谢尔曼·肯特的经典著作《为美国世界政策服务的战略情报》就是他以文职身份在国家战争学院任教后写作的。

1947 年《国家安全法》颁布之后，美国政府对情报机构进行了重组，常设的中央情报机构诞生，情报分析部门获得了合法、正规的发展机会，而情报分析理论研究也真正迎来了发展的第一个高峰。这一时期的情报分析理论研究可以从以下三个方面加以认识：首先，情报界与学术界继续保持了良好的关系，理论研究得到了稳定的社

---

① 【美】布雷德利·F. 史密斯：《美国战略情报局始末》，宋静存等译，北京·国际文化出版公司，1983 年版，第 415—416 页。

② Woodrow Kuhns, ed. , *Assessing the Soviet Threat*: *The Early Cold War Years*, Washington, D. C. : Central Intelligence Agency, 1997, p. 1.

会智力支持。中央情报局成立后，很多在战略情报局解散后重返校园的分析专家和大量优秀毕业生被重新招募到情报界，情报分析理论研究的力量和条件大为改善。同时，那些依然身居高等学府、曾经具有情报分析工作经历的学者也陆续开始专门研究情报分析相关问题，并与情报界内的研究者展开一种理论上的对话，初步形成了情报分析学术研究的良好氛围。其次，强势学科和权威人物在早期的理论研究中占据了主流地位，发挥了主导作用，也从根本上确立了传统理论的基本研究范式。当时，在中央情报局主持大局的是以威廉·兰格和谢尔曼·肯特为首的历史学家，他们既要领导和亲身从事情报分析业务，又成为了理论研究的开拓者和带头人。在重组情报分析部门时，他们选用的多是来自同一学术圈内，而且很多在战略情报局共事过的老战友，这种做法直接促使这些理论主张相似的学者自成一派，[①] 并成为研究的主干力量。这些历史学家为情报分析建立了完全客观的分析标准，即依循理性的分析思路，采取严谨的研究方法收集和评估资料，依靠丰富的历史经验做出合乎逻辑的判断，被当时的政策制定者称之为“历史经验主义”流派。[②] 这个流派的形成可以视为传统情报分析理论正式创建的标志，也正是从这个时候起，情报分析理论研究对美国情报分析工作的设计和运行产生了实质影响。比如，中央情报局建立的国家评估办公室及其生产国家情报评估的过程，就与“肯特在《为美国世界政策服务的战略情报》一书中所描述的分析原则非常吻合”。[③] 再次，实践工作的需求促使理论研究不断深化，而理论研究又推动情报分析开始朝向专门的学科方向发展。冷战初期的情报分析工作深深沉浸于“两极”对峙的氛围中，美国决策高层对于战略局势研判的情报需求一直居

---

① 张晓军等著：《美国军事情报理论研究》，军事科学出版社，2007 年版，第 88 页。

② 钱洪良、王霄：《美国中央情报局战略分析工作的特点评析》，《解放军国际关系学院学报》，2002 年第 2 期，第 26 页。

③ Bruce D. Berkowitz，Allan E. Goodman，*Strategic Intelligence for American National Security*，Princeton，NJ：Princeton University Press，1989，p. 5.

于优先地位，所以分析理论研究也就集中于对长期实力演变和历史发展趋势进行战略层次的研判，形成了比较系统的战略情报分析（评估）理论。研究者从宏观视角界定了情报分析的专业范畴，创立了基本的术语、概念、原则、模式和流程，并形成了基本的方法论。这些研究方法论虽然依然源于各种成熟的社会科学，但已经不再是简单移植或直接借鉴某一学科的理论或工具，而是在充分考虑情报分析特殊性基础上的一种转化和创新。换句话说，以“历史经验主义”为主导的情报分析理论研究范式已经形成，而传统理论的发展成熟也使情报分析在相当程度上具备了科学化和专业化的特质。在官方的支持下，情报分析学术研究开始延伸到情报分析的各个领域，理论成果日益丰硕，具备经典价值的“情报文学”作品不断涌现；情报分析理论研究的形式也逐渐丰富，撰写学术专著和论文、召开国际范围的专门研讨会、与大学联合开展课题研究等做法都促进了情报分析理论研究呈现初步的繁荣景象。总之，理论研究已经成为推动情报分析从技艺向专业的方向发展的驱动力量，而通过专门理论的发展成熟去衡量其专业化程度，也成为后代研究者共同接受的标准。

（四）总结

客观地说，早期的情报分析理论研究的确创立了一个可观的研究基础，而传统情报分析理论也树立了在情报分析理论体系的主干地位。限于历史的局限性，借鉴和开创时期的理论研究的最大意义在于尽可能广泛地拓展研究范畴，建立研究方法论，形成可持续发展的研究根基，而不在于能够提出并解决全部的理论问题——这实际上也是不可能的。然而，从研究发展阶段的角度来衡量，起步时期的情报分析理论研究，尽管以移植、借鉴、并在短期内发展成熟为最主要特色，却也为理论研究之后出现的争鸣与繁荣奠定了坚实基础。同时，虽然传统情报分析理论在 20 世纪 60 年代末期就已经发展成熟，但是承接于传统理论的研究工作却并未停歇，而是步入了稳定的持续发展阶段，并对后代的理论研究发挥了持续、深远的影响。

二、内容评介

（一）“历史经验主义流派”

美国情报分析历史研究专家哈罗德·福特（Harold P. Ford）曾经对出身历史学的分析人员做过如下评价：“多年来优秀的高级评估人员一直都是历史学家。这种广度为评估提供了一种视角，是一笔宝贵的财富。当情报素材稀少、模糊和值得怀疑时，或是人们未能从历史中吸取教训时，这种方式其实是一种监督和提醒”。[①] 这种评价至少说明了两个问题：一是历史学的研究方式非常适用于情报分析实践工作；二是历史学家在美国情报分析工作发展史中扮演了关键角色。实际上，在美国传统情报分析理论的创建过程中，历史学出身的分析专家发挥了主力作用，他们不仅缔造了传统情报分析理论的核心观点，而且为理论研究确立了基本范式。

1. 历史分析和经验方法主导研究范式

无论是实践工作还是理论研究，情报分析都具有非常明显的经验科学特色，这就为典型的经验科学——历史学的研究方法发挥优长提供了基础。历史学家掌握了丰富的背景知识，采取严谨的研究态度，具备广阔的分析视野，善于从历史规律中探寻问题的本质，因而长于战略问题的分析。他们用特定的标准来确立因果关系，把所研究的事件连贯思考，找到主导性的观点，并以此建立起完整的描述。[②] 在分析问题时，他们不会急于对单一事件做出结论，而是注重联系考察事件发生前后的关联，并倾向于把这些单一事件依照其所提出的范式做出合理解释。因为持有这种适应“历史规律”的偏好，以谢尔曼·肯特为首的研究者才被决策者称为“经验主义流派”

① 张晓军主编：《美国军事情报理论著作评介》，北京·时事出版社，2005 年版，第 317 页。

② 张晓军等著：《美国军事情报理论研究》，北京·军事科学出版社，2007 年版，第 87 页。

(Empirical Approach)。[①] 同时，美国的历史学家在身份上还具有一定的特殊性：因为美国建国和崛起的历史比较短，但却浓缩了西方近现代国际关系史的治乱兴衰，所以美国的历史学家通常是在全球视野下考察建国200多年以来的重大转折。他们对世界权力变化和利益重组有独特的理解和洞察，也产生了具有美国特色的战略思维和认知方式。将这些研究成果延伸至情报分析领域，不仅在研究主题上具有对应性，而且在研究逻辑上具有延续性，顺理成章地符合了冷战初期急需的战略情报研究需求。这也可以解释为什么是这些历史学家，而不是经济学家能够在“两极”格局形成的初期，领导为美国决策者建言献策的战略情报评估工作，而历史学研究范式主导传统情报分析理论研究似乎也是一种必然。

2. 情报分析是完全客观、理性的科学研究

情报是“保卫国家福祉所必须具备的知识”,[②] 获得这些知识不能依靠占卜和直觉，也不能把全部希望寄托于谍报工作，只能通过进行客观、科学的分析与研究来实现。因此，对于理论研究者来说，严谨、理智、规范的科学研究能够帮助分析人员揭示研究对象的本质特征，并预测事件的发展趋势，而且“研究是我们愿意承认的能够获知真相或者接近真相的唯一途径”。[③] “只要具备专业素质和完整信息，应用科学的方法就可以确保发展出正确的结论。汇集事实、发展假设、严格地衡量证据就是分析人员的全部任务”。[④] 这一理论主张反映了“历史经验主义流派”的研究者对情报分析可以达到的精确性持有积极的乐观态度。这种遵循历史规律，采用科学方法，进行客观分析的理论使情报分析接近于一种“教科书式”的

① 钱洪良、王霄：《美国中央情报局战略分析工作的特点评析》，《解放军国际关系学院学报》2002年第2期，第26页。

② Sherman Kent, *Strategic Intelligence for American World Policy*, NJ: Princeton University Press, 1949, Preface, p. vii.

③ Ibid., p. 155.

④ Roger Z. George, Fixing the Problem of Analytical Mind – Sets: Alternative Analysis, in *International Journal of Intelligence and CounterIntelligence*, *Vol. 17*, *No. 3*, September 2004, p. 388.

完美标准，[①] 却隐含了两个主要缺陷。一是分析人员经常无法直接接触分析对象，还要通过间接渠道获取信息，所以"分析人员一般不能像科学研究那样直接对事物本身做实验，而是要在头脑中通过想定和推演来检验假设"。[②] 于是，进行主观性很强的"移情"或"化己为彼"，以及依靠结合了全部经验智慧而又难以明示的直觉，也都成为了分析中常用却又非客观的做法；二是这种理论建立在一个基本假定之上，即假定有生的分析对象（比如对象国的决策团队）都是高度理性的行为体，他们在任何情况下做出的决策都不会违背一般规律，并采取符合惯常逻辑的政策和行动，而不会选择有违常规的冒险。这个假定显然不会在所有现实情况下都成立，而且还会因为双方的思维差异导致误判的发生。综上所述，无论是理论还是实践，用客观、理性的科学研究来描述情报分析还不够完整，这成为了"历史经验主义流派"理论的一个主要缺陷。

3. 严格保持中立，与决策制定保持距离

"历史经验主义流派"的研究者大多来自于美国社会的白人精英集团，他们往往出身名门，接受过东部名牌大学的良好教育，在美国社会中被称为"东海岸自由知识分子集团"。[③] 这些研究者久居学术圈，多数是响应战时政府的召唤，或者为了跟随威廉·兰格这样的权威专家搞研究才加入情报界，他们中大部分人对美国政治和情报体系的运作并不热心，只是专心于具体的研究工作。因此，在情报分析理论初创时期，对于情报分析应该如何服务于决策进行研究的专家并不多，而少数有意识进行专门研究的专家则秉持了学术研究一贯坚持的不偏不倚的中立态度，从理论上阐释了对于情报分析

---

① 张晓军等著：《美国军事情报理论研究》，北京·军事科学出版社，2007 年版，第 88 页。

② Lisa Krizan, *Intelligence Essentials for Everyone*, *Occasional Paper*, *No. 6*, Washington, D. C.: Joint Military Intelligence College, June 1999, p. 32.

③ 钱洪良、王霄：《美国中央情报局战略分析工作的特点评析》，《解放军国际关系学院学报》2002 年第 2 期，第 26 页。

与政策制定关系的独到理解。首先，研究者认同“在情报工作中，没有任何比在情报和用户之间建立恰当的关系更为重要，……建立这种关系需要大量坚持不懈的自觉努力，而且一旦松懈恰当的关系就可能消失”。[①] 其次，主张分析人员必须严格恪守研究的中立性，不应受制于情报收集人员的热情和决策者的偏爱，才能在最大程度上保证分析的准确性。再次，也是最重要的一点，相比较独立做出分析，分析人员如果与政策制定者保持过于紧密的联系可能会造成更大的潜在危害，所以权衡之下二者应该保持适当距离。综上所述，研究者发现了情报和决策之间存在非常微妙的特殊关系：在现实体制和环境中，因为政策制定者拥有足够的行政手段和技术方式以“指导”的形式施加影响，而分析人员又不可能是“超人和天才”，[②] 所以二者之间很难达到一个最佳平衡。与其放弃不偏不倚的原则，主动或者被迫迎合政策制定的需求，不如主动保持距离，尽可能避免不利的影响，并且不以决策者的好恶来衡量分析工作的优劣。当然，这种做法也可能存在明显的副作用，即分析人员会因为疏远决策制定过程，导致分析偏离决策者的实际需求，使情报产品的相关性不足，反而损害了情报部门在决策者心中的信誉。对于这个矛盾，“历史经验主义流派”的专家最终采取了“两害相权取其轻”的做法。谢尔曼·肯特在名为《评估与影响》（*Estimates and Influence*）的论文中比较明确却又略显无奈地表达了立场：“如果有一天决策者不再信任我们的分析与智慧，我希望这不是因为我们的工作不够完善或者带有偏见，而必定是因为他想更多地注意其他意见。不过这种做法最后会让他们为自己的决定感到非常不舒服”。[③]由于存在这样的理论瑕疵，与谢尔曼·肯特同期的情报分

---

① Sherman Kent, *Strategic Intelligence for American World Policy*, NJ: Princeton University Press, 1949, p. 182.

② Ibid., p. 189.

③ Sherman Kent, Estimates and Influence, in *Studies in Intelligence*, *Vol. 12*, *No. 3*, Summer 1968, p. 12.

析专家威尔摩尔·肯达尔在1949年发表的论文《情报的功能（*The Function of Intelligence*）》中向主流观点发起了挑战，他建议分析人员需要主动了解美国的政策制定过程，积极营造与情报用户的良好关系。在他看来，“情报与决策之间是一种共生的关系，因而两者之间必须紧密联系”。[①]虽然这次理论辩论在当时很快平息，但是却提出了解决矛盾的一种初步思路，为日后“机会分析”理论的诞生埋下了伏笔。

4. 系统采用社会科学领域的研究方法

在情报分析理论研究的指导理念方面，“历史经验主义流派”的专家最主要的研究结论就是情报分析应该采取社会科学的研究工具与方法。1946年，乔治·帕蒂在专著《美国秘密情报的未来》（*Future of American Secret Intelligence*）中做出预测：“未来，有效的战略情报将依靠社会科学的发展与应用，……在现代社会科学中包含的系统知识，很多可以用作衡量事实的严格标准，并已经在实践中被证明是有效的”。[②] 之后，谢尔曼·肯特在专著中进一步为情报分析从社会科学中寻找智力支持提供了理论依据，他认为“大部分的情报事务都归属于社会科学的领域”，[③] 所以，“未来情报分析预测的精确性要依靠社会科学的进步”。[④] 这一观点又得到了更多研究者的认同和深化。比如，情报理论和国际政治双重研究专家克劳斯·诺尔（Klaus Knorr）撰文指出：“社会科学用来收集数据、从其他数据中演绎推理数据以及建立数据有效性的方法——至少从原则上——

① Jack Davis, The Kent - Kendall Debate of 1949, in *Studies in Intelligence*, *Vol. 36*, *No. 5*, 1992, p. 97.

② George Pettee, *Future of American Secret Intelligence*, Washington, D. C.: Infantry Journal Press, 1946, p. 142.

③ Sherman Kent, *Strategic Intelligence for American World Policy*, NJ: Princeton University Press, 1949, p. 175.

④ Ibid., pp. 60 - 61.

能够将合适的信息生产为情报”。[①] 华盛顿·普拉特也在《战略情报生产：基本原则》（*Strategic Intelligence Production*：*Basic Principles*）一书中专门论述了依靠社会科学方法论改进情报分析的具体方面，具体包括：“第一，提供对事物理解的总体原则、知识储备和相关内容；第二，提供具体的建议，如可以做出必要修改的应用方法；第三，指出并避免使用中的常见缺陷；第四，为进一步研究提供参考资料”。[②] 从上述具有延续性的系列表述可以看出，传统情报分析理论研究者对于从历史学、国际政治学等社会科学研究方法中汲取营养，从而改进情报分析的流程与方法形成了高度共识，而情报分析也被他们从总体上划归为社会科学研究范畴。

5. 创建“情报文学”（Intelligence Literature）以促进专业化发展[③]

情报分析理论的很多具体观点直接源于对实践经验的总结与反思，研究者将实践领域日渐积累的分析经验加以总结、提炼，形成了介于技艺经验与理论成果之间的若干参考规则。这些工作手册式的规则，发挥了必要的储备与支撑作用，并最终融入传统情报分析理论。一个比较出名的分析规则是“普拉特法则”，是时任中央情报局基层分析人员华盛顿·普拉特在与谢尔曼·肯特进行理论探讨时归纳出来的，这个法则认为：“情报分析最终产品是否包含足够的解释性细节和修饰性语句，取决于从基层到顶层的分析梯队的数目是

① Klaus Knorr, *Foreign Intelligence and the Social Science*, *Research Monograph*, *No. 17*, Center of International Studies, Woodrow Wilson School of Public and International Affairs, Princeton University, June 1, 1964, p. 11.

② Washington Platt, *Strategic Intelligence Production*: *Basic Principles*, CT: Praeger, 1957, p. 133.

③ Jack Davis, Sherman Kent and the Profession of Intelligence Analysis, in *The Sherman Kent Center for Intelligence Analysis Occasional Papers*, *Vol. 1*, *No. 5*, November 2002, p. 15.

否奇偶平衡”,[①] 这一论述可以视为从分析机构的中观层次研究如何优化情报分析工作的早期理论成果。无论是综合理念还是具体法则，谢尔曼·肯特在1955年发表的名为《需要一种“情报文学”》（*The Need for an Intelligence Literature*）的研究论文中表明了总结研究经验，积累理论成果的意义——“情报分析不应该仅是一种政府内部的服务性职业。……而成为一门正规学科最欠缺的就是类似文学典籍类的理论积淀，只有拥有足够的文献、术语、方法和原则，情报分析才能发展成熟”。[②] 由此判断，研究者将能否积累系统、成熟的理论成果作为衡量情报分析专业化发展程度的最具说服力的标准。自发展“情报文学”的倡议提出后，创作和整理经典的情报分析研究著述，将它们按照不同类型汇集成为理论典籍，促进情报理论发展成为了一项持续工作。“情报文学”的表述方式也得到了官方的认同，并在各种内部和公开出版物中被广泛使用。

（二）战略情报评估理论

如果说“历史经验主义流派”作为一个研究群体开创了传统情报分析理论，那么在众多理论铺路者当中，谢尔曼·肯特的贡献尤为出众。一方面由于他“在职业生涯中使情报分析成为一个专门学

---

① 这一法则的详细内容如下：1. 分析人员经过仔细思考和详细讨论后得出了初步的情报评估产品，其中包括了对问题详细研究后得出的某些细节和论述，并且分析人员有足够理由相信这些细节应该被包括。2. 第一梯队的整编人员得到这些产品后，他们通过阅读分析人员详细的解释说明，对问题认识既清楚又透彻，于是他们认为这些细节性的论述是不言自明的，就把一些细节和描述字句删去。3. 更高的第二梯队的整编人员得到了只剩下骨架的情报成品，他们发现很多直白的论断缺少充分的论证和背景资料。他们坚持要加入一些必要的解释和细节，正是那些第一梯队的整编人员删去的部分。4. 更高的第三梯队的整编人员得到上报的情报后，他们又像接触到初级成品的第一梯队人员一样，看过详细论述后又认为细节没有必要，可以删去。于是这种循环不断往复，直到报给决策者。所以，“普拉特法则”显示：情报分析的最终产品是否包含足够的解释性细节和修饰性语句，取决于自下到上的情报整编梯队的数目是否奇偶平衡。参见：Anonymous, Platt's Law, in *Studies in Intelligence*, *Vol. 13*, *No. 4*, Fall 1969, p. 90.

② Sherman Kent, The Need for an Intelligence Literature, in *Studies in Intelligence*, *Vol. 1*, *No. 1*, Fall 1955, pp. 2 – 3.

科，并且建立了井然有序的方法论”,[①] 被美国情报界誉为“情报分析之父”;[②] 另一方面，也是因为他个人在战略情报理论研究方面做出了杰出建树。1949 年，谢尔曼·肯特出版了美国第一部系统研究战略情报理论的专著《服务于美国世界政策的战略情报》(*Strategic Intelligence for American World Policy*)，书中从宏观视角详细探讨战略情报评估的组织机构、人员素质、分析方法、指导理念等基础性问题，成为战略情报分析理论研究的经典之作。之后，他又专门撰写了一系列战略情报评估的研究论文，分别从战略评估的流程、术语、方法和案例等具体方面深化了研究。因此，虽然谢尔曼·肯特是“历史经验主义流派”的领军人物，但是他的战略情报评估理论却值得单独论述。

1. 产品类型

谢尔曼·肯特以时间为根本要素，创造性地将战略情报所要生产的分析产品划分为基本描述性（Basic – Descriptive)、现实报告性（Current – Reportorial）和预测评估性（Speculative – Evaluative）三种,[③] 使之分别对应于已经存在的、当前发展中的和未来可能出现的事物和状态。第一种分析产品主要包括相对不变的事物（比如基本地形、水文和气候环境)；第二种分析产品是指可变但却永久的事物（比如人口、民族构成)，以及更加瞬息万变的人为现象（比如政治格局、经济结构、军事战略)。第三种分析产品则重在预判未来发展的趋势和可能后果，比如评估对象国将如何发展并使用军事力量，

---

① Donald P. Steury, ed., *Sherman Kent and the Board of National Estimates, Collected Essays, Introduction*, 1994, in http://www.cia.gov/library/center – for – the – study – of – intelligence/csi – publications/books – and – mongraphs/sherman – kent – and – the – board – of – national – estimates – collected – essays/intro.html.

② Jack Davis, Improving Intelligence Analysis at CIA: Dick Heuer's Contribution to Intelligence Analysis, in Richards Heuer, Jr., *Psychology of Intelligence Analysis*, Washington, D.C.: Center for the Study of Intelligence, CIA, 1999, Introduction, p. xix.

③ Sherman Kent, *Strategic Intelligence for American World Policy*, Princeton, NJ: Princeton University Press, 1949, p. 8.

针对的目标是谁，预期达到什么效果等等。

谢尔曼·肯特做出划分的目的是为了更好地阐述情报评估由量变到质变、从资料整编到评估判断的有机联系过程，并着重阐明预测评估性情报的价值和作用。实际上，对复杂战略问题进行评估，需要综合生产以上三种分析产品，比如基本描述性情报和现实报告性情报的积累完善，能够为完成类似国家情报评估这样的高难度分析任务提供必要支撑。后来，研究者发现这种划分方式的确比较科学，而且可以适用于其他层级的分析产品，于是就变为得到官方认同的一种规范。美军颁布的多版《联合情报》条令和《国防部军事和相关术语词典》中都使用了相同的分类法。

2. 评估资源

谢尔曼·肯特从组织、资料和人才方面对战略情报评估所必须掌握的资源进行了阐述。首先，他把情报分析机构与大学、报社和企业等实体做了类比，强调借鉴它们保持有效运作的方式。比如，大学能够汇集具有不同学术观点的专门人才，拥有丰富的研究资料；报社作为那个时代大众媒体的代表，能够掌握发达的信息来源和高效的通讯手段，也能够在规定期限内准确、完整地完成新闻报道任务；企业能够以最高的效费比地将原材料与劳动力相结合，并按照用户的需求生产出产品。[①] 其次，肯特认为这些资源中最重要的是分析人员，而且，不是所有人都能够胜任战略情报评估工作。“情报机构只有拥有充足的第一流人才，才能不断收集和分析过去、现在和未来的有用信息，及时为决策者生产完整而且准确的情报”。[②] 再次，因为战略情报评估“要回答的问题既艰深又微妙，只有依靠研究者非凡的专业知识和高超的分析技巧才能够解答”，[③] 所以，他告诫分析人员永远不要背离“西方从亚里士多德时代就依靠的两种手

① Sherman Kent, *Strategic Intelligence for American World Policy*, Princeton, NJ: Princeton University Press, 1949, pp. 74 – 77.

② Ibid., p. 69.

③ Ibid., p. 74.

段——不断拓宽知识面和借助理性工具和科学方法”。[1]

从上述论述中可以发现，谢尔曼·肯特的理论流露出一种深厚的美国“东海岸自由主义学者”的精英意识。他认为：“情报分析不是把20个拥有5%智慧的头脑集合到一起就能够得到一个100%智慧的头脑”。[2] 情报分析专家必须热爱这项事业，并为从此而所获得的成就感而生存，直到老去不适合再做这项事业为止。这既与他在现实中积极招募和推荐优秀人才加入国家情报评估部门的做法相吻合，也从侧面反映了“历史经验主义流派”的专家们倾向于把情报分析视为一种颇具挑战性的研究活动的原因——他们在主观上有很大的抱负和自信，并愿意投入全部的精力和热情使情报分析发展成为专业。

3. 过程与方法

谢尔曼·肯特在1952年正式接替威廉·兰格担任国家评估委员会（Board of National Estimates）主席，能够更好地与实践工作形成策应，并开展战略情报评估理论研究。他在研究论文《评估与影响》中，提出了“分析金字塔（Analytic Pyramid）”的概念（如图1—5所示），[3] 系统阐述了有关战略情报评估过程与方法的理论认识。

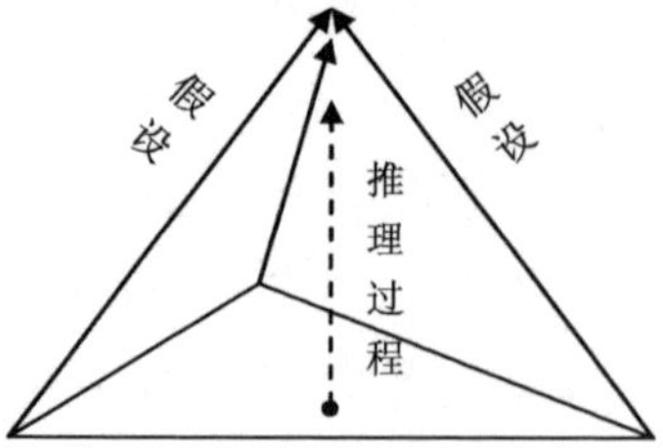

图1—5 “分析金字塔”

① Sherman Kent, *Strategic Intelligence for American World Policy*, Princeton, NJ: Princeton University Press, 1949, p. 206.

② Ibid., pp. 174 – 175.

③ Sherman Kent, Estimates and Influence, in *Studies in Intelligence*, *Vol. 12*, *No. 3*, Summer 1968, p. 14.

作为一种形象的比喻手法，谢尔曼·肯特认为："若用几何学的方式来思考评估的问题，理想的评估可以设想为一个完整的金字塔"，[①] 即完成战略情报评估的复杂过程如同聚集材料（情报素材），搭建框架（提出假设），并发挥建筑者（战略评估人员）的聪明才智（逻辑推理方法）去建造金字塔一样。

首先，"金字塔的基座应该全部由确定无疑的事实凝结而成。而且，只需要最小化的人为处理，这些事实就能够自行排列出非常清晰的金字塔基座。这些事实在水平的维度自然拓展开来，使我们可以很好地观察到基座的范围；并在垂直的维度逐渐累积，以显示出金字塔侧边的坡度"。[②] 这些论述表明：谢尔曼·肯特认为收集并鉴别资料的可靠性与完整性不仅是为了加工素材，而且也是评估的基础性步骤。如同"拼图"一样，评估的准确性取决于能否收集到足以"拼出"全部图景的片段资料。只要很好地完成了这个步骤，运用逻辑方法进行恰当的排列组合——即他所谓的"最小化的人为处理"并不是多么困难的过程。这是一种比较典型的依靠外在资料驱动情报分析工作的理念。后来，特别是经历过古巴导弹危机的国家情报评估失误之后，谢尔曼·肯特也部分修正了上述观点。比如，他发现不能总是期望手头资料可以自动回答问题，因为"情报分析经常面对情报素材过剩的问题，超出了个体分析人员可以阅读、评估和思考的极限"。[③] 另外，分析人员自认为客观的研究也可能会受到冗余、重复或者虚假信息的干扰，所谓"确定无疑"的事实资料其实大都来自于分析人员的主观判断。

其次，在"筑牢"了可靠、坚实的信息"基座"后，可以对需要评估的部分问题得出明确结论，这就需要情报评估人员做出更进

---

① Sherman Kent, Estimates and Influence, in *Studies in Intelligence*, *Vol. 12*, *No. 3*, Summer 1968, p. 14.

② Ibid.

③ Sherman Kent, A Crucial Estimate Relived, in *Studies in Intelligence*, *Vol. 8*, *No. 2*, Spring 1964, p. 6.

一步的推断，即“构建金字塔的框架”——提出假设。在形成与检验假设的过程中，不仅需要借助科学的研究方法，还需要评估人员做出合乎逻辑的主观判断——他要依据初始假设不停地关联和浓缩资料所包含的信息，使结论随着金字塔高度的上升而得以最终呈现。这个过程中因为加上了人的主观判断，因而不能保证结论绝对的准确。然而，如果判断所使用的研究方法符合逻辑推理的缜密性，再结合事物本身的可确定性（如资料的准确性、完整性和可靠性），即使无法完全消除因为欺骗、信息缺失等因素导致的不确定性，评估结论仍然可以具有很强的可信度。

再次，有时评估人员不必追求“到达金字塔的顶点”——即得出明确结论，而是在“距离顶点特定的距离停止”。① 所以，评估有时并不追求单一的结论，而是最有可能的结论集合。结合谢尔曼·肯特对情报与政策关系的理论主张，在某些特殊情况下采取这种评估方式也是可以解释的：一方面，可选择的结论往往暗示着可选择的政策选项，分析人员没有义务做出明确的政策建议，而应该由决策者自行判断。另一方面，如果评估资料不足或质量不高，严谨的评估人员不应该贸然做出判断，谢尔曼·肯特曾在反思古巴导弹危机中的评估失误时说：“在不确定性面前，有强烈的不做任何评估的愿望，在缺少直接证据的条件下，凭什么说苏联会这么做或者那么做?”②所以，战略情报评估永远存在着或大或小的不确定性，而评估资料和评估人员的经验和感觉也会影响评估结论的形式和内容。

除了以上内容，谢尔曼·肯特还发现了情报评估中存在的一个重要问题：分析人员因为思维能力和习惯的差异在发展和检验假设方面会存在较大区别。用他的话说：“有些头脑能够产生丰富的新假设，并在它们之间游刃有余，另一些头脑则缺少创造力，甚至抵制

---

① Sherman Kent, A Crucial Estimate Relived, in *Studies in Intelligence*, *Vol. 8*, *No. 2*, Spring 1964, p. 6.

② Gary J. Schmitt, Truth to Power? Rethinking Intelligence Analysis, in Peter Berkowitz, ed., *The Future of American Intelligence*, Standford, CA: Hoover Press, 2005, pp. 57 – 58.

新想法”。[①] 因此，情报评估过程中需要努力避免“智力上的弱点（Intellectual Frailties）”影响评估的质量。[②] 虽然这一用语后来被更加流行的“思维定式”所取代，但是谢尔曼·肯特被后代的研究者评价为“最早从众多情况中发现‘思维定式’问题会妨碍分析人员正确解读国际形势的研究专家”。[③]

4. 评估概率术语

谢尔曼·肯特的另一重要理论贡献是为战略情报评估术语的表述方式提供了一个参考规范。他发现在表述情报评估概率时，分析人员经常随意使用不同的表述方式，即使是同一份评估报告中，量化的概率数据和主观判断的词汇也会同时出现。大多数情况下，分析人员并没有意识到这种做法会妨碍向用户准确地传达信息，然而不同的人对某一术语表述方式的理解存在差异。他尤其反对使用诸如“好机会、真的有点可能、挺大的机率（Good Chance，Real Possibility，Strong Likelihood）”这些模棱两可式的自创词语，并主张在撰写报告时应该使用精确、规范的表述方式以避免导致用户和其他分析人员曲解报告中用词的本义。谢尔曼·肯特曾跟另一位分析专家杰克·戴维斯交流过解决办法。他认为在美国的社会文化中，常用数字化的概率来表述球队的胜率，而政策制定者也对其理解得非常到位。因此，在分析中应该用相同的办法表述不确定性，而不要使用比较容易造成理解偏差的描述性词汇。然而杰克·戴维斯却认为谢尔曼·肯特在报告中使用“‘2:1 的概率’、‘50 对 50 的比率’这样的说法是把我们（指中央情报局情报处）变成城里最大的赌马场”，但是谢尔曼·肯特则表示“我宁愿做一个‘赌徒’，也不做一

---

① Sherman Kent, A Crucial Estimate Relived, in *Studies in Intelligence*, *Vol. 8*, *No. 2*, Spring 1964, p. 7.

② Ibid.

③ Roger Z. George, Fixing the Problem of Analytical Mind - Sets: Alternative Analysis, in *International Journal of Intelligence and CounterIntelligence*, *Vol. 17*, *No. 3*, September 2004, p. 387.

个‘诗人’”。[①]

当然，在以文本为主要表现形式的战略情报评估报告中，总是以百分比数据表示可能性既不符合书写习惯，也不可能完全实现。所以，谢尔曼·肯特为美国国家评估办公室制定了如下评估术语对照表，为撰写评估报告的分析人员提供了统一的参照标准，一定程度上巧妙地解决了这个矛盾，具体内容如表1—1所示：

表1—1 评估术语对照表②

百分比的概率数据（误差范围）		主观判断的语言描述
最高	接近100%	certainly 肯定
中间地带	93% give or take 6%（误差6%）	almost certainly 几乎肯定
	75% give or take about12%（误差12%）	probably 很有可能
	50% give or take about10%（误差10%）	chances about even 一半的机率
	30% give or take about10%（误差10%）	probably not 很不可能
	7% give or take about5%（误差5%）	almost certainly not 几乎肯定不能
最低	接近0%	impossible 绝无可能

实际上，不同的分析人员对这种换算方式的科学性也存有疑问，并且对量化概率数值的理解也同样会因人而异，所以谢尔曼·肯特提出的解决建议并不是万全之道。但是，他能够发现这个可能影响理解情报评估结论准确性的关键问题，的确是一个重要的研究成果。在他之后，越来越多的研究者发现“语言使用不当是造成情报失误的重要原因之一”，[③] 并尝试提出的更好解决办法，而相关研究建议

① Jack Davis, Sherman Kent and the Profession of Intelligence Analysis, in *The Sherman Kent Center for Intelligence Analysis Occasional Papers*, *Vol. 1*, *No. 5*, November 2002, p. 8.

② Kent, Sherman, Words of Estimative Probability, in *The Sherman Kent Center for Intelligence Analysis Occasional Papers*, *Vol. 8*, *No. 4*, Fall 1964, p. 55.

③ Ephraim Kam, *Surprise Attack: the Victim's Perspective*, Cambridge, MA: Harvard University Press, 2004, p. 24.

也被官方采纳。比如，近年来公开的美国国家情报评估报告中就在正文之前专门加入了一个“对评估用语的解释（An Explanation of Estimative Language）”段落，① 用图文并茂的方式尽可能清晰地描述报告文本中表述可能性的用语对应怎样的数值概率（如图 1—6 所示）。

图 1—6　国家情报评估报告中对评估性用语的说明图示②

说明：上图来自于美国国家情报主任办公室 2007 年 11 月公开发布的国家情报评估报告《伊朗：核意图和能力》文本的第四页，大致描述了美国情报界对评估性用语对应的可能性从小到大的变化情况。在情报分析报告中，分析人员使用“我们判断”（We judge）或者“我们估计”（We assess）、“我们评估”（We estimate）以及其他表示概率的词语比如很可能（Probably）、“可能”（Likely）来表达分析性的评估和判断。一般而言，使用“很可能”（Probably）、“可能”（Likely）、“非常可能”（Very Likely）和“几乎确定”（Almost Certainly）意味着概率超过一半；使用“不可能”（Unlikely）、“极不可能”（Remote）意味着事件发生概率小于一半，但并不意味着一定不会发生；使用“有点可能”（Might）、“或许”（May）反映了分析人员不能准确评估可能性，因为相关的信息空缺、模糊或者残缺；使用“我们不再考虑”（We cannot dismiss）、“我们不能排除”（We cannot rule out）、“我们不能忽视”（We cannot discount）则意味着事件发生的可能性很小。

此外，美国情报分析报告中还广泛使用名为“信心评估”（Confidence in Assessments）的方式来描述生产情报产品所使用的素材信息的品质，这种“信心评估”是情报分析人员对所得出结论的可靠性的一种自我评估，与情报的文本内容同时汇报给用户，以便用户

① National Intelligence Estimate, *Iran: Nuclear Intentions and Capabilities*, Office of the Director of National Intelligence, November 2007, Key Judgment, p. 4.

② Ibid.

在理解相关判断时可以更好地理解分析人员的原意。① “信心评估”分为三个等级，分别是“高度自信”（High confidence）、“中度自信”（Moderate confidence）和“低度自信”（Low confidence），具体的区分是：“高度自信”代表判断是基于高质量的信息，或者问题的本质足以做出可靠的判断，但是高度自信的判断也不是事实和完全确定的，也有出错的风险；“中度自信”代表信息来自于可信赖的来源并且较为可靠，但是质量不是足够高以至于能保证达到更高的自信层级；“低度自信”代表信息的可靠性值得怀疑，信息过于残缺不全，无法作为可靠的分析依据或者分析人员认为信息来源很不可靠。

5. 小结

综上所述，谢尔曼·肯特的战略情报评估理论是在“历史经验主义流派”理论的总体框架之下进行一种理论延伸，“历史经验主义流派”的基本思想，比如采用科学方法、与决策保持距离等理论主张也同样适用于战略情报评估。谢尔曼·肯特的研究第一次比较全面地对战略情报评估的重要问题做出了正面回答，并形成了比较完整的应用理念与操作方法，而这些结论性观点也构成了传统情报分析理论的精髓部分。

三、特点总结

传统情报分析理论的发展中形成了强势流派、强势人物和强势理论。所谓强势，从总体上理解就是以历史学出身为主的专家，在传统情报分析理论创建和发展的过程中发挥了主导作用。如前文所述，历史学的学科特色、冷战初期的战略情报需求和实践领域的个人因素都使传统情报分析理论以这种方式得以创建成为一种必然。

---

① National Intelligence Estimate, *Iran: Nuclear Intentions and Capabilities* (*Key Judgment*), Office of the Director of National Intelligence, November 2007, p. 4.

（一）引领理论流派形成

“历史经验主义流派”的理论不仅从时间上承接了移植与借鉴时期的研究积淀，而且得出了许多具有经典价值的理论研究成果，是情报分析理论发展进程中的第一个成熟的理论流派。从整体上看，“历史经验主义流派”的理论属于宏观层次的研究，优先关注情报分析最本质的问题，对情报分析的基本属性、主要流程、操作方法和指导理念形成了系统的理论阐述。同时，“历史经验主义流派”使历史分析和经验主义的研究方法成为情报分析的主要手段，将情报分析界定为独特的社会科学研究活动，确立了情报分析专业化发展的基本方向。所以，“历史经验主义流派”理论的成型标志着传统情报分析理论的正式创建。

（二）塑造理论经典模范

传统情报分析理论的很多观点都出自谢尔曼·肯特之手，这虽然与他长期主持国家情报评估工作的实践经历相关，但更多还是因为他具有常人不可比拟的研究功力和理论水平。谢尔曼·肯特的理论不仅能够从战略视角切入，站在情报界的整体层面思考问题，提出了诸如“情报是一种知识、一种组织、一种活动”这样的经典论断，[①] 而且将历史学家的广阔视野和深邃洞察力化解到具体而微的操作方法，用“分析金字塔”这样巧妙的比喻解释复杂的战略情报评估过程，为情报分析研究开拓了思路。正是因为他的理论从学术价值和理论影响方面具备了经典理论的一切优点，所以他提出的某些过于理想化的理论主张，虽然在实践中暴露出明显的缺陷，但依然在指导实践中长期发挥了强势作用。当然这些瑕疵不能影响理论整体具有的时代价值，所以谢尔曼·肯特无愧于美国情报分析理论研究的大师级人物，其理论成果不仅被美国情报界，而且也被全世界的情报分析理论研究者视为经典。

---

① Sherman Kent, *Strategic Intelligence for American World Policy*, NJ: Princeton University Press, 1949, Preface, p. ix.

（三）奠定理论体系发展根基

传统情报分析理论首次系统阐述了情报分析的基本原理和学科属性，确立了主要的研究范畴和方法论，并构建了总体的理论框架。美国情报学术界之所以将以“历史经验主义流派”为代表的理论称为传统理论，主要因为这些理论创建于冷战初期，在70年的理论发展进程中居于起始阶段，更多是从时间上进行描述的一种习惯性的称谓。然而，与某些学科的传统理论不同，美国情报分析理论的传统理论并不代表陈旧、过时的理论，而更多应该从经典理论的角度做出评价。因为承担了很大程度的基础性理论功能，即使时至今日，传统理论对于情报分析基本原理和核心趋向的经典阐述依然适用，并仍在指导美国的情报分析工作。从总体上看，传统理论自诞生以来就充当了情报分析理论发展和演变的根基和主干，从规模上至今尚未出现能够与传统理论相提并论的综合、成型的理论，所以，传统情报分析理论虽然从文字表述上是传统的，但是从功能意义上评价则应该是基础的。

四、影响分析

（一）持续主导实践领域

传统情报分析理论创建于美国情报分析工作的总体筹划时期，既脱胎于美国现代情报体制建立与变革的实践经验总结，也对中央情报局建立之后近70年的情报分析实践工作产生了全方位的深远影响。无论是国家情报评估制度的建立，还是情报分析指导理念的形成，传统情报分析理论的精华观点都作为重要的理论依据被情报界官方采纳。无论是情报产品的生产规范与形式，还是分析人员可以应用的工具与方法，传统情报分析理论提出的基本模式与标准也通过职业课程培训和实践体验积累的方式深入到历代分析人员的内心。所以，传统情报分析理论在实践工作中发挥了稳定而且强势的影响力。虽然后来出现了形形色色的新理论，但是它们在实践领域的推广程度、应用范围和实际影响均不可与传统理论相提并论。某种意义上说，传统情报分析理论主张的基本方法、模式和原则已经成为分析人员完成工作的自然参照和职业习惯，其主流理论地位在实践领域从未被真正动摇。

（二）开创基本研究范式

传统情报分析理论创建并发展成熟的20来年，正是情报分析这门崭新学科发展的起步阶段，也是理论研究出现突破的关键时期。传统情报分析理论提供的经典理论范例，系统表现了情报分析理论研究在初创阶段的主要模式，形成了从理论上观察、分析、解决情报分析问题所使用的一整套概念、方法及原则。传统情报分析理论所确立的采取社会科学方法论、秉持独立客观的分析原则和依循严谨的研究过程被后代的理论研究接受为一种基础范式。自此，美国情报分析理论进入了稳定、规范的发展阶段，虽然有一些具体理论被批判和改良，而另一些具体理论被创建和发展，但是传统情报分析理论开创的历史经验主义的研究范式却长期保持了统治地位。

（三）构建理论体系框架

传统情报分析理论为情报分析发展成为一门正规科学构建了比较完整的理论体系框架，在研究维度上很好地兼顾了基础性、解释性和应用性研究，初步形成了情报分析理论体系的基本结构。因此，传统情报分析理论表现出了良好的平台作用：一方面，自20世纪60年代末期发展成熟后，传承于传统情报分析理论要义的研究并未停滞，还在持续进行改良和变通，使其愈加成熟；另一方面，后文将要阐述的很多理论都是在传统情报分析理论的既有框架中，针对传统情报分析理论在某些方面的设计缺陷进行的修补性和补充性研究。所以，曾经隐含在传统情报分析理论具体研究成果中的那些理论缺陷，后来都成为生发新理论的宝贵“种子”。综上所述，作为诞生时间最早，发展时期最长，影响最为广泛的理论，传统情报分析理论为后续理论研究提供了可以发展变化的基本平台，也为情报分析理论的丰富与争鸣留出了充足的发展空间。

第三节　定量情报分析理论

从总体上看，情报分析工作大多是基于经验思维和逻辑推演而进行的定性研究，理论研究领域也更多依靠研究者本身的定性思考和推理而完成。与已经熟练使用定量研究方法的经济学、国际政治学相比，情报分析理论研究在定量分析领域存在较大滞后，而这种局面也饱受学术界的批评。20 世纪 60 年代，主张采用定量分析的"科学行为主义"（Behavioralism）理论在西方学术界盛行，[①] 研究精确化、定量化的潮流自然而然地传导到情报界，定量分析理论才被比较系统地引入到情报分析领域。

一、研究背景

第二次世界大战结束后，随着运筹学、应用数学的快速发展，以及计算机建模技术的兴起与应用，公开学术界对定量分析的研究逐渐增多，比如兰德公司在其专题政策评估中，就大量采用了"系统分析"、"博弈模型"等定量研究方法。到了 20 世纪 60 年代末，情报分析理论研究领域出现了正式发表的定量分析方法研究成果，比如 1967 年杰克·佐罗尼克对贝叶斯分析方法一般应用的评估等。[②] 1978 年，中央情报局主管分析方法论研究的理查兹·休

① 科学行为主义最早出现于 20 世纪 50 年代，到 60 年代已在西方国际关系理论研究领域占据统治地位。科学行为主义理论认为：人类的行为具有一定的模式，这些模式化的互动行为可以依据数量化的方法进行研究。比如，研究主要凭借客观的、可衡量的资料，以及可验证的假设与信息，借助计算机模拟、系统分析、博弈理论等实施。与传统的主要依靠历史描述和直觉分析的传统研究方法相比，科学行为主义更加强调使用自然科学式的，可以精确量化的研究方法。参见许嘉等著：《美国国际关系理论研究》，北京：时事出版社，2008 年版，第 167 页。

② Jack Zlotnick, A Theorem for Prediction, in *Studies in Intelligence*, *Vol. 11*, *No. 4*, Winter 1967, p. 43.

尔主持出版了论文集：《政治情报定量分析法：中央情报局的经验》,[①] 既作为情报界官方回应学术界批评其不注重定量分析研究的成果，也被视为定量分析理论研究发展成熟的标志。此后，定量分析理论研究继续保持比较稳定的发展态势，陆续有一些研究成果问世，如 1995 年加州大学研究生罗伯特·莱文逊（Robert M. Levinson）使用多种定量方法对拉美地区政治形势的综合评估,[②] 以及 2005 年 1 月埃里克·汉森（Eric C. Hansen）对 2004—2006 年间的“伊拉克自由”行动所进行的定量分析,[③] 等等。从研究的历史分布可以看出，20 世纪 70 年代是定量分析理论研究最为集中的时期，美国情报界也通过召开国际学术论文交流会、成立专门的研究课题组的形式对定量分析理论研究进行了系统总结，并形成了情报分析理论研究中的特殊流派。从总体上看，研究者在定量分析理论发展和应用方面始终抱有一种实用主义的谨慎态度，相关的研究成果虽然在战争预警、形势评估、趋势分析等领域得到了较为广泛的应用，但是并未成为研究的主流，只是作为方法论层面的理论研究分支而存在。

（一）外部学术研究传导

依据传统情报分析理论的界定，情报分析总体上归属于社会科学，主要借鉴历史学、法学、政治学等人文学科的理论而发展，是一种以定性研究为主的经验科学。在实践工作中，经过情报流程的“处理与加工”环节后，从各种来源获得的数据被转化为适合情报生产的信息，分析人员主要依靠自身的经验判断（逻辑思维）和直觉

---

① Richards Heuer, Jr., ed., *Quantitative Approaches to Political Intelligence: The CIA Experience*, Boulder, CO: Westview Press, 1978.

② Robert M. Levinson, *The Utility of Quantitative Methods for Political Intelligence Analysis: A Case Study in Latin American*, a thesis submitted in partial satisfaction of the requirements for the degree Master of Arts, San Diego: University of California, October 20th, 1995.

③ Eric C. Hansen, *Operation Iraqi Freedom 04 – 06: Opportunities to Apply Quantitative Methods to Intelligence Analysis*, Presentation at U. S. Military Academy, West Point, New York, June 21 – 23, 2005.

思考（想象与灵感）来完成对这些信息的解读。因此，情报分析领域的定量研究与应用并没有得到较好的发展机会，只有少数进行目标情报评估的分析人员进行过一些定量分析研究，① 而公开学术界对情报分析部门不重视定量研究的做法则一直持批评态度。② 从20世纪50年代开始，主张采用定量分析的“科学行为主义”（Behavioralism）理论在西方社会科学研究领域迅速兴起，到60年代基本占据了统治地位。③“科学行为主义”理论拥护者认为：“人类的行为具有一定的模式，这些模式化的互动行为可以依据量化的方法进行研究”，④ 所以，研究者应该把自己的观点建立在逻辑或数学证据的基础上，强调通过严格的证实程序来寻求“科学”的研究方法。在与情报分析研究学缘较近的国际政治研究领域，研究者“还借用其他一些学科的方法，如计算机模拟、系统分析、博弈理论等，使研究更加精确化，并在此基础上创建新理论”。⑤ 公开学术研究领域的强势变革，激活了定量研究在情报分析领域的休眠状态，拓宽了情报分析研究借鉴社会科学和自然科学理论工具的广度。

（二）情报界内部推动

虽然定量研究在学术界激起了巨大反响，但是绝大多数的分析人员依然习惯于以历史描述、经验推导为特点的传统定性研究方法，而且对于定量分析是否适用于情报工作持怀疑态度。然而，理论借鉴的滞后局面很快就因为官方的支持而被迅速弥补，时任中央情报

---

① See：Davis B. McCarn，Developments in Air Targeting：The Damage Assessment Model，in *Studies in Intelligence*，*Vol. 2*，*No. 3*，Summer 1958；and Robert W. Leavitt，Developments in Air Targeting：The Military Resources Model，in *Studies in Intelligence*，*Vol. 2*，*No. 1*，Winter 1958.

② Richards Heuer，Jr.，*The Evolution of Structured Analytic Techniques*，Presentation to the National Academy of Science，National Research Council Committee on Behavioral and Social Science Research to Improve Intelligence Analysis for National Security，Washington，D. C.，December 8，2009，p. 1.

③ 许嘉等著：《美国国际关系理论研究》，北京：时事出版社，2008年版，第168页。

④ 同上，第167页。

⑤ James E. Dougherty，Robert L. Pfaltzgraff，Jr.，*Contending Theories of International Relations*，New York：Longman，1978，p. 283.

局局长的威廉·科尔比决定在中央情报局内部建立专门机构研究情报分析方法，特别是开展定量分析在情报分析领域是否具备适用性和可行性的试验。在此之前，国务院和国防部的情报部门都没有进行过将定量分析方法应用于实践的经验，所以，中央情报局又一次在理论创新方面走在前列。1973 年下半年，中央情报局主要负责政治情报分析的两个部门建立了小规模的方法学研究小组，专门研究“被情报界忽略，却在学术界已经成为常规、有用的方法”；[①] 1976 年底，这两个小组合并成为地区政治分析办公室的方法与预测部门，专门负责从学术界遴选广泛采用的分析技术与方法——主要就是定量方法和基于电脑运算的程序，将它们研究和修改后应用于政治情报分析。时任这个部门主管的理查兹·休尔解释了中央情报局从内部推动以上这些研究的初衷：“调整理论方法和模型以适应官方需求”。[②]

二、内容述评

定量情报分析方法可以理解为借助数学方程、矩阵图表、电脑模拟程序和模型进行量化推导和演算，最终再由人工整合和解释评估结果的一整套分析流程与方法。

情报分析领域的定量分析一般遵循以下原则：首先要提出不同假设和可选择的结论（运用传统的经验分析方法），根据所分析的问题选择适合验证假设的定量分析方法；其次要使用量化形式评估假设的先验概率、可用证据素材的基础概率等；再次要运用特定的数理逻辑程式展开运算（比如通过数学公式或量化模型进行运算），对大量的证据数据进行推理和演算（可以借助计算机程序完成），得出初步结果；最后由人对相关计算结果进行解释并整合为最终结论。

① Richards Heuer, Jr., ed., *Quantitative Approaches to Political Intelligence: The CIA Experience*, Boulder, CO: Westview Press, 1978, p. 1.

② Ibid.

因为现在公开可见的定量情报分析理论研究成果数量并不多（参见表1—2所示），对这些研究成果进行梳理后，可以发现至少贝叶斯分析法、“交叉影响”分析法、回归分析法、内容分析法、数据库分析法、多维尺度分析法等定量研究方法都曾经被理论研究者在情报分析实践工作中使用。[①] 另外，这些研究多数都是依托具体的分析案例展开，采用实例解析的过程，对定量方法的基本特点、适用范围和应用时的注意事项做出客观评介。在总体数量较少的公开研究成果中，贝叶斯分析法得到了研究者的特别青睐，从1970年至今，有多名专家反复撰文介绍此方法的应用案例和使用心得，其成果数目远远超出其他定量方法的研究成果（参见表1—2：第3，第12-15，第19项）。从这一点上判断，贝叶斯分析方法应该属于定量情报分析理论中公认的典型方法，而且在情报分析实践工作中得到了较多应用。因为本书第二章还要专门对代表性的定量分析方法进行评介，此处不再详述。

表1—2　美国定量情报分析理论研究成果统计[②]

序号	成果译名（类型与发表年限）	作者及成果简述
1	《政治情报定量分析法：中央情报局的经验》 （论文集，1978）	理查兹·休尔主编的官方研究论文集，以下第2至第9行的论文均收录于这本论文集
2	《调整理论方法和模型以适应政府需求》（论文，1978）	理查兹·休尔对官方定量分析方法研究的概述

① Richards Heuer, Jr. , ed. , *Quantitative Approaches to Political Intelligence*: *The CIA Experience*, Boulder, CO: Westview Press, 1978, Contents, p. vii.

② 以下成果统计的来源基本涵盖了至2013年3月所有可以公开检索到的美国情报定量分析研究成果，主要包括已经公开出版的定量分析著作，中央情报局《情报研究》杂志和“情报研究中心”的所有解密档案文献，以及用“Google”搜索引擎对相关关键字检索所获的结果，其中凡是与情报分析理论研究相关的研究成果都被统计在内。

续表

序号	成果译名（类型与发表年限）	作者及成果简述
3	《贝叶斯分析法：评估中东冲突的概率》（论文，1978）①	尼古拉斯·施威策对中东能否爆发武装冲突的个案研究
4	《交叉影响分析法：预测罗德西亚的未来》（论文，1978）	弗兰克·莫里兹（Frank Moritz）介绍依托计算机数据库程序进行预测的方法
5	《回归分析法：法国经济情况对左派投票的影响》（论文，1978）	苏珊·考奇（Susan Koch）和弗雷德·格鲁普（Fred Grupp）对法国经济和大选情况的个案研究
6	《一种理论模型的应用：阿根廷、埃塞俄比亚和泰国的暴力行为框架图》（论文，1978）	哈罗德·达尔格伦（Harold E. Dahlgren）对政治暴乱的多重案例比较研究
7	《内容分析法：对勃烈日涅夫支持率的评估》（论文，1978）	理查兹·休尔使用内容分析法对前苏联领导人勃烈日涅夫讲话用词的研究
8	《一项跨国恐怖主义分析的事件数据库》（论文，1978）	爱德华·米克卢斯（Edward F. Mickolus）对计算机检索数据库在反恐分析领域应用的评估
9	《联合国投票行为的多维尺度分析》（论文，1978）	罗宾·肯特（Robin S. Kent）和温斯顿·怀利（Winston P. Wiley）对联合国成员国投票行为的个案研究
10	《空中目标定位发展：毁伤评估模型》（论文，1958）	戴维斯·麦克卡恩（Davis B. McCarn）对航空毁伤评估的定量分析模型评介
11	《空中目标定位发展：军事资源模型》（论文，1958）	罗伯特·列维特（Robert W. Leavitt）对航空军事资源侦察的定量分析模型评介

① 这篇论文是作者1976年发表论文《情报领域的贝叶斯分析：中东地区的一些焦点问题（*Bayesian Analysis for Intelligence*：*Some Focus on the Middle East*）》的删改版。参见：Nicholas Schweitzer，Bayesian Analysis for Intelligence：Some Focus on the Middle East，in *Studies in Intelligence*，*Vol. 20*，*No. 2*，Summer 1976，p. 31.

续表

序号	成果译名（类型与发表年限）	作者及成果简述
12	《一种预测法则》（研究报告，1967）	杰克·佐罗尼克对在情报分析领域应用贝叶斯方法的适用性评估报告
13	《情报分析的贝叶斯理论》（论文，1970）	杰克·佐罗尼克对贝叶斯分析法的评介
14	《中苏边境纠纷：情报预警方面常规和贝叶斯方法的比较》（论文，1972）	查理斯·费斯克对贝叶斯分析法与传统分析方法的案例比较研究
15	《巡航导弹扩散：贝叶斯分析法在军事情报预测中的应用》（论文，1992）	麦克·甘农应用贝叶斯分析法对冷战后巡航导弹扩散问题进行的虚拟个案研究
16	《政治情报定量分析应用：拉美个案研究》（论文，1995）	罗伯特·莱文逊使用多种定量方法对拉美地区政治形势的综合评估
17	《预测恐怖主义：指标和被证实的分析技巧》（论文，2004）	桑德利·卡尔莎（Sundri K. Khalsa）评介如何应用数据库软件进行恐怖主义预警
18	《伊拉克自由 04—06：运用定量情报分析的机会》（论文，2005）	埃里克·汉森对 2004 至 2006 年间的“伊拉克自由”行动所进行的定量分析
19	《情报分析的贝叶斯升级模型：伊拉克核武计划个案研究》（论文，2005）	迈克劳林·杰西卡（McLaughlin Jessica）对伊拉克核武计划所进行的贝叶斯分析个案研究

三、特点评介

定量分析理论研究具有三个特点：

（一）定量分析理论长于应对数据分析，工具色彩突出

定量分析是作为专门的应用理论工具从相关学科引入的，侧重于解决实践中需要或者适合采取定量分析的具体问题，比如对定性分析不易处理的海量原始数据进行科学分析，定量分析研究是对分析定性研究的一种良好互补和支撑。

（二）定量分析理论适用范围比较特殊，实践应用指向性强

定量分析理论研究成果一般集中于对可以概率化描述的政治、经济和军事问题（如大选的胜率、武装冲突的可能性）进行比较精确的个案分析，而不宜对战略全局和发展形势做出宏观描述，有其特定的适用范畴。

（三）定量分析理论注重学科交叉，与定性分析研究相互融合

情报分析领域的很多问题不是采取单一的定量研究就可以解决的，而且很多软指标不易量化，往往需要综合使用定性与定量分析的方法。

四、影响分析

（一）定量分析理论是对传统情报分析理论的良好补充而非对立或替代

研究者在定量分析理论发展和应用方面抱有一种实用主义的谨慎态度。经过了十几年的应用与发展，定量情报分析理论研究逐渐形成了一个特殊流派，积累了相当数量的研究成果，但是归属明确的代表人物却寥寥无几，像理查兹·休尔这样比较有名的研究者后来也转向了其他领域的研究，颇有浅尝辄止的意味。中央情报局在20世纪70年代末对定量分析理论研究做了比较系统的总结，包括召开论文交流会和专题研讨会，并出版了《政治情报定量方法：中央

情报局的经验》专题论文集。[①] 理查兹·休尔本人在这部论文集中对定量情报分析理论的影响进行了评价，他认为“这些研究用来回应学术界对情报界不注重定量方法的批评，但并没有真正形成多大影响”。[②]

（二）定量情报分析理论在应用层面的局限性

部分研究者对在情报分析领域嫁接定量分析持悲观态度，他们认为：“分析人员研究的变量类型及变量之间的关系通常是明确而具体的，但是由于过于复杂，利用当前社会科学中的定量分析技巧根本无法对之进行分析”。[③] 当然，对于这个问题也应该辩证地看待：美国情报界研究定量分析的局限性并不是为了证明其无法使用，而是为了更好地澄清其适用范围，并在这些领域更好地发挥作用。因此，不应该在情报分析领域把定量分析方法的局限性扩大化，关键在于分析人员能否以科学的思想态度去驾驭和使用定量情报分析工具，而不是僵化地受制于某种方法与手段。分析人员如果能做到扬长避短、灵活运用，定量分析理论与方法在情报分析领域就可以发挥其应有作用。

（三）定量情报分析研究与智能信息处理技术与手段的发展空间紧密相关

总体上看，传统定性研究主导情报分析实践工作的局面将不会有本质变化。但是，定量分析方法依然可以在战争预警、选情预判、经济发展趋势预测等领域与传统分析方法结合使用，并发挥其积极

---

① Richards Heuer, Jr. , ed. , *Quantitative Approaches to Political Intelligence: The CIA Experience*, Boulder, CO: Westview Press, 1978, p. 1.

② Richards Heuer, Jr. , *The Evolution of Structured Analytic Techniques*, Presentation to the National Academy of Science, National Research Council Committee on Behavioral and Social Science Research to Improve Intelligence Analysis for National Security, Washington, D. C. , December 8th, 2009, p. 1.

③ Michael K. O' Leary, William D. Coplin, Howard B. Shpiro, Dale Dean, The Quest for Relevance: Quantitative International Relations Research and Government Foreign Affairs Analysis, *International Studies Quarterly*, *vol. 18*, June 1974, p. 228.

作用。在对大量统计数据进行处理和分析的环节上，定量分析方法的确具有传统定性分析方法不具备的优势。另外，定量情报分析理论研究从一开始就与计算机信息智能处理技术紧密结合，这种优势为其后续发展提供了良好基础。如今，信息技术的飞速发展造成了“信息过载”、“大数据”等问题，美国国防部正在积极尝试开发能够实现人机交互的智能情报分析系统，因此，定量情报分析理论在这个前沿领域的应用前景应该会更加广阔。

第四节　团队情报分析理论

从体制的角度观察，情报分析是一项复杂的团队工作，复杂的评估任务会超出个体分析人员的能力范围，必须通过情报分析部门的通力合作来完成，无论是编制内的常设分析机构，还是根据任务临时组建的专门团队，分析团队都要尽最大可能高效运转以承担个体分析人员根本无法承担的责任，以及完成相应级别的任务。为了研究分析团队如何更好地提升合作效率，研究者试图建立更加合理的组织、程序、方法和理念，有效地集中团队的智慧和经验，也注重考察现有团队分析工作制度、模式、技术与环境的某些负面因素会如何影响个体分析人员的思考过程与专业判断，探索趋利避害的解决办法。

一、研究背景

（一）实践基础需求

从体制上看，自从有组织、专业化的情报分析部门建立以来，“情报分析更多是团队或组织努力而不是个体分析人员的工作产品。……因此，团队工作流程的成败对于情报产品的质量至关重要”。[①] 不仅像国家情报评估这样复杂的评估需要在跨机构层面建立完善的评估体制，集合情报界内的最优秀专家来合作完成，而且随着情报分析专业分工的细化，即使在单一情报机构内部，各类分析任务也会交给按地区划分的科室或者按议题划分的任务组来完成。因此，这就产生了各个层级的分析团队如何有效进行合作的研究需求。

从过程上看，个体分析和团队分析是相对而言的，其实二者是同时存在的。个体分析专家对于某一问题的分析通常要与其他同行（如基层管理者）进行意见交流与整合，然后经过上级部门的领导审核后才能上报结论。在分析产品分发和上报的过程中，还要经过更高级别的分析梯队进行多次修改和整编才能最终到达用户手中。所以，对外部用户来说，情报界似乎是在整体运作，实际上其内部机构间存在纷繁复杂的合作与竞争、争论与妥协。比如，美国国家情报主任向总统递交的“总统每日简报”已经是无数分析人员商讨到最后所形成的若干结论了。

从效果来讲，团队分析也是比较理性的选择。首先，情报分析本身需要一个集思广益、相互启发的过程，观点的相互补充更有利于得出全面的结论；其次，复杂的评估项目涉及到不同领域的专业知识，现实中没有“全能型”的通才来独立完成，所以必须集合多方面的专家完成相关的部分，然后再整合结论；再次，团队分析能够尽量消除个体分析的狭隘和偏见，而且因为风险与责任可以被集体成员共同分担，也有利于自由表达各种不同意见。

（二）外部成果支持

传统情报分析理论对分析团队的问题有一定的研究积淀，前文提到的“兰格体制”和“普拉特法则”都可以在一定程度上视为团队分析理论研究的早期成果。但是，因为传统理论研究更多集中于

① Stephen Marrin, *Improving Intelligence Analysis: Bridging the Gap between Scholarship and Practice*, London and New York: Routledge, 2011, p. 53.

宏观原则和基本方法，团队分析的模式问题并没有成为研究重点。真正意义上的团队分析理论研究源自于兰德公司等智库的研究成果。20世纪50年代末期，“头脑风暴”、“德尔菲”法等研究方法经过兰德公司研究部门的改进或发明之后，[①] 在学术研究领域迅速推广应用，收到了良好的效果。相比较传统的会议讨论、专家咨询等方法，这些先进方法能够优化集体分析的模式和程序，更好地发挥团队的智慧和能力。于是，在20世纪60年代中期，这些研究成果纷纷被引入情报分析部门，在国家情报评估等分析工作中得到应用；到了70年代初，研究者结合情报分析团队组织和运作的基本特点，开始尝试进行理论创新。他们在研究中借鉴了组织行为学、系统管理学、社会心理学等相关领域的知识，用以改进团队分析的既存模式与程序。在这个过程中，理论研究者也发现团队分析工作模式本身也存在难以避免的局限，于是又尝试从趋利避害的角度对以“集团思维”为代表的消极因素进行解释性研究，从而使研究结论趋于完整。

综上所述，团队分析必须借助一定的方式进行组织和实施，常见的专家调查、专题会议讨论的形式是比较简单的集中团队智力资源的形式，而无论何种方式都离不开对于分析组织程序的设计和对于分析工具与方法的选取。因此，团队分析理论希望通过建立合理的分析组织，遵循特定的程序和方法，借助相关技术手段，集中团队的智慧和经验，取得比个体分析更加准确完善的结论。

二、内容述评

（一）改进合作的程序与方法

分析部门大量的基础性工作是由个体的分析人员依靠自身的知识和经验完成，而超出了个体分析人员的权责和能力所限的复杂任

---

① Norman C. Dalkey, The Delphi Method: An Experimental Study of Group Opinion, in N. C. Dalkey, D. L. Rourke, R. Lewis, D. Snyder, eds., *Studies in the Quality of Life: Delphi and Decision-making*. Lexington, MA: Lexington Books, 1972, p. 15.

务，则必须集合跨部门或者跨机构的专家共同商讨完成。为了应对上述问题，分析部门通常采取定期或者不定期召开咨询会议的方式召集专家商讨完成。会议模式虽然便于组织，但是从技术和效果上却不易控制，比如分析专家参与的热情、部门利益竞争导致的争论、分散观点和分歧意见如何处理等。所以，需要创造出既能够达到集思广益目的，又能够提高合作效率的科学程序与方法。于是，“头脑风暴”法和“德尔菲”法便得到了应用的机会，而这些方法在被引入到情报分析领域后进行了必要的转化和改造，以便适应情报分析工作的特殊性。

1. “头脑风暴”法

经典的“头脑风暴”法是由现代创造学奠基人阿莱克斯·奥斯本（Alex F. Osborn）在1939年提出。[①] 这种方法以提升集体研讨的创造力为主要目的，要求把全体成员集合在一起，而每个人都要对问题无所顾忌地发表自己的观点，既不能怕别人的批评和反驳，也不用担心自己的观点是否准确和完善，努力形成能够激发所有成员灵感和创造力的研讨氛围，通过参与成员的相互启发、相互刺激和相互影响来诱发最理想的结论。[②]

“头脑风暴”法有四个准则，同时也反映了其所具有的鲜明特点：第一是重在提出思路或观点的数量，而不需过多考虑其质量；第二是不批评别人和自己，只从正面表达观点；第三是鼓励参与者大胆地想象并无拘束地表达不同的观点；第四是要能够沿着他人提出的思路和观点进行外推、延伸和整合，不断改进观点。对于这种方法的具体操作步骤，将在本书第二章进行详细论述。

2. “德尔菲”法

“德尔菲法”于20世纪50年代后期由兰德公司研究员诺曼·达

① Alex F. Osborn, *Applied Imagination: Principles and Procedures of Creative Problem Solving, 3rd Revised Edition*, New York: Charles Scribner's Sons, 1963, p. 1.

② 【美】杰森·R·瑞奇著：《头脑风暴》，黄蓓蓓，孟涛译，北京：金城出版社，2005年版，第3页。

尔奇（Norman C. Dalkey）、奥拉·海默（Olaf Helmer）和尼古拉斯·莱斯彻（Nicholas Rescher）发明，最初应用于军事领域的研究项目，[①] 后来在学术研究领域大为推广并不断改进。“德尔菲”法以专家为索取信息的对象，组织多名来自各个领域的专家参与精心设计的问卷调查，让专家对问题进行独立评估，通过可以量化的形式表达研究结论。“德尔菲”法具体操作步骤将在本书第二章进行详细介绍。

相比较传统的专家调查法，“德尔菲”法则在调查的程序和方式上进行了有益创新，它具有三个重要优点。首先，匿名机制确保了只有分析的组织者了解参与者的情况，帮助参与者规避了现场交流中容易受各种心理因素影响的缺陷；其次，设计了科学、合理的反馈程序，通过多轮问卷调查逐渐使原本分散的意见趋于集中；再次，问卷调查的结论能够通过概率形式进行量化表达，便于从操作层面实现观点的有效聚合，提高合作的效率。

因为在学术研究领域的成功推广，“德尔菲”法也被引入情报分析领域，在战略咨询和军事问题分析方面得到较多应用。[②] 依循“德尔菲”的经典模式，情报分析理论研究者对其在情报分析领域的适用性方面进行了专门评估。首先，“德尔菲”法的理念，非常适合利益竞争激烈以及职位高低有别的情报分析机构，通过匿名方式巧妙地完成“少数服从多数”的过程是一个非常可取的做法。其次，这种方法对分析组织者提出了很高要求，除了具备强大的号召力，能够组织相当数量、具有代表性的专家之外，分析组织者必须根据分析议题恰当而巧妙地设计调查问卷，以便汇总每一轮反馈所获得的专家意见。如果在现实中进行了多轮征询后，专家之间的意见仍旧

---

① Olaf Helmer, Nicholas Rescher, On the Epistemology of the Inexact Science, in *Management Science*, *No. 6*, 1959, p. 25.

② Nicholas Schweitzer, Bayesina Analysis: Estimating the Probability of Middle East Conflict, in Richards Heuer, Jr. , ed. , *Quantitative Approaches to Political Intelligence*: *The CIA Experience*, Boulder, CO: Westview Press, 1978, p. 15.

难以整合，分析议题的表述或者调查问卷的设计就很有可能存在问题。再次，“德尔菲”法为集中观点就必须进行多轮咨询，这必然会延长得出结论的时间，增加分析的人力和成本，所以，分析组织者必须要认真权衡时效性的问题。[①]

综上所述，无论是“头脑风暴”法还是“德尔菲”法，主要目的都是改进团队分析的合作模式，提高集体工作的效率。理论研究者在客观分析这些方法所具有的优缺点的基础上，进一步明确了适用范围，以保证它们在优化团队分析的组织程序和实施方法方面发挥积极作用。

（二）增加竞争的程序与方法

除了采用更加优化的组织程序和研究方法改进合作模式，理论研究者也尝试从另一个角度提升团队分析的效率，即在情报分析中引入“竞争性”的机制。研究者发现，不同的分析人员或部门，可能因为理解素材、基本观点和研究方法的不同对同一问题得出相异甚至是矛盾的初步假设。在得到最终结论前，这些持有异议的分析人员或部门往往很难展开有效合作。遇到这种情况，与其通过组织行为或行政手段强求一致，倒不如把观点相异的分析人员和部门分开组成团队，各自进行分析，然后再将结论共同上报，由分析部门的领导从中选优或做最后权衡。这种引入竞争机制的分析方法，能够改变情报分析部门总是“一个声音说话”的僵化形式，不仅能使用户或者分析管理者看到不同的结论，而且还能够理解得出不同结论的过程，以及造成分歧的主要原因。同时，研究者发现引入竞争的做法不仅能在出现意见分歧时使用，也可以作为一种挑战主流观点的主动行为从分析伊始就实施，帮助分析团队更加注意自己的分析过程是否适当、证据是否充足以及结论是否完整。于是，团队分析理论研究在这个领域也实现了较大创新。

---

① 随着计算机网络技术的发展，依托于网络的“德尔菲”自动化咨询系统早已出现，使得此种方法应用效率的问题得到改进。

1. “故意唱反调”(Devil’s Advocacy)

“故意唱反调”是指分析部门专门安排分析人员寻找证据，挑战现行的主流观点或一致性看法，提供可供选择的其他解释。因为分析团队经常将全部人员的注意力集中于论证一种思路，得出的结论看似合理，但是旁观者或许会发现分析中使用的相同证据可能也会同时支持相反的观点。所以，在处理重要的情报议题或者挑战分析团队内的多数意见时，这种方法可以发挥特殊而有效的作用。

“故意唱反调”的目的不在于一定要驳倒现有结论，但是现行分析的过程和结论如果经过反复、故意的辩驳都依然成立，那么其可信性就会大大加强，所以，这种方法也可以视为附加到团队分析过程中的一种严格的监督机制。

2. “A 队 B 队”(Team A Team B)

如果团队内部对所分析的问题存在较大争议，比如有两种（或以上）互相排斥的观点或互相竞争的假设，此时可以让支持不同观点或假设的分析人员组成团队，分别进行分析，最后再综合考察结论或者把结论同时报给决策人。如果说“故意唱反调”是为了挑战一种具有主导性的集体思维定式，那么“A 队 B 队”方法就是为了挑战可能同时存在的两种（或几种）具有主导性的集体思维定式。①

在一些重要政策议题上，不仅情报分析部门可能存在互相抵触的看法，可能政策制定者内部的意见也是针锋相对的，这时候应用“A 队 B 队”方法来解决内部争议就成为非常公平和合理的做法。分析部门的管理者发现，当团队内部因为争论激烈而造成分析人员之间的关系出现摩擦或裂痕时，应用“A 队 B 队”方法不仅不会加剧分歧，反而能够帮助分析人员更加认真、仔细地思考对方观点的价值和优点。② 所以，引入合理竞争反而会减少摩擦甚至缩小异议，即

① Nicholas Schweitzer, Bayesina Analysis: Estimating the Probability of Middle East Conflict, in Richards Heuer, Jr., ed., *Quantitative Approaches to Political Intelligence: The CIA Experience*, Boulder, CO: Westview Press, 1978, p. 19.

② Ibid.

使最后仍然无法统一结论，但至少所有分析人员都会认为他们得到了公平的机会。

综上所述，无论是“故意唱反调”还是“A 队 B 队”，都采取了以竞争促合作的基本思路，改进了传统情报分析依循的单一、固定模式。这些方法不仅有效激发了分析人员的专业能力和工作热情，而且一定程度上解决了分析团队容易陷入集体“思维定式”的问题，是团队分析理论研究所取得的积极创新。

（三）“集团思维”的消极影响

随着对团队分析程序与方法的研究不断深入，研究者发现团队分析虽然能够消除个体分析的一些缺陷，完成超越个体能力和权责的工作，但同时也会产生新的问题。比如，分析团队的成员为了取得一致性的结论，可能会主动或者被动地牺牲客观和理性，这就是所谓的“集团思维”问题。“集团思维”的现象在决策领域长期存在，情报分析与政策制定存在天然的联系，也经常会受到这种现象的负面影响，甚至与决策者一起成为其受害者。比如中央情报局的分析部门对朝鲜战争爆发和中国入朝参战的误判，就是与决策者一同陷入了“集团思维”的误区。[①] 此后，情报部门因此问题造成失误的案例也不在少数，比如谢尔曼·肯特就曾指出，在对苏联不会将中程导弹部署到古巴的评估失误中，至少有 1000 名情报人员对误判产生了直接或间接的影响。[②]

于是，以耶鲁大学情报问题研究专家艾文·詹尼斯（Irving L. Janis）为代表的专家对影响团队分析的因素做了专门研究，而研究的焦点就是“集团思维”问题。他在 1972 年出版的《集团思

---

① P. K. Rose, *Two Strategic Intelligence Mistakes in Korea, 1950*, in *Studies in Intelligence*, Fall – Winter 2001, p. 59. See: https: //www. cia. gov/library/center – for – the – study – of – intelligence/csi – publications/csi – studies/studies/fall_ winter_ 2001/article06. html.

② Jack Davis, Why Bad Things Happen to Good Analysts, in Roger Z. George, James Bruce, eds., *Analyzing Intelligence*: *Origins*, *Obstacles and Innovations*, Washington, D. C.: Georgetown University Press, 2008, p. 163.

维的受害者：政策制定和挫败的心理研究（*Victims of Groupthink*：*Psychological Studies of Policy Decisions and Fiascoes*）》一书中为“集团思维”下了明确定义：“集团思维就是当人们长期身处凝聚力很强的团队中时，为了努力达成团队一致性而未能客观评价备选结论的一种思维模式”。[①]这本专著是他在仔细研究了珍珠港事件、朝鲜战争、“猪湾”事件、越南战争和“水门”事件中的“集团思维”问题后，全面阐释了团队内部的集体压力对团队成员的思维功效，客观态度和心理判断的不利影响，在学术界引起了很大反响。[②]

艾文·詹尼斯的“集团思维”理论主要可以归纳为以下三个方面：

第一，他在解析团队分析模式存在缺陷的基础上，对“集团思维”的产生机理、具体表现和可能造成的后果做了完整阐述和系统总结（如图1—7）。

第二，他认为存在缺陷的官僚体制、封闭的组织模式以及不良社会心理的干扰等都是团队分析过程中不易克服的负面因素，而且它们的综合作用会猝发或者加剧“集团思维”现象。人们往往觉得一个团队比个体得出的结论更为科学，是因为分析人员个人一旦预测失误，就会受到批评，甚至信誉扫地，而在集体环境中，风险可以被分担，分析更加自由。但是，团队分析同时也附带了种种负面影响。比如，虽然持有激进观点和保守观点的人可以在合作中削弱极端化的分析，但是走中间路线并不意味着最好的结论，甚至会使

① Irving L Janis, *Victims of Groupthink*: *Psychological Studies of Policy Decisions and Fiascoes*, Boston: Houghton Mifflin, 1972, p. 7.

② 这本书在1982年重新出版，书名改为《集团思维：政策制定和挫败的心理研究》，参见：Irving L Janis, *Groupthink*: *Psychological Studies of Policy Decisions and Fiascoes*, Boston: Houghton Mifflin, 1982, Preface, p. viii.

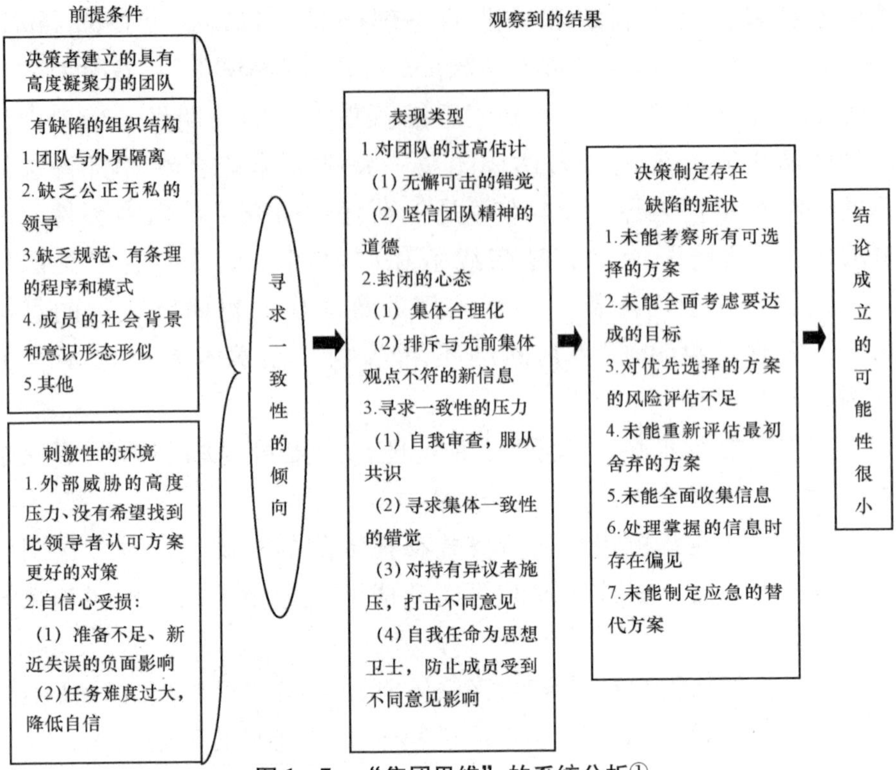

图 1—7　“集团思维”的系统分析①

分析的民主精神失去意义。② 另外，在团队分析的过程中，领导和权威的观点往往会左右普通成员的观点，这可能涉及到官僚体制、上下级关系等更为复杂的人际因素，但是这些因素会在某些时机和场合影响分析人员的心理，并可能改变分析的进程和结论。

第三，他认为“集团思维”是团队分析过程中存在的难以克服的缺陷，对消除“集团思维”持悲观态度。他在仔细分析了美国决策和情报工作的特点之后，发现政府和情报界内部已经形成了非常

---

① 本图参见：Irving L Janis，*Groupthink*：*Psychological Studies of Policy Decisions and Fiascoes*，Boston：Houghton Mifflin，1982，p. 244. 本书在引用时对其形式略做改动。

② Ephraim Kam，*Surprise Attack*：*the Victim's Perspective*，Cambridge，MA：Harvard University Press，2004，p. 163.

稳固的封闭小环境，身处这个环境中的决策或分析团队在长期共事中已经形成了不能自知的惯性思维模式和价值判断标准，更加容易陷于“当局者迷”的困境。改善环境最根本的解决办法就是变革体制，而这又绝非易事。所以，无论是创新领导方式，还是改进分析程序，似乎都是治标而不治本的做法，再加上情报部门的工作经常主动或被动地受到决策者的牵制，现实中很难消除“集团思维”对团队分析的负面影响。

综上所述，艾文·詹尼斯对“集团思维”总体上持有一种批判态度。他的研究虽然澄清了“集团思维”产生的原因和造成的影响，但是都未能提出消除其危害的行之有效的方法，仅有的建议不外乎在工作中尽量采用科学的程序和保持客观谨慎的态度，使不利影响最小化，但这都没有突破消极应对的范畴。

三、特点总结

（一）团队分析理论具有很好的理论衔接作用

团队分析理论专门考察情报机构或分析单位层次的相关问题。这一研究层次出现的问题，往往是个体分析人员无力解决的，而放在情报界整体视角考虑又过于具体，所以在相当长的时间里并没有得到研究者的特别关注。但是，团队分析理论研究成果一经问世，却发挥了很好的衔接作用，因为这些理论往往既可以指导个体分析人员的日常工作，也能提升分析团队的工作效率，又能最终改进情报界整体表现。所以，从某种意义上说，团队分析理论很好地弥补了传统情报分析理论在分析部门这一研究层次成果比较薄弱的空缺，起到了很好的承上启下作用。

（二）团队分析理论立足于优化现有分析体制的组织程序和运作机制

虽然情报分析部门有精细的分工和严密的组织，但是在既有体制下，分析人员未必总能很好地发挥合力，分析团队中也难免会有各种分歧意见需要处理。由于现有的工作体制不会轻易变更，所以研究者只能立足既有分析工作的基本条件和环境，从模式和程序上尝试进行改进，并相应地创新思路与方法。

（三）团队分析理论受限于体制和模式的根本问题发展瓶颈明显

团队分析理论虽然在改进分析工作的模式与程序方面做了积极尝试，但是这些手段与方法只能在特定的范围和领域适用。很多团队分析理论研究所关注的现象和问题，与情报界机构设置、工作机制以及政府的政策制定过程紧密相关，所以，应对“集团思维”这种对团队分析影响最大的消极因素，就成为研究难以突破的瓶颈。理论研究得出的建议在现实中是否能够实施，怎样实施，实施到什么程度、可以达到什么效果都是无法控制和预估的。因此，团队分析理论想要取得更大发展，还要期待美国情报工作体制的根本变革。

四、影响分析

（一）团队分析理论扩大和强化了团队合作层面的理论研究

团队分析理论形成之后，如何优化个体分析人员、分析部门和情报机构的整体表现成为了各自独立却又相互关联的研究领域，也更好地促进了理论研究的横向联系。越来越多的研究者在研讨分析方法、反思分析失误时，也能有意识地从组织和模式角度进行更加全面的解释，而研究视野也逐渐从优化基层分析科室的合作方式向促进机构内的分析部门合作乃至整合情报界整体的分析力量拓展。

（二）团队分析理论为指导分析团队的实践工作补充了重要的应用性和解释性成果

一方面，改进团队工作模式的方法为现实工作中整合分析结论提供了更加科学、可行的操作方法，在实践领域发挥了积极作用；另一方面，研究者比较敏锐地发现了个体分析人员的能力、心理与表现可能会因为集体环境的复杂因素而改变的特殊现象，而对这些现象进行的理论解释又反过来促进了对这些因素所造成的负面影响的重视。

（三）团队分析理论成果为促进情报工作体制改革发挥了积极作用

团队分析理论从情报分析的视角，为改进情报工作的组织模式、协调机制和运转流程进行了比较深入的研究，不仅间接促进了情报与决策关系的改善，而且也很多理念也得到了官方的肯定和推广。比如，曾任中央情报局局长的莱昂·帕内塔（Leon E. Panetta）对“竞争性”分析就做出过很高评价，认为其“对决策过程相当重要，尤其是在那些有关国家安全的重要问题上，它能够告诉决策者在这些问题上有哪些重要的结论，而且为什么会有这些不同的结论存在”。① 从当今美国情报改革特别强调“改进共享与合作”的结果来判断，团队分析理论研究应该在推动改革的漫长过程中发挥了积极作用。

第五节 应对情报分析“政治化”的相关理论

好的情报产品应该兼具客观性与相关性：情报的客观性主要依靠获取充足的研究素材和秉持客观中立的研究态度；而情报的相关性则主要凭借对决策需求的准确把握和对政策制定过程的充分了解。传统情报分析理论在处理情报分析与政策制定关系时采取了与决策者严格保持距离的准则，虽然保证了情报分析能够在不偏不倚的状态下进行，但是也在一定程度上降低了情报分析的政策针对性，甚至成为导致情报分析失误的原因之一。在既有体制下，疏远用户会造成情报分析失去良好信誉，而贴近用户可能会造成迎合政策需求的“政治化”恶果。情报分析究竟应该与决策制定保持怎样的互动关系，以实现客观性与相关性的平衡，就成为情报分析理论研究者

---

① House Permanent Select Committee on Intelligence, *Additional Prehearing Questions for the Honorable Leon E. Panetta upon His Selection to Be the Director of the Central Intelligence Agency*, Washington, D. C.: GPO, 2009, p. 6.

需要探索的问题。

一、研究背景

（一）反思传统理论的部分经典观点

从20世纪60年代末期开始，以谢尔曼·肯特为首的老一辈分析专家陆续退出一线工作，在分析部门中担当主力的是二战后加入的一批年轻专家，情报分析工作进入了新老交替的时期。同老一辈分析人员相比较，这些新生代的研究者鲜有声名显赫的学术权威，但是他们来自更加广泛的学科领域，许多人是大学毕业后就加入情报界，并从情报分析基层部门成长起来。他们在接受职业教育和实践历练的过程中，一方面接受了老一辈分析专家在理论方面的言传身教；另一方面，他们也亲身体验了现实工作的复杂与困惑，对理论研究渐渐形成了自己的独到见解。在美苏两极对峙不断升级，情报领域斗争日趋激烈的年代，情报分析失误接连不断，这就导致不仅是这些新生代的分析人员，就连传统理论的创建者也开始反思传统理论在某些方面存在的缺陷，并积极讨论进行改良的做法。根据曾任《国际情报与反情报》杂志编委的亚瑟·霍尔尼克的记载，其实是“肯特自己首先撰文提出需要从观念上对传统理论进行重新评估，因为他承认关于生产者和用户关系的思考不够均衡，而且情报需要面向政策制定增强相关性。当然，他之所以这么做是尝试使传统理论更好地适应实践”。①

同时，这股理论反思的研究潮流也从情报分析职业内部扩散到更广的范围。除了情报界的研究者外，政府决策部门的官员、国会负责情报监督的委员会成员和情报职业外的研究学者也纷纷加入了理论研讨的阵营。这些人大多与美国决策制定和情报分析部门颇有渊源，深谙美国政治和情报系统的运作之道，他们从旁观者的角度

① Arthur S. Hulnick, The Intelligence Producer – Policy Consumer Linkage: A Theoretical Approach, in *Intelligence and National Security*, *Volum. 1*, *Issue. 2*, May 1986, p. 214.

为改善情报与政策的关系提出了新见解。综上所述，传统理论未能很好解决的遗留问题——如何处理情报与政策的关系——重新成为了理论研究的焦点。

（二）回应情报分析“政治化”引发的争议

尽管传统理论强调分析人员要和政策制定者保持适当距离，但是在冷战时期意识形态对抗可以主导一切的时代背景下，情报分析工作始终担负了巨大的政策压力。从哈里·杜鲁门到罗纳德·里根，无论是哪位总统执掌政府，重大政策的出台都需要情报部门提供充足的评估和佐证。然而，原本合理的政策需求在执行过程中却产生了诸多问题：比如决策者可以利用行政杠杆作用影响情报评估的过程和结果，以促进既定政策的达成；决策者内部、党派之间有时还会有选择地使用或者曲解分析报告用于互相攻击；情报机构的利益竞争和隶属关系导致各个情报机构主动生产、提供与现行政策相符或与用户利益攸关的情报。所以，不管是为了更好地服务于美国政府的全球政策，还是为了更好地博取决策者的信任，反正从结果上看，情报分析部门在实践层面已经不再强求，也无法严格遵守传统的坚持客观独立的标准，情报分析以政策制定为导向的趋势与日俱增，这就是所谓的情报“政治化”现象。

当然，不能把情报生产者主动改进与用户的关系都视为情报“政治化”。传统理论本身是非常赞成积极营造与用户的良好关系，只是在现实体制和实践层面找不到有效实现的办法，所以宁可牺牲相关性也要保证客观性。但是在现实工作中，传统理论所担忧的情况却屡屡以情报“政治化”的现象出现，并成为众矢之的。这种“怕什么来什么”的矛盾在理论研究领域激起了很大争议，研究者既承认为了提高情报产品质量，情报与决策的互动应该成为分析过程中不可或缺的环节，也发现在实践工作中强化相关性的种种措施很有可能会违背初衷，最终反而成为情报“政治化”的佐证。这种理论争议和迷失持续了整个20世纪70年代，并最终导致在80年代初造成了分析人员内部的分裂。当时，中央情报局的分析人员分成了三类：主张摒弃传统理念、思想激进的分析人员提出了极具挑战性的迎合政策导向的新理念；笃信传统理论，思想相对保守的分析人员则坚决反对将情报分析“政治化”，对其展开了猛烈的理论批评；还有不少分析人员选择走中间路线，他们在理论和实践领域均保持中立，既认同对传统理论的缺陷进行改良，也不赞成激进派采取的矫枉过正的做法，而消弭争议的理论也在中间派别的研究者心中悄悄酝酿。

（三）解决实践层面激进改革引发的矛盾

20 世纪 80 年代初，正当理论争论热烈进行、莫衷一是之时，情报分析实践工作领域却发生了重大转折。以中央情报局局长威廉姆·凯西（William Casey）、情报处主管罗伯特·盖茨为代表的分析工作管理者利用手中的行政权力，强制推行主动贴近政策制定的激进理念，改革情报分析工作的传统原则与审核方式，致使中央情报局的分析人员经历了职业生涯中最为动荡的时期。在当时的分析人员眼中，“威廉姆·凯西是激进主义理论的支持者，而他也正是用这一理念来管理中央情报局”。[①] 为了配合罗纳德·里根总统执行的对苏联强硬政策，威廉姆·凯西经常将情报工作“政治化”，利用职务之便修改下属提交的分析报告，牺牲了情报工作的独立性和客观性。情报分析高层管理者利用推行改革的机会，对基层分析工作的过程和结果横加干涉，动摇了情报为决策制定提供坚实、客观依据的根本属性，变成了为既定政策提供证据。这种做法不仅加剧了情报“政治化”的负面影响，还在很大程度上抵消了强化情报分析相关性理论倡议的合理和积极意义。

威廉姆·凯西任命的情报处主管罗伯特·盖茨是激进改革的真正实施者，他独特的职业经历对形成如此激进的思想直接相关。罗

---

① Shaun P. McCarthy, *The Function of Intelligence in Crisis Management*: *Towards an Understanding of the Intelligence Producer – Consumer Dichotomy*, London: Ashgate Publishing Limited, 1998, p. 49.

伯特·盖茨于1968年加入中央情报局担任基层分析人员，因工作表现出色深受国务卿亨利·基辛格的赏识，并于1973年出任助理国家情报官，这项工作使他有机会亲眼目睹并深刻体验了决策者如何使用情报产品[①]，并对官僚机构的运作方式有了透彻认识。1982年被任命为情报处主管后，他严厉批评传统分析模式下的情报产品“言不及义、了无新意、缓不济急、太狭隘、没创意，而且往往错得离谱，近十年来苏联局势的重大发展和苏联挺进第三世界的情报，几乎样样都漏掉，而分析人员则是心态封闭、自鸣得意、狂妄无知”。[②]之后，罗伯特·盖茨大刀阔斧地修改了分析产品的审核机制，要求分析工作基层管理者为各自单位的情报生产质量负责，并亲自进行最终把关，很多不符合他心意的情报报告都被打回返工，还附上“内容矛盾”、“行文晦涩”、“存有偏见”和“判断缺少证据支持”等批示。[③] 他还主张“分析人员必须挑战其他人的论断和观点，包括他的上级的。一个分析人员不要指望他的分析不经挑战就被通过，也不应该轻易接受别人的分析结果。通过质疑上级和其他人得出评论和判断的理由，特别是与自己的判断相矛盾的，将会以崭新的方式认识问题——有的时候是更好的方式。分析人员应该毫不犹豫地质疑那些与你的分析相左，又不能辩护或解释原因的人”。[④] 通过这些强制的极端手段，罗伯特·盖茨的确在很短时间里解决了传统分析理念滞后于现实发展的矛盾，一定程度上能促使情报分析的相关性得到强化，但是也造成了分析人员和基层管理者面临一种职业道德的两难困境——到底是为了满足上级的需要，使自己的职业发展前途光明；还是坚守客观、诚实的情报工作底限。因为两者之间很

---

① 张晓军等著：《美国军事情报理论研究》，北京·军事科学出版社，2007年版，第104页。

② 【美】蒂姆·韦纳著，杜默译，林添贵审订，魏宗雷审校：《中情局罪与罚——CIA60年秘史存灰》，深圳：海天出版社，2009年版，第339页。

③ John Gentry, *Lost promise: How CIA Analysis Misserves the Nation*, MD: University Press of America, Inc. , 1993, p. 67.

④ Robert M. Gates, Guarding against Politicization, in *Studies in Intelligence*, *Vol. 36*, *No. 1*, 1992, p. 7.

难寻求平衡，而情报处主管又拥有完全的控制权，基层管理者和分析人员精心“炮制”情报的情况就时有发生。综上所述，罗伯特·盖茨对情报审阅过程和人员管理体制的激进改革，不论故意与否，都显得操之过急，而且产生了非常不好的过犹不及效果。[①] 总之，激进改革已经彻底改变了情报分析工作的面貌，迫切需要理论研究取得突破，发挥为实践校准和纠偏的引导作用。

二、内容述评

伴随着情报“政治化”问题的加剧，研究者开始重新审视情报与决策的关系，研究的基本出发点是应该修正在情报分析过程中与决策者保持距离的传统刻板理念，探索一种促进二者有效互动的改良方式。在反复争论的过程中，研究者逐渐形成了一种折中的理念——即在根本原则上依然坚持传统情报分析理论的经典主张，不能放弃客观的底限，更不能主动迎合决策者而“制造”情报，但也应该看到情报分析“政治化”现象背后隐含的合理和积极因素，特别是在操作层面上积极探索既能强化情报分析的相关性，又不违背基本职业道德规范的指导理念与应用方法。于是，大约在20世纪80年代中期，时任美国国家安全委员会情报规划室主管的肯尼斯·格拉芬雷德（Kenneth de Graffenreid）提出了“机会分析”理论，成为强化情报分析相关性的一种可行路径。“机会分析”可以视为因应情报分析“政治化”而产生的一种最具代表性的理论成果。这种理论没有像传统理论那样试图完整地回答情报分析领域的所有问题，也不是要改变传统理论的所有观点，而是偏重于解决情报分析如何更

① 然而，虽然基层怨声载道，但是罗伯特·盖茨的改革却得到了高层情报主管和决策者的支持和肯定，他也在1986年升迁为中央情报局分管情报分析工作的副局长，这使他更加能够充分利用手中权力去扶持支持者，并排除异己。所以，激进改革给中央情报局的情报分析部门带来的分裂后果一直持续到冷战结束初年，而罗伯特·盖茨本人在1991年被乔治·赫伯特·沃克·布什总统提名就任中央情报局局长时也创造了一项历史记录，他成为美国情报历史上唯一一位经历两轮投票才被国会批准，也是得到赞成票数目最少的一位局长。

好地服务于政策制定过程，特别是如何在避免“政治化”的基础上，强化情报分析的相关性。

（一）基本理念

“机会分析”理论的形成经历了一个过程：最早在20世纪80年代中期，肯尼斯·格拉芬雷德初步阐述了“机会分析”的理论观点。此后，多位研究者如杰克·戴维斯、罗伊·古德森（Roy Godson）和道格拉斯·麦克伊钦等纷纷将其视为强化情报分析相关性的有效和可行办法，对其基本内容进行了补充和完善，逐渐形成了更为具体的理论表述，并被官方接受为指导分析实践工作的新理念。

“机会分析”理论的基本出发点是修正传统理论主张的分析人员应该与决策者保持距离的保守做法，通过增进分析人员对政策制定过程及特点的了解，积极改善生产者与用户的关系。但是，改善关系的办法又与罗伯特·盖茨在其改革中所实际采取的主动迎合政策的激进做法有明显区别。首先，这种理论鼓励分析专家更加系统地掌握美国国家安全政策如何形成的专业知识，杰克·戴维斯认为“分析人员应当熟悉美国政策制定的流程和他们所服务的重要政策制定者。分析人员从第一年开始就必须花足够时间理解华盛顿（指美国政府）是如何工作的，甚至可以延缓分析巴格达或者柏林是如何工作的”。[①] 其次，分析人员还要采取适当办法与决策者进行沟通，比如通过公开或内部渠道了解用户的真正需求，格里高利·特勒沃顿就曾建议：“一个好的国家情报官员应把一半以上的时间花在办公室之外，在华盛顿与政策制定官员打交道”[②]，当然这种交流是为了增进相互理解；再次，分析人员要“努力帮助用户澄清可资利用的机会和当前（潜在）政策可能存在的弱点，而且要把这种支持落在

① Jack Davis, Tensions in Analyst – Policymaker Relations: Opinions, Facts, and Evidence, in *The Sherman Kent Center for Intelligence Analysis Occasional Papers*, *Vol. 2*, *No. 2*, January 2003, p. 8.

② 【美】格里高利·特勒沃顿，中国现代国际关系研究所译，《重塑信息时代的国家情报系统》，时事出版社，2000年版，第378页。

实处，并提供可行性评估”。[①] 分析人员不仅要对形势发展趋势提供评估，而且要密切关注对国家利益产生重要影响的机会和障碍，并且要及时提醒决策者考虑他们能够在什么时候、什么地点、以什么方式增进美国的利益。

曾任中央情报局情报处主管的道格拉斯·麦克伊钦做了一个非常著名的比喻用来解释分析人员如何通过“机会分析”在决策制定过程中扮演合适而又关键的角色。如果把美式橄榄球比赛中的教练比喻为决策者，那么分析人员则应该担任球探：“球探的任务不是预测比赛的最终比分，而是在赛前仔细评估对手的强项和弱项，这样教练就能制定一份能够获胜的比赛计划；比赛中球探只需手持高倍望远镜坐在看台上，随时报告教练所能利用的对手的具体薄弱环节”。[②] 从这个比喻可以更加清楚地理解“机会分析”的基本理念——分析人员在职业道德规范方面依然保持中立，但是在具体操作层面要主动作为，帮助用户更好地思考各种可能情况和备选对策。

（二）主要理念

“机会分析”的理念可以用一句话来高度概括，那就是“分析人员要像用户一样思考，但要像情报生产者一样回答问题”。[③] 即情报生产者提供的情报产品能够有效契合用户的需求，使他们完全能够依此来做出决策，但是情报产品本身又不显露出任何政策建议——这对于情报分析提出了非常微妙却又高难度的新要求。为了达成这个目标，分析人员应该依循下列方法：

---

① Office of Training and Education, *Analytic Thinking and Presentation for Intelligence Producers: Analysis Training Handbook*, p. 61. See: http: //www. scip. org/files/resources/analytic - thinking - cia. pdf.

② Jack Davis, Improving CIA Analytic Performance: Analysts and the Policymaking Progress, in *The Sherman Kent Center for Intelligence Analysis Occasional Papers*, *Vol. 1*, *No. 2*, September 2002, p. 6.

③ Office of Training and Education, *Analytic Thinking and Presentation for Intelligence Producers: Analysis Training Handbook*, p. 62. See: http: //www. scip. org/files/resources/analytic - thinking - cia. pdf.

首先，分析人员不应遗漏所有用户关注的问题，必须通过改善分析产品的相关性和可用性主动服务政策制定的过程，即情报分析的最终目的不是帮助决策者预测未来，而是塑造未来。[①] 例如，分析人员在评估美国限制某国毒品产量的政策时，需要全面思考与这项政策相关的所有“机会”，具体包括：该国支持美国政策目标的机构、利益集团和主要领导人；美国可以利用的提升禁毒力量行动效率与影响的手段；美国能够帮助禁毒力量克服的困难与挑战；支持贩毒的势力在后勤、财政方面可以抓住的弱点；吸引中立民众支持的公共外交做法等。

其次，分析人员要学会使用情报用户的表达方式去重新界定情报问题。具体的做法包括：关注用户在决策制定中扮演的角色，他现在究竟是在努力促成还是制止盟友与敌方的接触？同时，分析人员要认清用户为了推行某项政策所愿意承担的最大风险，这种时候分析人员就应清楚地告知决策者执行某项政策会给国家利益带来哪些后果，并对风险和收益做出客观评估，以供其仔细衡量。

再次，分析人员应采取合适的方法掌握决策者对事件判断的真实态度，不能被决策者呈现给公众的表面情绪所迷惑。决策者在某些时机与场合的言辞和做法可能是一种策略，并非真正想要实施的政策，而这种时候往往也是政策制定者内部忙于商讨政策的关键时期。因为决策者看问题的角度与分析人员不尽相同，那么此时分析人员就应该用自己的专业方式想方设法地帮助决策者制定出最佳政策。分析人员的具体做法应该包括：明确指出推行某项政策的机会和障碍，而且在做出预测的时候不丧失职业道德底线，或者做一名空喊支持的“拉拉队员”；应把政治敏感议题以列表方式提供给决策者，以客观观察者的角度对所有积极和消极的影响因素做出评估；充分展示所掌握的证据，包括分析研究的成果、使用了哪些特别的来源或者运用了哪些独特的分析技巧等。

---

① Gary J. Schmitt, Truth to Power? Rethinking Intelligence Analysis, in Peter Berkowitz, ed., *The Future of American Intelligence*, Standford, CA: Hoover Press, 2005, p. 51.

综上所述，“机会分析”要求分析人员更加积极地为决策者提供可以把握的机会，把笼统的情报需求细化、分解为评估政策制定与执行的各种具体问题，并为决策者理解这些问题提供全面、客观的解答。在这个过程中还要与决策者保持足够的沟通，一方面是需要了解决策层的政策意图，争取有的放矢地展开分析；另一方面也要通过情报产品有效告知用户哪些依据只是推测、传闻和未经证实的假设，哪些才是真正对形成国家政策有用的专业知识与判断。如果分析部门的意见与决策者想要执行的政策相矛盾，那么分析部门更要凭借与决策者所维持的良好关系来适当地表述观点，这样做的效果肯定好于二者之间互不通气的情况。

（三）与其他理论的比较

“机会分析”理论是在传统理论和激进理论的争论和交锋中诞生的，三种理论围绕情报生产者与用户的关系这一问题形成了不同的观点，下面就将这三种理论的主要内容进行比较，以更好地阐释“机会分析”理论的独特性。

1. 基本理念比较

中央情报局资深分析专家约翰·詹特里（John Gentry）曾在分析部门工作过12年，他在退休后出版的专著《未兑现的承诺》中，对三种理论的基本理念做了比较分析（如表1—3所示）。

表1—3　三种理论基本理念的比较①

理论 内容	传统理论 “肯特模式”	“机会理论” 折中模式	激进理论 “盖茨模式”
情报分析的客观性	严格保持	保持	方便的情况下保持
明确的政策相关性	不需要	需要	需要

① John Gentry, *Lost promise: How CIA Analysis Misserves the Nation*, MD: University Press of America, Inc., 1993, p. 226.

续表

理论 内容	传统理论 “肯特模式”	“机会理论” 折中模式	激进理论 “盖茨模式”
决策人“想要的” 还是“需要的”	需要的	两者都有	想要的
是否提供不受决策人 欢迎的评估	提供	在良好交流 条件下提供	避免提供
对情报用户的评价	有能力的	有能力的	一般水平
情报产品是否包含 大量的研究成分	包含	看情况而定	不包含
生产情报产品需要的时间	长	长	较短

由表1—3可知，三种理论都承认情报和政策之间的关系非常重要，传统理论保持明确界限的做法倾向于维护情报分析不可或缺的客观性价值，而激进理论主动贴近决策制定的做法则倾向于强化情报分析的相关性价值。理想状态中二者应兼而有之，但是这种理想状态似乎很少能够在现实中达成，所以“机会分析”理论采取了“有所为，有所不为”的做法，尽最大可能在分析过程中兼顾二者的平衡。

2. 与传统理论的主要区别

传统理论将情报分析的客观性放在首位，不考虑用户对情报产品的接受和使用情况，然而这种定位会导致情报分析变成一种散漫的学术研究。分析人员可能会花费很长时间独立撰写评估报告，虽然报告的内容逻辑严密、项目完整，但是从内容和时效方面都会远离政策需求，现实中“情报分析只有在政策形成过程中才对政策制定最为有用，一旦政策已经确定并实施，改变政策就很难，除非是政策面临巨大的危机”。[①] 同时，情报分析产品应该是代表整个机构

① Richard K. Betts, Politicization of Intelligence: Costs and Benefits, in Richard K. Betts and Thomas G. Mahnken, eds., *Paradox of Strategic Intelligence: Essays in Honor of Michael I. Handel*, Portland: Frank Cass, 2003, p. 64.

的最佳结论，而非分析人员个人的研究成果，所以分析管理者和审查者必然会对分析报告进行修改和整合，而传统理论将这些工作都一并视为“政治化”显然有失偏颇。

“机会分析”理论对传统理论的主张进行了扬弃，特别强调充分考虑决策者在某项政策议题上的特殊需求，提升分析融入政策制定过程的效率；提倡撰写简明扼要的情报报告，甚至以口头简报的灵活形式尽快让决策者获得他想要的，或者他应该知道的情况。同时，情报管理者和审查者自身应该充分理解“机会分析”的精髓，因为他们作为情报与政策之间的中间人发挥着至关重要的作用，有责任掌控情报产品最终的客观性、适用性和及时性，保证情报生产者与用户间的联系得到有效管理和调节。

3. 与激进理论的主要区别

激进理论主张情报和政策是一种共生关系，罗伯特·盖茨认为：“除非情报官员下到政策制定者的同一条战壕，理解事件，知晓美国的目标是什么，过程怎样运转，什么人在做，他们将无法提供相关或者及时的情报以支援决策”。[①] 这种理念要求情报分析工作无条件地服务于政策相关性，用他自己的话说就是“政策相关性为这里（指情报部门）买单”。[②] 所以，分析人员必须要主动营造与决策者的关系，以求最大限度地吸引他们的注意力，满足他们的情报需求。“分析人员不能只在办公室内做研究，他们不仅要提供客观事实，还必须积极评估政府的各项政策，对这些政策产生的效果提供预测”。[③] 单纯从理论上来说，激进理论的主张在出发点上也具有合理性，主要的问题是这种理念在实践操作中很难把握分寸，而且罗伯特·盖茨过于激进的执行方式更加容易导致种种情报“政治化”现象的发

① Roy Godson, ed., *Intelligence Requirements for the 1990s: Collection, Analysis, CounterIntelligence and Covert Action*, Lexington, MA: Heath, Lexington, 1989, p. 111.

② John Gentry, *Lost promise: How CIA Analysis Misserves the Nation*, MD: University Press of America, Inc., 1993, p. 67.

③ Robert M. Gates, The CIA and American Foreign Policy, *Foreign Affairs*, *Vol. 66*, *No. 2*, Winter 1987, p. 218.

生。比如：首先，与决策者紧密接触，更加便于决策者对分析人员实施直接压力（Direct Pressure）[①]，甚至要求分析部门修改情报评估的结论，而情报工作主管很有可能会屈服于这种要求；其次，决策者将分析部门关注的重点转移到特定的主题，使其观点被限制在固定范围（House Line）[②]，从而压制或忽视其他分析观点；再次，决策者还可以采取持续提问（Question Asking）的做法[③]，不断向分析人员提出特定的问题来误导分析，使分析人员没有时间和精力去处理别的问题；最后，因为决策者拥有对情报分析效果的最终判定权，他们可以从各种评估报告中挑选所偏好的情报，即所谓的“挑樱桃”（Cherry Picking）现象。[④]

“机会分析”理论吸收了激进理论的某些合理观点，但是在实践操作层面则表现得非常谨慎和细致。首先，这种理论认同情报相对于决策处于弱势的传统观点，所以仍要想方设法保持分析的客观性，不会主动迎合政治利益或政策偏见；其次，这种理论认为情报分析不可避免地会置身于政策制定的背景环境中运作，那么分析人员应该尽可能向决策者提供他所需要的所有政策选项（包括机会和风险评估），但又不表露任何倾向性；再次，情报分析的方式与过程应该保持足够的弹性，根据分析任务和用户需求的区别，考虑与用户交流的程度与方式、撰写报告的时间长短、以及报告中客观性与相关性的平衡问题，不再采取统一、僵化的执行标准。

三、特点评介

应对情报分析“政治化”的理论是一种典型的折中理论，没有

① Gregory F. Treverton, Intelligence Analysis: Between “Politicization” and Irrelevance, in Roger Z. George, James Bruce, eds., *Analyzing Intelligence: Origins, Obstacles and Innovations*, Washington, D. C.: Georgetown University Press, 2008, p. 93.

② Ibid.

③ Ibid.

④ Ibid.

奉行极端化的理念，努力兼顾情报分析的客观性与相关性，并发展出了完整的应用原则和操作方法，既是对传统理论遗留问题的一种改良，也是对情报“政治化”极端倾向的一种纠偏。但是，折中理论也不可避免地带有妥协性和权宜性，分析人员在实践工作中把握分寸感的水平将决定这种理论能否真正按照设计去发挥作用。

（一）应对情报分析“政治化”的理论对分析人员和分析管理者同时提出了很高要求

他们必须更好地理解政策制定者寻求达成的目标，然后才能针对性地评估与政策相关的机会和风险。成功运用“机会分析”要求情报生产者主动掌握关于政策目标的具体和专门知识。比如，只笼统地了解美国的政策目标是武器管控远远不够，而应该掌握当前政策主要管控或限制的是哪些类型的武器。所以，分析人员和分析管理者要经常熟悉既定的政策方向，并主动做好相应的准备工作。

（二）应对情报分析“政治化”的理论要求分析人员做出超前评估从而增加了责任风险

为了评估既定政策实施后的风险，分析人员就要预判外国领导人将会对既定政策采取何种反应。想要做好这一点并非易事，根据已有行动分析意图和根据已有意图预判行动都相对比较容易，但是根据仍未实施的政策去评估由此可能引发的对方行动，并预判其行动背后的意图就要考虑很多变数。而且，需要评估的政策选项往往不止一种，分析的工作量会变得很大。

（三）应对情报分析“政治化”的理论使情报分析尽可能接近了情报和政策的分界线

对于“度”的把握，从理论上描述可能并不复杂，但是在实践工作中，想要很好地完成“机会分析”而又不表述政策建议是非常困难的。按照中央情报局分析专家富尔顿·阿姆斯特朗的描述，分析人员“生产的每一份情报必须与政治相关，但是必须对国家利益做出非政治的解读。既要切中政治又要避免政治赌博，我们必须畅游其中而又滴水不沾”。[①]

四、影响分析

（一）应对情报分析“政治化”的理论为改进情报分析工作提供了更加恰当的指导理念

传统理论对情报与政策关系的论述是基于美国情报分析工作初创时期的时代特点而提出的，又因为“历史经验主义流派”的强势影响，使得“两害相权取其轻”的保守理念成为一种普遍标准。这种存在缺陷的理念主导情报分析工作的时间越长，日后引发的批评与反弹力度就会越大，罗伯特·盖茨为首的激进派对传统理念的全面否定就充分证明了这一点。经过激烈的理论争论后，“机会分析”理论倡导的积极改进情报分析与决策制定关系的理念成为研究者的共识，并被情报界官方所接受。2005 年 10 月 25 日，国家情报主任约翰·尼格罗蓬特（John Negroponte）在《国家情报战略》中将施行“机会分析”明确列为战略目标之一。[②]

（二）应对情报分析“政治化”的理论改善了分析人员和分析管理者的关系

提出和倡导“机会分析”的研究者大多是高级情报分析专家和分析管理者，相比较基层的分析人员，他们在业务上更有可能与决策者进行沟通和交流，也便于获得用户的及时反馈。分析管理者负责传递用户提出的情报需求，并指导具体的分析过程，还要代表情报部门上报结论。如果他们对自身肩负的责任和发挥的作用定位不明，基层分析的效果就会大打折扣。曾任美国国家情报副主任的托

---

① Fulton T. Armstrong, Ways to Make Analysis Relevant but Not Prescriptive, in *Studies in Intelligence, Vol. 46, No. 3, Unclassified Edition*, 2002. See: https://www.cia.gov/library/center-for-the-study-of-intelligence/csi-publications/csi-studies/studies/vol46no3/.

② Office of the Director of National Intelligence, *The National Intelligence Strategy of the United States of America: Transformation through Integration and Innovation*, October 2005, p. 10. See: http://www.dni.gov/publications/NISOctober2005.pdf.

马斯·芬加认为："为使分析更加有用，分析人员需要找出用户知道什么、想要达成什么目标以及采用何种方式评估政策选项。问题是情报需求都是间接传达给分析人员的，极少或根本没有信息说明为什么提出这些需求"。[①] 所以，"机会分析"理念不仅对于基层的分析人员有直接帮助，也能有助于分析管理者更加深刻地理解情报分析的功能和作用，从而促进情报分析部门形成合力。

（三）应对情报分析"政治化"的理论为冷战后情报分析转型提供了理论储备

因为缺少直接的证据记录，其对于实践工作的实质影响是很难评估的。然而，应对情报分析"政治化"的理论的确做到了在传承经典的基础上，发展出符合时代环境与现实需求的新理念与新方法。冷战后美国情报分析工作面临新的机遇与挑战，决策者对分析部门的需求更加多样化，这就使"机会分析"理论研究得到了更大的发展空间，研究者又在其基础上创建和发展了"可选择分析"理论、"枢纽分析"理论。所以，"机会分析"理论从形成到发展成熟正好处于冷战结束的前夕，对冷战后情报分析步入转型期做了必要的储备，尤其为情报分析转型理论的整合与创新发挥了很好的引导作用。

第六节　情报分析失误理论

对于情报分析失误问题的系统研究，可以追溯到美国情报界1942年12月为调查珍珠港事件而专门成立的"罗伯茨委员会"所撰写的调查报告。从此，情报分析失误成为学术研究的热点领域，不仅政府和军方的研究者热衷于此，民间的科研力量，包括大学、研究机构和智库的研究者也笔耕不辍，形成了热烈的研讨氛围。从

① Thomas Fingar, *Analysis in the U. S. Intelligence Community: Missions, Masters, and Methods*, in Baruch Fischhoff, Cherie Chauvin, *Intelligence Analysis: Behavioral and Social Scientific Foundations*, Washington, D. C.: The National Academies Press, 2001, p. 10.

形式上看。情报分析失误研究总是紧随实践领域的挫折与教训，属于一种“事后之明”的理论反思。因为二战爆发以来激烈而精彩的情报斗争为情报分析失误理论研究提供了取之不尽的素材，来自各个方面的研究者对珍珠港事件、朝鲜战争爆发、美苏“轰炸机差距”、“导弹差距”、古巴导弹危机、第四次中东战争、苏联解体、海湾战争、印度核实验、“9·11”事件、伊拉克大规模杀伤性武器评估等一系列情报分析失误进行了非常详尽的理论探讨——视点不断转移，方法不断拓展，结论不断丰富，热度却始终不减。因此，情报分析失误无愧为情报分析理论研究永恒的主题。

一、研究背景

（一）实践领域经验教训检讨与总结

从珍珠港事件开始，美国情报部门内部就特别注意对分析工作中的经验教训进行检讨和总结，成立了大小数十个专门的官方调查委员会，提交了大量研究报告，撰写了数量可观的研究论文，也进行了历次的机构改革。然而，现实中总是有各种各样的原因导致分析失误以不断变换的形式反复出现，使得情报部门只能以更多的调查和检讨去应对，似乎陷入了一个无休止的恶性循环。对外部观察者来说，美国情报部门总是在疲于应对，而实际表现却又并不理想，所以检讨和总结似乎只是给内外舆论压力做出交代的无奈之举。这个判断实际上是非常表面化的，真实的情况可能恰恰相反——为了保护来源和保守秘密，情报分析部门暴露出来的几乎只能是无法遮掩的失败，但是有意隐藏的成功也必然不在少数。正如约翰·肯尼迪总统所说的那句名言：“好事不出门，坏事传千里”一样[①]，情报分析部门经常要背负内部和外界并不公允的指责和骂名，难能可贵的是他们却能够集中大部分的精力用于自我检讨，包括谢尔曼·肯

① Richard Russell, *Sharpening Strategic Intelligence*: *Why the CIA Gets It Wrong and What Needs to Be Done to Get It Right*? Ithaca: Cornell University Press, 2007, p. 22.

特这样的顶级专家都勇于撰文对自己在古巴导弹危机评估中所犯的错误做出反思[①]，足见他们更加看重对失误进行研究的实质收益。对分析失误的原因和过程及时进行深入剖析，正是为了尽可能降低再次犯错的几率，找出现有分析工作的缺陷，并提出有针对性的修补建议，这才是美国情报部门不避家丑，不遗余力地对分析失误进行反思的真正原因。虽然理论检讨并不能根除失误，可见的分析失误案例依然会层出不穷，但是不可见的分析成功案例应该也会大为增加，所以从总体上看，这笔“投资”是非常值得的。于是，不断总结经验、检讨教训、探寻规律并上升为理性认识，就自然而然地成为情报分析职业内部的一种合理和常态行为，而分析失误也成为情报分析理论研究的永恒主题之一。

（二）热衷批判的社会文化催生成果

情报部门内部研究分析失误问题是一种分内之事，然而情报界之外的研究力量，如政府的相关机构、大学、学术团队还有研究智库也对分析失误问题表现出了极大的兴趣，与官方的调查研究遥相呼应。如果说情报研究在美国具有“显学”地位[②]，那么分析失误这个最能吸引研究者注意的主题在其中应该发挥了关键作用。究其原因，美国的社会文化中一直都有这种崇尚批判、善于批判的思维方式。相比较世界其他国家，美国人显得更加不讳言失败，反而特别喜欢研究失败，甚至努力地去从总体的成功中找寻细微的失败，把吸取教训始终置于首位。这种勇于批判的传统意识在情报学术研究领域就表现得更加明显，每当情报分析失误的情况发生，便会有一批研究者动用各种办法收集资料，对失误的每一个细节刨根问底，然后在各种学术刊物和大众媒体上争相发表各自的观点，他们相互之间还会有共鸣和争论，大部分的情报分析失误理论研究著述其实

① Sherman Kent, A Crucial Estimate Relived, *Studies in Intelligence*, *Vol. 8*, *No. 2*, Spring 1964, p. 111.

② 参见：张晓军等著：《美国军事情报理论研究》，军事科学出版社，2007 年版，第 4 页。

是由他们在自发研讨的过程中创作出来的。在各方争相批判的氛围下，情报分析部门表面上成为众矢之的，实际上却是最终受益者，除了接纳各种中肯的批评之外，很多失误的责任是不应该由分析部门单独承担的，而通过社会研究力量表达出来的中立观点和合理建议，最终可以对决策者和管理者发挥积极影响，促进分析部门所处体制环境的改善。总之，无论是批判者，还是被批判者，都生长于美国社会崇尚批判的文化传统当中，他们对于理论批判保持了非常开放、积极的心态，也使得情报分析失误理论研究的繁荣状态得以延续。

二、内容述评

情报分析失误理论研究是一个非常庞杂的领域，有关情报分析的一切事物、关系、因素都可以被牵连其中。一方面，这些事物、关系、因素相互关联和交叉，使得分析失误理论研究呈现出错综复杂的形态，不易按照研究对象做出明确区分；另一方面，研究者对这些事物、关系和因素的解释，虽然大多选定了一定的切入角，但是在得出结论时却往往存在兼容或者重复，也不易按照研究成果简单地去归门别类。因此，下文只能从卷帙浩繁的情报分析失误理论研究成果中，选取研究最为密集的交集部分，对最具代表性的研究成果分别展开论述。

（一）“信号”与“噪音”理论

1. 罗伯塔·沃尔斯泰特的开创性研究

“信号”与“噪音”原本是属于通信领域的专有名词，兰德公司高级研究员罗伯塔·沃尔斯泰特将其引入情报研究领域，用来指代情报在搜集、传递、生产、分发和使用的过程中质量受到损耗，导致情报分析失误的现象。罗伯塔·沃尔斯泰特于1957年撰写完成的兰德公司内部报告中解释了珍珠港事件前美国情报机构虽然获取了大量的线索素材，但是仍没有得出准确结论的原因。这份研究成果被美国空军列为最高机密，连她自己都不能保存原件和副本，直到5年解密期限过后，又经过审查修订后才得以公开出版，这就是赫赫有名的历史个案研究专著《珍珠港——预警与决策》，而她也正是凭借此书树立了在美国情报分析理论研究领域的经典地位。

罗伯塔·沃尔斯泰特认为美国情报机构对珍珠港事件分析失误的主要原因可以用“信号—噪音”理论来解释。所谓“信号”是指预示着某种危险或敌方行动和意图的征兆、线索或证据资料；而“噪音”就是会对真实信号产生负面影响的误导性的、不相关的以及相互矛盾的信息和征兆。① 分析人员之所以判断失误是因为他们获得的资料中既包含了信号又包含了噪音，而且分析人员没有正确地从“噪音”中分离出“信号”，于是导致分析失误。罗伯塔·沃尔斯泰特对这个过程做了具体解释：首先，“信号”经常是模糊不清的，分析人员的心理预期往往会决定他将把哪些信息当做“信号”，并按照自己的先入之见进行解读②；其次，“噪音”与“信号”往往混杂在一起，这些“噪音”会严重干扰分析人员识别本来就比较模糊的“信号”，甚至将分析人员引入歧途③，即把“噪音”也当成了“信号”——当然这些都是事后之明的判断；再次，往往没有任何机构或个体能够在特定的时间里获得全部“信号”，“信号”往往散布于不同的时间和地点，所以，只有将一系列“信号”放在一起比对才能将既有的猜测和疑惑转变为清晰的判断。④

根据这个理论，情报分析成功与否的关键，在于分析机构或者分析人员如何分辨出“信号”和“噪音”，但是真正想要区分二者非常困难。比如，“噪音”既有可能产生于人工疏忽的误差、通信手段的故障以及语言表达不清楚等随机“噪音”，也有可能是敌方主动释放的假情报；既有可能是分析人员因为自身的思维偏见而自产的

---

① Roberta Wohlstetter, *Pearl Harbor*: *Warning and Decision*, Stanford, CA: Stanford University Press, 1962, p. 55.

② Ibid., p. 2.

③ Ibid.

④ Ibid., Preface, p. v.

干扰，也有可能是因为机构间协调不力、保密制度过度严格而造成的信息共享不足所致。因此，如果上述问题不能得到很好解决，区分“信号”与“噪音”始终是非常困难的。

罗伯塔·沃尔斯泰特提出的“信号—噪音”理论虽然没有给出避免分析失误的解决办法，“在改善分析方面作用有限”①，但是这种理论为解释情报分析失误的原因提供了一种新颖而又比较全面的理论视角，也促使更多的研究者效仿她的研究模式——查找第一手资料，遵循严谨的历史分析方法——去研究历史上的情报分析失误案例，并得出更多具有较强解释力的研究结论。

2. 迈克·汉德尔对“信号—噪音”理论的补充与发展

迈克·汉德尔是犹太裔美国学者，曾获哈佛大学博士学位，1990 年开始在美国陆军战争学院任教，同时兼任海军战争学院研究生院教授，一生共撰写了《领袖与情报》、《战争、战略与情报》等几十部与军事情报相关的著作与论文。他本人虽然没有情报工作经历，但是在情报与军事行动、战略突袭与预警，情报分析个案研究等领域有很高的学术造诣。

迈克·汉德尔在 1975 年发表的论文《观念、感知与突然袭击：以赎罪日战争为例》以及 1977 年发表的论文《赎罪日战争和突袭的不可避免》中，对“信号—噪音”理论做了补充和深化。他认为分析人员在工作中将同时面临三重“噪音”的阻碍：第一重“噪音”是由敌情的不确定性造成的，由于敌方的目标和意图尚不明确，所以情报分析要处理大量与判断敌方行为无关的冗余信息；第二重“噪音”是指国际形势背景对分析人员关注的方向与程度存在较大干扰，比如国际形势的表面缓和会使分析人员放松警惕，而当前热点会吸引分析人员大部分的注意力从而使他忽视其他问题；第三重“噪音”是由分析部门自我产生的，即由情报人员的先入为主引起思维上的自我封闭，影响了对“信号”的关注。

---

① Roberta Wohlstetter, *Pearl Harbor*: *Warning and Decision*, Stanford, CA: Stanford University Press, 1962, p. 73.

然而，迈克·汉德尔对分析人员能否区分“噪音”和“信号”持比较悲观的论调。他认为在分析人员的眼中，所有的情报资料最初只能假定为“噪音”而不是“信号”，而从“噪音”中分离“信号”是一个非常困难且耗时耗力的过程。因为大多数的情报素材会同时包含真假信息，所以既不可全信，也不能不信，只能进行去粗取精，而完成这一过程又必须通过获得更多相关素材来加以印证，反过来却又给整个分析过程增添了更多“噪音”。于是，搜集的情报素材越多就越难过滤，从而无法使情报适时地派上用场。相反，情报来源不足又不利于全面了解和判断情况，从而也有可能贻误战机——这就造成了一种“悖论”。[①]

迈克·汉德尔虽然对“信号—噪音”理论进行了更加完整和细致的补充阐释，但是同时也发现这种理论只适用于解释失误，而非解决实际问题。尽管如此，迈克·汉德尔多产的研究成果还是进一步促进了分析失误的理论研究，他本人还在 1986 年与剑桥大学的教授联手创办了《情报与国家安全》杂志，为情报分析理论研究提供了公开阵地。

（二）欺骗与反欺骗

导致情报分析失误的另一个重要原因就是敌方实施的欺骗行为。为了避免己方行动的时间、方向、方式和意图被对方的情报机构掌握，或者至少能够拖延时间，误导和干扰对方的判断，欺骗在各种斗争领域已经屡见不鲜。因为情报分析的重要任务之一就是尽可能消除不确定性，准确评估对手的能力和意图，所以研究情报分析失误的学者也特别青睐研究欺骗的相关问题。这种既关注“盾”（反欺骗）也关注“矛”（欺骗）的研究使情报分析理论更加具有全面性。高质量的情报分析，除了能够挖掘出敌方竭力隐藏的信息，还必须有效破解其有意为之的欺骗和误导。从这个意义上说，欺骗和

---

① Michael I. Handel, *War, Strategy and Intelligence*, London: Frank Cass and Company, Ltd., 1989, p. 237.

反欺骗就成为分析失误理论研究不可或缺的一部分。

1. 欺骗的基本定义

根据美国《国防部军事和相关术语》的界定，欺骗是指“运用控制、歪曲或者伪造信息等方法误导敌人，增强其固有的认知偏见，使其做出错误的反应”。[①] 欺骗可以借助物理、技术、行政等手段来实施，[②] 比如伪装、采取无线电静默和严格保密就分别属于欺骗的物理、技术和行政手段。

学术界的研究者更加侧重从对抗与竞争的角度理解欺骗的含义，如美国海军研究生院教授唐纳德·丹尼尔（Donald Daniel）和凯瑟琳·赫比格（Katherine L. Herbig）认为：“欺骗即审慎地掩饰事实真相，以取得某种竞争优势”。[③] 所以，实施欺骗可以争取情报对抗中的主动局面，是敌我双方都必须警惕和提防的行为，而任何一方的情报部门都要同时做好进攻和防御的准备。

2. 欺骗如何误导情报分析

按照实施目的和效果的不同，欺骗可以分为两种形式：一是“A 式欺骗”（Ambiguity – increasing），其主旨是增加情报资料的模糊度，让对方感到疑惑，拿不定主意该相信什么，从而达到保密的目的；二是“M 式欺骗（Misleading）”，其主旨与增加模糊度的“A 式欺骗”相反，是尽量减少模糊度，而让一种假情况具有非常的吸引力，从而诱导对方相信它，并按照这一假情况做出反应。[④] 这两种欺骗形式都会对情报分析产生消极影响，它们误导情报分析的具体方式和特点如下：

首先，“A 式欺骗”的关键在于“隐真”，必须使整个骗局看起

---

① U. S. Joint Chiefs of Staff, Joint Publication 1 – 02, *Department of Defense Dictionary of Military and Associated Terms*, Washington, D. C.: GPO, November 8th, 2010 (As Amended through January 31 2011), p. 97.

② Ibid.

③ Donald C. Daniel, Katherine L. Herbig, *Strategic Military Deception*, New York: Pergamon Press, 1982. p. 2.

④ Ibid., pp. 5 – 7.

来既毫无头绪，又合乎情理，其主要措施是发布大量虚假和混乱的信号，令对方的情报机构无暇顾及、真伪难辨。例如诺曼底登陆前，盟军有意增加情况的模糊度，让德军觉得盟军有可能在加莱、挪威、法国南部及意大利登陆，以至于摸不清盟军的真实意图，从而分散了德军的兵力。[①] 一般而言，鉴别和分析海量情报信息的效率远远低于搜集情报的效率，往往当情报部门费尽周折地领悟出欺骗的真实意图时，欺骗的目的或许已经达到。

其次，“M 式欺骗”的关键在于“示假”，它不需要过多地发布干扰的“噪音”，而是不择手段地让对方对所营造的假情况深信不疑，甚至使敌方在欺骗的目的已经达成之后仍旧不愿相信事实。比如德国在闪击苏联之前所制定和实施的“海狮计划”，西西里登陆战役前盟军实施“肉馅”计划传递假情报等等，古今中外不乏成功运用这种战略欺骗的例子。究其原因，肩负了巨大责任的情报分析工作经常在高度紧张的氛围中进行，如果敌方精心设计的虚假信息通过不同渠道，按照不同时间，设置不同难度，最终“合乎情理”地传递到情报分析部门手中，欺骗的成功率可想而知。诚如美国情报研究学者巴顿·惠利（Barton Whaley）所言：“欺骗，其最终目的就是要使敌人深信不疑、明确果断但是误入歧途”。[②]

再次，两种欺骗形式经过组合后还可以发挥综合性的效果。一方面，两种欺骗形式不仅可以相互转化，比如，“M 式欺骗”就是“A 式欺骗”经过变形后的一种主动形态：即通过清晰、定向的误导行为，达成对真实情况的掩护。另一方面，两种欺骗形式也经常同时实施，比如日本偷袭珍珠港之前，既采取了特混舰队保持无线电静默，从无人注意的北方航线接近珍珠港的“瞒天过海”策略，也同时派出外交特使与美国政府假意谈判，还在国内派出大量军校学

---

① 【美】唐纳德·丹尼尔，凯瑟琳·赫伯格主编：《战略欺骗》，徐晓军、扈新生译，北京：军事科学出版社，1990 年版，第 32 页。

② Barton Whaley, *Stratagem*: *Deception and Surprise in War*, Cambridge MA: MIT Center for International Studies, 1969, p. 135.

生冒充海军官兵在国内招摇过市，造成日本尚未下定开战决心，而且海军舰队仍未出海的假象。

3. 欺骗如何破解

研究者巴顿·惠利和罗纳德·舍温对1914年至1973年间93例战略性交战的资料进行了统计，发现其中有76场成功实施了欺骗。[①]这个结果说明欺骗导致的突然性是导致情报分析失误的重要原因之一，而破解欺骗则并非易事。迈克·汉德尔在《战争、战略和情报》中进一步探讨了反欺骗分析的难度。他认为在灵活多变的欺骗行为面前，分析人员处于明显的劣势，因为“成功的欺骗主要建立在强化被欺骗者的感知而不是改变其感知的基础上”，[②] 所以，分析人员“对欺骗越是警惕，越容易成为欺骗的牺牲品”。[③] 欺骗一方经常会散布大量能够被证实，却又真假混杂的情报，这些劣质情报必然引起分析人员的密切关注，如果虚假信息迎合了分析人员的先入之见，他就很容易曲解事实并判断失误；如果分析人员对这些信息高度警惕，他又很可能来不及小心求证去辨明真伪，于是在实际情况中仍然倾向于发出警告，因为预警落空总要比没有预警的后果好。这种做法使情报分析陷入两难的境地：情报分析部门要么为求保险多发警告，容易产生“狼来了（Cry Wolf）”效应，这将破坏决策者对情报分析的信任；要么过于追求谨慎，拖延甚至不发警报，则容易让敌方突袭得手。

所以，对分析人员来说，欺骗不仅是一种被动接受的行为，也是一种主动的心理状态。欺骗可以在不知不觉中融入分析人员的认知过程，从而影响他们理解缺失的关键信息，错误地解读既有信息，以及不能共享所做出的判断。这就说明，虽然是敌方的欺骗行为干

---

① 【美】唐纳德·丹尼尔，凯瑟琳·赫伯格主编：《战略欺骗》，徐晓军、扈新生译，北京：军事科学出版社，1990年版，第166页。

② Michael I. Handel, *War, Strategy, and Intelligence*, London: Frank Cass and Company Ltd., 1989, p. 7.

③ Ibid., p. 341.

扰和误导了分析人员的思考，但是由于分析人员在认识和理解信息的过程中缺少纠正欺骗影响的手段和方法，从而陷入了“自我欺骗”，导致了最终的分析失误。从这个意义上说，分析人员想要破解欺骗必须多管齐下，既要改进情报素材的质量，还要完善思考的缜密性和想象力；既要发明更加科学的反欺骗方法，也要优化信息共享，通过加强不同分析部门的合作来识别和破解欺骗。当然，这些理论上的建议都只是破解欺骗的必要条件，很难在实践中去检验其实用功效。

（三）预警与突袭

预警与突袭这一对概念始终是军事学术研究的热点。在情报分析失误理论研究领域，研究者没有过多地纠结于对概念内涵和外延的争论与辨析，而主要是从对分析失误案例的反思中，查找突袭未能被预警的原因，解析哪些因素导致了预警失误，以及分析这些过失能否被改进。因此，研究者更加关注突袭能否被预警，应如何做好预警，怎样减少预警失误这些更加现实的理论命题。

1. 预警失误的类型

研究者亚伯拉罕·舒尔斯基在专著《无声的战争：理解情报世界》中比较全面地界定了预警失误的范围。他认为除了传统的军事突袭预警失误之外，还有其他类型的预警失误形式存在。[①] 根据他的观点，预警失误可以分为三种：

第一种是指对一般军事突袭行动的预判失误。比如，情报分析部门因为对情报掌握不全、或对形势做出错误评估，没能及时对即将发生的威胁发出警报，从而使己方遭受突然袭击。这种情况是突然性最强、危害性也最直接的失误，比如二战时期苏联对德军“巴巴罗萨”行动的误判、第四次中东战争前以色列对埃及、叙利亚采取联合武装行动的误判，以及古巴导弹危机中美国对苏联在古巴部

① Abram Shulsky, Gary J. Schmitt, *Silent Warfare: Understanding the World of Intelligence*, New York: Brassey's, Inc., 1991, pp. 59 – 62.

署中程核导弹的误判等等。

第二种是指对其他非军事类型的突发事件预判失误。首先，外国政治方面的突发事件，如盟国政权的分裂、友好政权被推翻等也会给一国的外交利益带来重大损失。比如 1978 年美国情报界严重低估了伊朗国内反对派的力量，因而未能对即将发生的革命发出警报，使得伊朗一夜之间从美国的盟友变为敌人。其次，未能对国际（也包括国内）经济领域的重大变化发出警报也可被视作是预警失误。比如，美国情报界没能预见到 1973 年的石油价格飙升，使西方世界遭受了异常严重的经济衰退。再次，因各种原因引起的骚乱、暴力犯罪活动以及危及社会稳定的恐怖袭击活动也会严重威胁国家安全，甚至打击国家的软实力，比如"9・11"恐怖袭击事件，自然或人为灾害后引发的大规模暴力犯罪行为，以及针对基础设施、网络空间以及普通民众的各种新型袭击行为等等。

第三种是指情报分析失误已经发生并长期存在，但是因为敌方的保密等其他原因却始终未被发现，直到真相最终被披露。这种情况尤其指对一种连续发生的事件做出的错误评估，例如在评估苏联战略核力量（包括运载工具）的规模时，美国情报部门先犯过严重高估的错误（20 世纪 50 年代和 60 年代初），然后又犯过严重低估的错误（20 世纪 60 年代）。[①] 这种评估结果影响了美国的安全战略长达数十年。由于其中没有发生一些明显的事件，真相难以立即显露，情报分析失误已经持续多年却也不为人所知，就更不可能被纠正。

上述观点只是比较有代表性的分类方法。实际上，因为研究者对预警失误的判断标准存在理解上的差异，关于预警失误的界定也存在一定的理论争议。比如，理想的"绝对预警"是己方情报机构先期对敌方的意图和行动成功发出预警，己方依此做好充分准备，成功地应对了突袭或者减少了损失（如中途岛战役）。但是，因为情

① Bruce D. Berkowitz, Allan E. Goodman, *Strategic Intelligence for American National Security*, NJ: Princeton University Press, 1989, p. 91.

报是一个相互对抗的互动行为，如果己方的预警被采纳后，己方相应防备行动又被对方情报机构察觉到，它们也向所服务的决策者发出警告，从而导致原有突袭计划变更。那么之前的预警究竟应该视为成功还是失误呢？此处关键在于：此时己方决策者和情报部门均没有条件和能力获知对方为什么没有按照原计划实施突袭的原因，但从结果上看先前的预警已经落空，而这往往会影响情报部门在决策者心中的信誉。因此，在攻防节奏快速转换的预警分析领域，便存在上述“悖论”（如图 1—8 所示），所以预警的失误判定，也不能简单以最终结果进行评判。

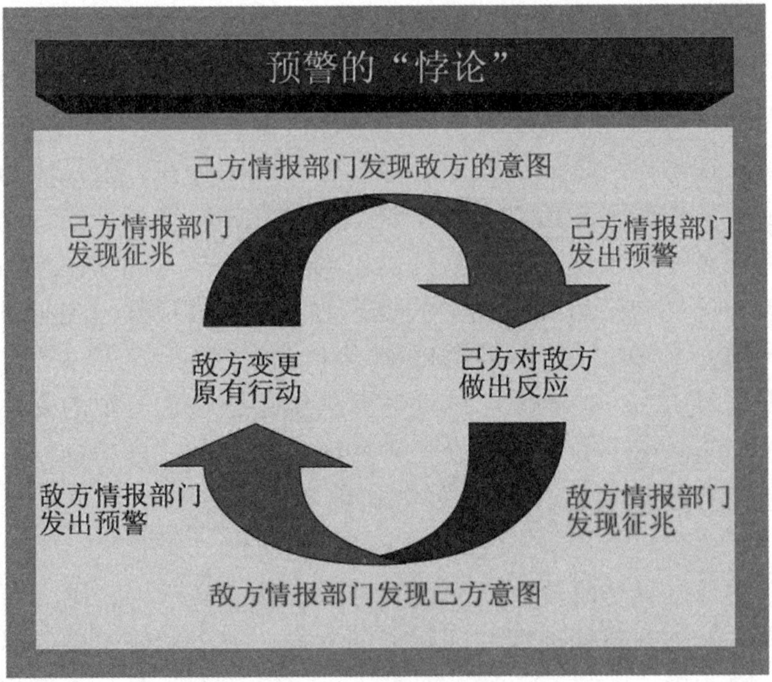

图 1—8　预警的“悖论”①

① U. S. Joint Chiefs of Staff, Joint Publication 2 – 0: *Joint Intelligence*, Washington, D. C.: GPO, June 22, 2007, p. I – 27.

2. 战略预警与战术预警

美国情报界长期从事预警问题研究的专家辛西娅·克莱伯认为："关于何为战略预警、何为战术预警并没有统一、公认的定义"。[①]研究者杰克·戴维斯曾在"谢尔曼·肯特研究中心"发布的不定期研究论文《如果突然性无法避免，情报分析将如何做?》中对二者做出了比较权威的界定，他认为："战术预警的特征是找寻和评估关于事件、当事者、目标、时机和形式的具有'诊断性'的信息，旨在通过预先识别时间、地点和方式来阻止或限制损害。……战略预警的特征是对证据的推演和对危险的总体描述，旨在帮助制定防御性的预案或者应对突发事件的计划，包括先发制人的行动来管控潜在威胁的风险"。[②] 可以对这种观点做进一步引申：做好战略预警对增进战术预警和应对突发事件都具有潜在帮助，而战术预警某种意义上是对战略预警的一种印证，对减少突发事件带来的利益损害具有直接作用。

实际上，现实中很多预警活动本身已经很难区分战略和战术的区别，只是预警发出的时间有早有晚。因此，对于到底多长时间是区分战略预警和战术预警的合适标准，研究者也没有形成共识，只是笼统地分为中长期和短期。虽然没有彻底解决时间划分问题，但是理论研究者对于二者在性质上的主要区别还是做了区分。一方面，中长期的战略预警容易得出准确的定性判断，但是这种预警情报因为对于敌方行动时间、地点、方式的不确定，从而很难被决策者直接采用。例如"珍珠港"事件发生之前，美国已经预判出日本可能对美国发动战争的意图，可是又提出了菲律宾、关岛、珍珠港等多个可能方向。另一方面，短期的战术预警得出的判断一般结论明确，易于被决策者采纳并依此迅速形成对策，但是这些警报往往因为快

① Cynthia Grabo, *Anticipating Surprise: Analysis for Strategic Warning*, Washington, D. C.: Center for Strategic Intelligence Research, Joint Military Intelligence College, December 2002, pp. 3 – 4.

② Jack Davis, Strategic Warning: If Surprise is Inevitable, What Role for Analysis, in *The Sherman Kent Center for Intelligence Analysis Occasional Papers*, *Vol. 2*, *No. 1*, January 2003, p. 3.

速变化的情况而落空或出现偏差，以至于先前拟制的对策也必须改变，否则就会陷入被动。例如第四次中东战争前，以色列情报部门曾两次发出战争预警，以色列为此进行了两次耗费巨大的全国动员，却无果而终；而在战争真正爆发时，以色列国防部却仍旧以为阿拉伯方面在故技重施。所以，当回顾预警分析失误的时候，分析人员总会觉得很早之前他们就预判到了威胁，也就是曾经做出过中长期预警，但是要么因为证据不足，要么因为无法被很快证实，模糊化、趋势化的预警效果很快便在瞬息万变的日常工作中流失殆尽。当威胁迫近时，短期预警不论发出与否，分析人员在心理上都要承担很大的压力，而这时基本已经没有多少周旋的时间了。

3. 预警的“结构性”劣势

从字面上解读，预警一词包含两层重要的意思：首先是发出警报，其次是要有充足的提前量。然而，由于情报对抗实质上是博弈双方根据已掌握的情报来判断彼此的能力、意图及行动，而这一判断的过程是需要时间的。情报理论研究者阿瑞尔·列维特在其所著的《情报与战略突袭》中指出：情报产品是依照“顺序过程”（Sequential Process）生成的，即一方事先制定了某种计划或者下定了某种决心，然后另一方的情报机构通过收集和分析破除对方的种种伪装、欺骗，建立和检验有关对方实力与意图的假设，最后再将得出的结论上报给决策部门。因此，总有一方的情报部门处于一种“结构性劣势（Structural Disadvantage）”地位，[①] 即在敌对双方进行的博弈中，一方总是处于主动、先发地位；而另一方则紧追不舍；双方之间还会频繁发生攻防互换。无论对于哪一方而言，只要它暂时处于“结构性劣势”的地位，就会相应地产生情报分析中假设的“时滞”现象——分析人员在围绕敌方能力、意图建立和检验相关假设时存在着时间差。[②] 所以，往往当一个有关敌人意图的假设经过缜密的检验，最终以情报产品的形式送达决策者手中的时候，对方的意

---

① Ariel Levite, *Intelligence and Strategic Surprise*, New York: Columbia University, 1987, p. 15.

② Ibid.

图很可能已经发生了改变。

只要“结构性劣势”存在，期望预警能够赶在敌方确立意图与付诸行动之前发出是非常困难的。“曾任中央情报局情报研究中心主任的洛伊德·萨尔维蒂曾表示：当时前苏联像一列高速行驶的火车，情报专家的分析要赶上这辆火车，确实相当困难。我们经常遇到这样的情况，分析人员努力想确定戈尔巴乔夫的真实想法，而这往往是他自己也不知该怎么办的时候”。[①] 这句话表明，处于“结构性劣势”的情报分析部门，在循环往复的对抗中不停缩小或者扩大“时滞”，却很难做到“同步”。因此，处于对抗中的双方情报分析部门实际上在比拼对敌方决策体系与方式的熟悉程度，以及跟踪、收集、分析、生产对方动态情报的效率和质量。通俗地说，就是比谁的效率高、比谁的情报准、比谁的反应能力强。

4. “无法挽回点”（A Point of No Return）

美国情报研究专家詹姆斯·沃尔兹在《新春攻势：战争中的情报失误》一书中指出：与进攻方相比，防御方在完成情报周期过程中面临着一个内在的不利因素：对手开始进行行动准备的时间与这些准备活动被首次发现的时间存在一个时间差，而信息收集、处理、分发的过程却相对较慢，又加重了这种不利因素的影响。于是，分析人员和决策者在分析中面临一个“无法挽回点”：在某一特定时间过后，为回应进攻迹象所发出的警报所产生的效果将越来越小。[②] 如果他们在越过“无法挽回点”——无法避免突袭后果的时间点——之前没有预测到对手的行动，预警实际上就是失败的（如图1—9所示）。这个观点与谢尔曼·肯特的理解一脉相承，他认为完整的预警应该包括三个要素：预警的人发出警告、被用户看到、用户相信并且行动，而有以下任何一种情况都不能算预警成功：即分析人员的

① 晓谈、杨啸：《中情局冷战密件大曝光》，《档案时空》2003年第7期，第45页。

② James J. Wirtz, *The Tet Offensive: Intelligence Failure in War*, New York: Cornell U. P., 1991, p. 4.

评估没有被阅读；被阅读但没有被采信；被采信但没有被使用。[①] 所以，预警最关键的艺术在于把握时机。

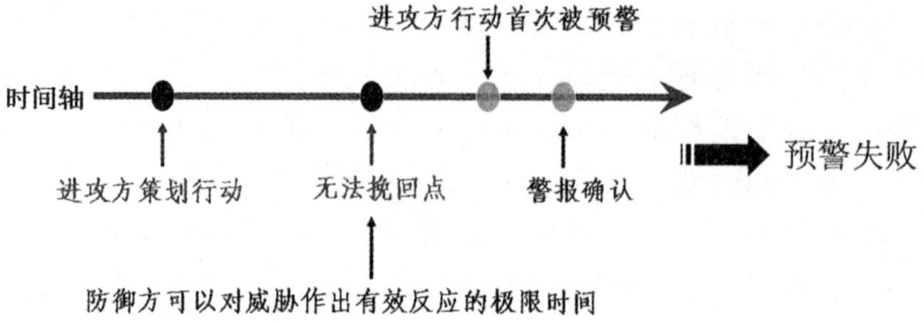

图 1—9 失败的情报预警

历史上有很多次情报部门虽然已经做出了正确的分析，但是警报已经来不及发挥效果，正确的预警情报如果不能预留出充足的反应时间，突袭还是无法避免。比如，盟国远东军司令道格拉斯·麦克阿瑟（Douglas MacAthur）曾表示"情报机构直到朝鲜战争爆发前72小时才给他送来了朝鲜进攻命令的副本，可是已经无济于事，因为从日本调遣一支大规模部队到韩国至少需要三个星期"。[②] 又如，以色列军事情报部门曾在第四次中东战争结束后对 8000 名埃及战俘做过调查，结果表明：只有 1 名士兵在 10 月 3 日得知他们是在为一场真正的战争做准备；95% 的士兵到了 10 月 6 日凌晨才知道他们将在当日奔赴战场。在被俘的 18 名上校和中校当中，只有 5 人在提前一到两天得知战争即将爆发，其余 13 人都是在开战的当天凌晨才接到命令。[③] 这就说明，如果分析人员在"无法挽回点"之后才发出警报，无论其准确与否，威胁已经迫在眉睫，来不及再做好防御准

---

① Jack Davis, Sherman Kent's Final Thoughts on Analyst – Policymaker Relations, in *The Sherman Kent Center for Intelligence Analysis Occasional Papers*, *Vol. 2*, *No. 3*, June 2003, p. 3.

② Allen S. Whiting, *China Crosses the Yalu*: *The Decision to Enter the Korean War*, Standford: Standford University Press, 1968, p. 29.

③ Chaim Herzog, *The War of Atonement*, Tel – Aviv: Steimatzky, 1975, p. 39.

备。反之，一次成功的情报预警，不仅应该在“无法挽回点”之前发出警报，而且还要给决策者判断警报、下定决心、形成对策以及付诸实施等一系列过程留足提前量（如图1—10所示）。这也说明情报预警绝对不是一个可以孤立研究的问题，情报、决策、执行部门的协调机制和反应效率将共同决定一次预警的最终实际效果。当然，这种观点在理论上有追求“绝对预警”的意味，而在现实中“绝对预警”几乎是不可能存在。预警成功与否取决于更多复杂因素，情报预警只能视为防止战略突袭的必要条件而不是充分条件，所以“预警分析的使命首先是避免或者减少损害，而不是不现实地去避免突然性，有效预警的终极目标是使损害最小化，而不是使预测的准确率最大化”。[①] 因此，预警只要在被突袭之前发出，就可以减少损失，而如果运用得当还可以成为一种威慑力量。

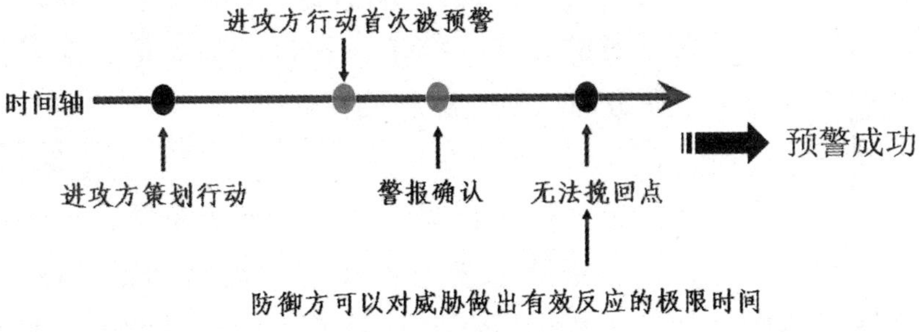

图1—10 成功的情报预警

（四）心理因素

在导致情报分析失误的诸多原因中，多位研究者不约而同地发现心理因素是一个重要根源。先入之见、“线性思维（Linear Thinking)”、“镜像思维”、“狼来了”综合症等一系列心理偏见都会干扰分析人员，而且这些偏见被事实证明很难避免。更糟糕的是，这些

① Jack Davis, Sherman Kent's Final Thoughts on Analyst - Policymaker Relations, in *The Sherman Kent Center for Intelligence Analysis Occasional Papers*, *Vol. 2*, *No. 3*, June 2003, p. 6.

偏见在分析对象的头脑中也同样存在，这就使分析人员还要面临理性与风险的问题：即分析人员如果要从敌方角度考虑问题，那么敌方故意实施欺骗、敌方错误地估计形势和敌方在战略决策时的迟疑和反复也都应该进入分析人员所考虑的范畴当中，这就使问题变得无限复杂化了。情报分析失误理论研究者总结出了大大小小几十种消极的心理现象，并使用各种专门的术语加以描述，下文列举最为典型的用来解释分析失误的心理因素。

1. “镜像思维”

分析人员通过类比（Analog）本国政府（或他本人）处于相似境况时会采取的行动来对敌国政府、军队的行为加以分析、预测，是导致情报失误的一种常见的“智力失灵”（Intellectual Failure）现象。一般来说，处于不同的文化氛围中，人的思维方式总是存在差异。但是，人又有一种固有的倾向：用自己的价值观来判断别人的行为取向，认为别人思考的方式和结论会和自己的类似。这种推己及人的思维方法常常使分析人员一错再错。

2. “线性分析”（Linear analysis）

分析人员把事件预想为按照直线、顺序发展的逻辑，过于简化地解释已知信息。比如，苏联从来不曾在华约盟国部署过核导弹，所以苏联以后也不会在华约国家部署核导弹，更不要说是在非华约盟国的古巴。线性分析会导致分析人员局限于现有思路，缺乏想象力，不允许预期之外的结果出现。① 曾任国家情报委员会主席的普林斯顿大学教授罗伯特·哈特金斯（Robert F. Hutchings）评论说：“线性分析可以让你获得一条变化巨大的毛毛虫，但你无法获得一只蝴蝶，那样你必须需要想象力”。② 也就是说，“线性分析”便于观

① John Hollister Hedley, *The Challenges of Intelligence Analysis*, in Loch Johnson, ed., *Strategic Intelligence Vol. 1: Understanding the Hidden Side of Government*, London: Praeger Security International, 2007, p. 133.

② Robert F. Hutchings, *The Preface to Mapping the Global Future*, Washington, D. C.: National Intelligence Council, 2004, p. 1.

测常规的量变，却也不易察觉突发的质变。

3. “代理人情结”(Clientitis)

这是一种难以自我感知的复杂错觉：分析人员因为长期从事对象国分析而潜移默化地喜欢上所分析的对象，从而丧失了分析的中立性，不能敏感地发现变化。[①] 为了掌握专业知识，分析人员必须对一个国家深入了解，甚至在这个国家广泛游历或者居住一定时期。分析工作要求洞悉和理解对象国领导人的动机和观点，但是因为长期接触对象国语言、风俗和文化，因为熟悉而产生喜好或者仰慕，则可能会潜在地影响分析人员的判断，甚至导致他们为对象国领导人及其政策辩护。所以说，保持价值中立是分析人员必须遵守的最高原则。

4. 极端化思维

极端化思维有两种，一种被称为“波丽安娜情结”（Pollyanna Complex)，也叫做“最理想的情况分析（Best - Case Analysis)”，分析人员限于认知定式和一般想法思考别人将如何行动，按照个体、组织或政策的利益偏好做出过于乐观的评估；另一种被称为“卡珊德拉情结（Cassandra Complex）”，也叫做“最糟糕的情况分析(Worst - Case Analysis)”，分析人员表现得特别猜疑和悲观，限于偏见或反面经验，按照个体、组织或政策的利益偏好做出过于悲观的评估。[②] 这两种极端化思维方式往往受到分析团队或人员的行事风格、国际形势背景环境以及现有情报素材所反映情况的综合影响。

5. “狼来了”效应

分析人员在决定是否发出预警时面临的一种两难抉择：重复发出错误（落空）的警报会严重损害情报部门的信誉，同时也会影响真实警报的可信度；但要是过于慎重，拖延或者不发出警报也要冒

① Robert F. Hutchings, *The Preface to Mapping the Global Future*, Washington, D. C.: National Intelligence Council, 2004, p. 132.

② Lisa Krizan, *Intelligence Essentials for Everyone*, *Occasional Paper Number Six*, Washington, D. C.: Joint Military Intelligence College, June 1999, p. 38.

很大的风险，同样会承担预警失误的责任。另外，虚假警报也会损害分析与搜集部门之间的关系，因为“虚假警报会破坏情报来源的可靠性，并使以后发出警告的效果减弱”。[①]

（五）体制与环境

体制与环境是研究情报分析失误的一个特殊视角，体制问题是指现有情报机构的设置情况及其相互关系，包括任务分工、协调机制、合作情况等等；环境问题是指分析人员或分析部门在工作时所处的人际环境和官僚机构背景环境，实际上也与体制问题相关。因为在本章第一节“团队分析理论”论述“集团思维”时，以及第三节“机会分析”理论论述情报“政治化”问题时，已经对环境问题进行过相关论述，在这里不再重复，着重探讨一下体制问题如何导致分析失误。研究者在对冷战时期多次情报分析失误案例进行综合考察后发现，美国虽然拥有多家专业情报机构，但是它们政出多门、相互之间竞争激烈，存在于一个彼此隔绝的“烟囱”体制当中，所以情报机构之间缺乏有效的信息共享机制，各机构的分析部门缺乏合作或没有合作，这就导致情报界不能发挥合力，反而浪费了很多资源，甚至因为恶意竞争而导致分析失误。比如，罗伯塔·沃尔斯泰特在解释珍珠港事件前为什么没有一家情报机构能够得到完整、可用的情报时，就指出过这个问题。因为独立的情报机构往往只对其隶属的直接用户负责，如国防情报局直接听命于国防部长，而中央情报主任又因为缺乏足够的实权来管理和协调整个情报界，所以很多时候各个机构提交的情报报告都在一定程度上被“政治化”了——即只符合其直接用户的利益，而非国家利益。比如，越战期间，美国军事情报部门对北越和越共部队兵力的评估数字要远远低

① Ariel Levite, *Intelligence and Strategic Surprise*, New York: Columbia University Press, 1987, p. 17.

于中央情报局的评估，[①] 因为这个结果可以支持总统和国防部现行的军事政策；美苏之间“轰炸机差距”和“导弹差距”的评估失误，除了当时不能获得准确的情报素材之外，也有美国空军借夸大苏联威胁来争取更多预算的私心。总之，情报分析在有缺陷的体制下经常会变为政治斗争的工具，而分析失误的原因就不能简单界定了。体制和环境问题可以说导致情报分析失误最为顽固的“硬伤”，而且一直延续至冷战后多年都未得到有效解决，直到“9·11”事件发生后，以国家情报主任办公室建立为标志的新一轮改革才让研究者看到了多年的理论倡议终于开始落实，但是这些改革的成效还有待观察。

三、特点总结

从总体上看，情报失误研究从本质上只能提供比较消极的解释性理论成果，不能直接用于指导和改进实践工作。但是，这种研究的确满足了实践领域的一些特殊需求，使研究者清楚地认识导致情报分析失误的种种阻碍、限制和局限——除了分析人员的专业素质、分析方法和思维模式，决策体制、欺骗、突袭、政策导向、甚至文化背景等一系列复杂因素都会影响分析的过程和结论。因此，情报分析失误研究的理论价值不仅在于提供经验教训总结，还在于产生了很多宝贵的“副产品”，特别是为情报分析应用理论研究积蓄了宝贵的基础素材。从这个意义上说，自我批判式的理论研究不仅间接促进了情报分析工作不断改进与完善，而且是其专业化发展道路中不可或缺的部分。

（一）研究往往以多重视角发散展开，而研究结论又存在交集或殊途同归

研究者对于情报分析失误的形式、原因、对策、影响等问题存

① James J. Wirtz, Intelligence to Please? The Order of Battle Controversy during the Vietnam War, in Loch K. Johnson, James J. Wirtz, eds., *Strategice Intelligence: Windows into a Secret World*, Los Angeles, CA: Roxbury, 2004, p. 186.

在各自不同的理解，这些研究成果之间虽然各说各话，但是从总体观点上看共识多于争议。研究学者发现：单独使用某项因素去解释分析失误其实都不够合理，现实中的分析失误案例，往往都能从素材缺失、欺骗、突袭、时效性压力、思维模式、决策体制、认知偏见等多方面因素中找到导致失误的证据。所以，虽然情报分析失误理论研究成果数量很多，但研究结论却高度相似。表面上看情报分析失误理论研究似乎已经做得非常成熟和深入，但由于导致分析失误的现实瓶颈问题一直无法得到解决，牵连理论研究也就很难取得实质性突破。

（二）属于后见之明的解释性研究成果，理论储备价值大于实践指导价值

情报分析失误理论往往不能直接应用于指导未来的实践，但是却为情报分析应用理论研究积淀了很多真知灼见。学者哈里·兰瑟姆在《世界政治》杂志 1974 年 10 月刊发表的《战略情报和对外政策》一文中把解释分析失误的理论归结为“消极和描述性理论”,[①] 意思是指虽然各种理论学说“你方唱罢我登场”，却没有任何一种理论能够真正解决分析失误的问题。这个论断对情报分析失误理论的本质特点剖析得非常到位，虽然“关于失误的个案研究非常多，学者们仍旧哀叹情报理论的缺乏”。[②] 显然，后见之明的研究成果不能直接转化为分析人员的先见之明，也不能保证一定会降低失误的风险。然而，情报分析失误理论成果还是具有明确的现实指向性的，能够帮助分析人员清楚地认识分析过程中的种种客观阻碍和主观偏见，提醒分析人员更加警惕战略突袭情报预警中的各类征候，更加关注反欺骗分析中遇到的各类指性标事件。从这个意义上说，分析失误理论研究产生了很多宝贵的“副产品”，为创新情报分析应用理

---

① Harry Ransom, Strategic Intelligence and Foreign Policy, in *World Politics*, *Vol. 27*, *No.* 2, October 1974, p. 138.

② Richard K. Betts, Analysis, War, and Decision: Why Intelligence Failures are Inevitable, in *World Politics*, *Vol. 31*, *No. 1*, October 1978, p. 61.

论做好了储备，终有一天会体现出更大的价值。

（三）失误研究是分析理论研究的反面照应，与其他理论的发展相生相伴

因为情报分析失误研究几乎涉及到情报分析工作的所有层面与全部领域，所以分析失误理论几乎是伴随着其他相关分析理论的研究过程共同发展的，它们之间具有紧密的逻辑关联。比如，预警过程中指标的选取和症候的判断，与“信号—噪音”理论的本质吻合；情报分析“政治化”、“集团思维”的问题，与分析失误理论对现有体制与环境问题进行批判相关；而情报评估中所依循的思维过程与方法，也与分析失误理论研究的心理因素、思维偏见等问题相通。实际上，分析和失误，常常是对同一问题进行正面研究和反面研究，所以二者相生相伴、相互影响就非常合理。总之，情报分析失误理论是一种典型的贯通式、杂糅式的理论，它与各种流派的理论均维持了紧密的逻辑关联。

四、影响分析

（一）反思并促进了现行主流理论研究

情报分析失误理论就像是实践工作和理论研究的一面镜子，能够以最佳角度不断对实践工作的缺陷和理论研究的不足进行反思与批判。一方面，这种理论把现实工作中积累的教训逐一进行细致的检讨和诊断，通过反复查找“病因”去分析“病理”，为改进情报分析工作建言献策；另一方面，这种理论也能够及时发现既有理论成果的不足和薄弱之处，对缺失的内容进行补充，对偏颇的观点进行修正。所以，情报分析失误理论可以视为促进情报分析实践与理论研究不断完善的一种标尺，只要考察分析失误理论关注哪些问题，这些问题是否得到了改进或解决，就可以大致判断出情报分析工作的发展水平。当然，这个过程必然是持久和延续性的，所以通过自我批判促进自我完善的过程也不会停止。

（二）影响了传统理论研究的主流倾向

情报分析失误理论修正了传统理论对情报分析持有的乐观态度，转向更加务实的中性甚至略带悲观的态度。传统情报理论认为科学客观的分析总能得出有积极意义的结论，因此持有一种相当乐观的研究态度。但是，情报分析失误理论却相继得出了"'信号'与'噪音'不易区分"①，"突袭不可预见"②，"欺骗很难破解"③，以及其他一个接一个看似令人沮丧的研究结论。总之，现有应对情报分析失误的理论方法虽然在某些方面有可取之处，但是正如研究者理查德·贝茨所说："任何机制上的举措都不可能防止失误，情报分析失误不可避免"。④ 现有的理论建议在解决问题的同时，往往又会增加新的问题，似乎没有从根本上解决矛盾的全能方法。综上所述，情报分析失误理论的整体悲观论调促使分析人员以更加清醒和务实的态度应对复杂的现实问题，在难以尽述的分析失误教训面前，也许这种保持悲观的态度要比保持乐观更加合适。

（三）有力推动了新兴理论的创建与发展

虽然导致情报分析失误的原因非常多，但是具体到微观层面，无论是搜集素材、检验证据、破解欺骗、研判意图，分析人员的思考方式和心理过程都会在其中发挥关键作用，而分析人员往往意识不到在这些方面出现了疏忽。许多情报分析失误理论研究已经总结出的思维偏见和认知局限对于情报分析过程的影响，促使研究者沿着这个思路进一步探索分析过程中的思维机制和特点，使理论研究

---

① Michael I. Handel, *War, Strategy and Intelligence*, London: Frank Cass and Company, Ltd., 1989, p. 237.

② Richard K. Betts, *Surprise Attack*, Washington, D. C.: The Brookings Institution, 1982, p. 19.

③ 【美】唐纳德·丹尼尔，凯瑟琳·赫伯格主编：《战略欺骗》，徐晓军、扈新生译，北京：军事科学出版社，1990 年版，第 242 页。

④ Richard K. Betts, Analysis, War, and Decision: Why Intelligence Failures Are Inevitable, in *World Politics*, *Vol. 31*, *No. 1*, October 1978, p. 88.

触及到更加深入的本质层面，从而直接促成了情报分析认知理论的创建，并引发了美国情报分析理论发展过程中最重要的一次转折与创新。

第七节 情报分析认知理论

传统情报分析理论研究主要是从历史学与逻辑学相结合的角度展开，比较注重研究分析的形式，包括如何进行科学、客观、中立的研究，应该遵循哪些思维规范，以及获取、使用证据的原则和进行推理的方法等。情报分析认知理论研究主要是从心理学的角度展开，既注重研究分析的外在形式，也注重研究分析的本质过程，即研究主体（分析人员）在情报分析过程中的心理活动规律，包括分析人员的思维模式、认知结构和心理因素如何影响分析的过程和结论，分析人员能否意识并理解自身的思维过程等等。因此，从认知心理的视角研究情报分析问题，提供了不同于传统宏观研究的理论解释，是一种典型的微观层次的研究，突破了对于情报分析本质的理论认识。

一、研究背景

研究认知局限和思维缺陷对情报分析的负面影响是从研究者对情报分析失误进行理论检讨中生发出来的。以谢尔曼·肯特为代表的研究者通过对自身工作经验的总结，发现“思维定式”问题会妨碍分析人员正确解读国际形势，并曾用“智力上的弱点”来表达类似含义。[①] 中央情报局的分析专家对1962年古巴导弹危机的分析失误进行内部反思时，也明确承认先入之见、理性至上和过分依赖经验是造成失误的主要原因，这些研究已经触及到分析人员的思考方

---

① Roger Z. George, Fixing the Problem of Analytical Mind - Sets: Alternative Analysis, in *International Journal of Intelligence and CounterIntelligence*, *Vol. 17*, *No. 3*, September 2004, p. 388.

式和心理个性方面。从 20 世纪 60 年代末期起，国际政治理论研究学者罗伯特·杰维斯借鉴认知心理学领域的研究成果，从知觉与错误知觉的角度分析了国际政治领域的诸多问题，这些研究成果成为情报分析认知理论的重要来源之一。1973 年第四次中东战争爆发后，理查兹·休尔在一次国际学术研讨会与以色列军事情报专家进行经验交流时，接触到以色列研究学者卡赫曼（Kahneman）和特沃斯基（Tversky）在认知心理学方面的开拓性研究成果，成为美国情报分析认知理论的另一来源。[①] 从此，以理查兹·休尔为首的专家开始系统研究分析中的认知心理问题，并在研究中广泛借鉴和采用了心理学研究的实验方法。理查兹·休尔的大部分研究论文是他在 1979 年退出一线工作后发表的，并在 1984 年创立了著名的“竞争性假设分析”法。这些陆续积累的研究成果最终都被收录到《情报分析心理学》一书，1999 年在中央情报局的网站上以电子版专著的形式公开发布。当前，理查兹·休尔仍然活跃在理论研究的最前沿：2005 年，他与“帕罗·奥多研究中心”协作研制成功了“竞争性假设分析”法的网络化软件版本，这一进步使理论研究的应用成果更加贴合国家情报主任办公室倡议的增进“共享与合作”的理念；2009 年，由他改良后的“竞争性假设分析”法也被整合到官方发布的研究成果《技艺指南：结构化分析技巧》当中。值得一提的是，理查兹·休尔其实并不是美国情报分析认知理论研究的唯一代表。比如，美国陆军行为与社会科学研究院的研究专家罗伯特·卡特尔、克里斯汀·蒙哥马利（Christine Montgomery）、约翰·汤普森和霍普夫·维切尔（Hopf Weichel）等人几乎是与休尔同一时期开始研究情报分析中的认知过程与方法，并分别于 1979 年 12 月至 1984 年 1 月期间，陆续撰写完成了三部曲式的研究报告：《情报分析中的人类流

① Richards Heuer, Jr., *The Evolution of Structured Analytic Techniques*, Presentation to the National Academy of Science, National Research Council Committee on Behavioral and Social Science Research to Improve Intelligence Analysis for National Security, Washington, D. C., December 8, 2009, p. 1.

程：第一阶段总述》、《情报分析中的认知流程：一种描述模型和评论》和《情报分析中的认知基础》。他们的主要研究结论与《情报分析心理学》中的观点相互呼应，只是更加偏重基础原理的阐释。因此，认知理论在美国情报分析研究领域有较广的分布，虽然已经有大量成果被公开发布，但应该还有相当部分的研究成果尚未解密。

（一）国际政治领域认知心理学派研究成果借鉴

在社会科学中，国际政治与情报分析的学缘关系非常接近：一方面，许多美国知名的国际政治研究学者，如约瑟夫·海登、约瑟夫·奈等都亲身从事过情报分析实践工作，而理查德·贝茨、安吉洛·科迪维拉（Angelo Codevilla）、罗伯特·杰维斯等人则长期从事国际关系和情报分析的交叉研究；另一方面，国际政治对国家安全与利益博弈、国际格局演变规律的研究也与战略情报分析在本质上相通。所以，国际政治领域的研究成果，不仅可以成为情报分析理论研究者重要的参考资料，而且也成为情报分析理论借鉴的重要来源之一。20 世纪 60 年代后期至 70 年代，国际政治研究学者罗伯特·杰维斯（Robert Jervis）借鉴认知心理学领域的研究成果，建立了比较完善的微观层次国际政治理论。他的理论从知觉和错误知觉的角度，阐述了历次重大事件中美国决策者如何认识客观事实，并根据他们对事实的理解做出决策的过程与方式，详细分析了认知失调和愿望思维对决策者做出判断的影响。他的理论观点集中体现于 1976 年出版的《国际政治中的知觉与错误知觉》一书，这部专著被称为国家政治研究领域认知心理学派的代表作。[①] 以理查兹·休尔为代表的情报分析理论研究者在研读过罗伯特·杰维斯的这本书后，从中获得了很大的启发和鼓舞，因为认知心理学的相关学说同样可以很好地解释分析人员如何做出判断，为什么会如此判断的原因。理查兹·休尔在其代表作《情报分析心理学》中，多次引用了《国

---

① 【美】罗伯特·杰维斯著，秦亚青译：《国际政治中的知觉与错误知觉》，世界知识出版社，2003 年版，第 5 页。

际政治中的知觉与错误知觉》一书中的观点，居所有参考资料之首。他还将这本书作为首选推荐给新加入中央情报局的分析人员。[①] 综上所述，国际政治领域认知心理学派的成功，对情报分析理论研究者从认知心理角度探索情报分析理论问题起到了很好的示范作用，直接促进了情报分析认知理论流派的形成。

（二）情报分析失误研究的理论成果积淀

情报分析失误研究是促发情报分析认知理论研究的直接原因。一方面，研究者在检讨造成分析失误的原因时，不论其表象是“噪音”干扰、敌方欺骗、信息缺失还是先入之见，本质的解释都不约而同地指向了分析人员的认知局限，研究者普遍承认“分析人员，与所有人一样，生来就不具备处理大量复杂信息并从中得出判断的高超能力，他们带有很多认知局限和瑕疵，当很多分析人员合作处理问题并做出判断时这种负面效应还会被放大”。[②] 另一方面，研究者在积极探索规避情报分析失误的做法时，也将正视人类思维模式的弱点作为理论阐释的基本出发点，研究如何“使用精心设计的技巧和数据管控、挖掘机制来帮助分析人员‘自我意识’到可能落入的认知陷阱”。[③] 所以，在情报分析失误理论研究的丰硕成果之上，专门从认知心理学的角度切入，对情报分析进行全新的理论解释是分析理论发展的必然承接。与侧重解释性、注重个案分析的情报分析失误理论研究所不同的是，情报分析认知理论的研究视野更加宏大，研究层次更加深入、研究的主动性也更强。如果说情报分析失误理论主要是对传统情报分析理论指导实践的效果进行反思的话，那么情报分析认知理论则是对传统情报分析理论研究范式进行革新，并尝试提出新的理论学说，发展新的分析工具，以便更好地解决实

---

① Richards J. Heuer, Jr., *Psychology of Intelligence Analysis*, Washington, D. C.: Center for the Study of Intelligence, CIA, 1999, p. 179.

② Julian Richards, *The Art and Science of Intelligence Analysis*, New York: Oxford University Press, 2010, p. 41.

③ Ibid.

践领域的种种症结问题。

二、内容述评

（一）认知视角下的理论解释

1. 思维模式

20世纪70年代末期，美国陆军行为和社会科学研究院的研究者开始从认知心理学的视角展开对情报分析的理论研究，研究专家罗伯特·卡特尔、克里斯汀·蒙哥马利、约翰·汤普森等人从1979年12月至1984年1月撰写完成了著名的三部曲式的报告：《情报分析中的人类流程：第一阶段总述》《情报分析中的认知流程：一种描述模型和评论》以及《情报分析中的认知基础》，这些研究报告的主要结论是“情报分析是一项由内在思想观念驱动而不是靠外在数据驱动的活动”,① 对于情报分析来说，“最重要的不只是收集到的数据，还包括依循分析人员的思维模式来解读数据时所附加的内容”。② 几乎在同一时期，中央情报局研究专家理查兹·休尔也从认知心理学的视角做出了类似的解释，并在情报学术界产生了更大的影响力。理查兹·休尔认为“情报分析实质上是一种思维过程，但是长期以来人们对大脑工作的状况缺乏了解，妨碍了我们对情报分析过程的理解和把握”。③ 至此开始，思维模式成为描述情报分析过程的一种主导性因素。

理查兹·休尔在南加州大学攻读国际关系硕士学位时曾经仔细研读过国际政治认知学派专家罗伯特·杰维斯对于知觉和错误知觉的研究成果；1977年理查兹·休尔在结束定量分析理论研究总结之后，又接触到以色列研究学者卡赫曼（Kahneman）和特沃斯基

---

① Robert Katter, Christine Montgomery, and John Thompson, *Cognitive Processes in Intelligence Analysis*, Technical Report 445, U.S., Alexandria, VA: Army Institute for the Behavior and Social Science, December 1979, Brief, p. ix.

② Ibid., pp. 1 – 10.

③ Ibid., p. 1.

（Tversky）在认知心理学方面的开拓性研究成果。[①] 这些专家的研究结论都对思维模式的基本特点进行了分析，也启发了理查兹·休尔对情报分析中的类似问题进行思考。他发现认知心理学的一项基本研究结论非常适用于描述分析人员的工作状态，即人们几乎意识不到自己头脑的工作过程，因为他们对知觉、记忆、信息处理等与生俱来的认知功能感到习以为常。实际上，无论是直接观察某一种现象，还是从大量的情报资料中间接获取信息，既是一个感知过程，也是一种理解过程。在这个过程中，分析人员要根据感官得到的信息来构造他自己的“现实”，而他感知到什么，容易感知到什么，会受到其以往经验、教育程度、文化价值观念、社会角色要求等因素的强烈影响。但是，处于日常工作压力之下，分析人员极少会去监控或反思自己如何得出结论的思维过程，只会关注最终的结果。这就是有关思维模式的研究长期被忽视的原因之一。

在吸取前人研究成果的基础上，理查兹·休尔为思维模式下了定义，“分析人员在进行分析工作时使用哪些信息、如何组织这些信息以及赋予它们何种意义，都是按照自己特定的一套方式进行的，并倾向于一直按这种方式分析情报，这种方式就是思维模式，特指其负面影响时也被称为思维定式”。[②] 他还进一步分析了思维模式所具有的特点：

首先，思维模式是客观存在的，本身没有好坏之分，而且是分析人员必不可少的认知工具。理查兹·休尔将思维模式形象地比喻为摄像机的“镜头”，因为分析人员总是在一定的知识经验背景下分析问题，就像透过摄像机的镜头观察世界。[③] 一方面，它们提供了一种观察外部客观事件的方便途径，简化对复杂外在信息的接收和解

---

① 1977 年国际研究联合年会（Annual International Studies Association Convention）上结识了一名以色列军事情报部门的高级官员兹维·拉尼尔（Zvi Lanir），兹维·拉尼尔向他推荐了以色列研究学者卡赫曼和特沃斯基在认知心理学方面的开拓性研究成果。

② Richards Heuer, Jr., *Psychology of Intelligence Analysis*, Washington, D. C.: Center for the Study of Intelligence, CIA, 1999, p. 5.

③ Ibid., p. 4.

读过程，能够剔除非相关的信息，突出重要的信息，发现有意义的联系；另一方面，它们也不知不觉地在思维中形成了“轨迹”，使思维沿着某种固定轨道行进，并对惯常的观念产生依赖性。思维模式最大的特点就是一旦形成，就不容易改变。分析人员形成自己特定的思维模式以后，就倾向于一直按照这一模式解释他们所接受到的新信息，于是，新信息就很有可能被既有印象所同化。

其次，人的思维模式或思维机制具有天生的局限性，这些局限性会影响分析人员做出正确的判断。比如，人的生理结构决定了感知、记忆和提取信息的能力都有一定的极限。分析人员很难在某一时间感知到他想要的全部信息，即使他之前通过各种方法获得了这些信息，他在大脑中回忆和提取这些信息时也会受到各种因素的影响，使他只能提取容易获得或者倾向于获得的信息。同时，既有的、印象深刻的信息往往要比新获取的信息产生更大的影响力，分析人员在头脑中组合和关联信息时并非保持开放、平等的心态，而是在一瞬间就产生了某些想法，并成为很难改变的先入之见。

再次，思维定式几乎是不可避免的，只能通过精心设计的工具与技巧来努力克服其负面影响。在实践工作中，“由信念、假设、概念以及固有信息等构成的心理定式或思维模式主导着人们对新信息的感知和加工，而分析人员又必须在信息不完整、形势发展处于萌芽状态时就做出判断。所以当信息缺乏时，分析人员除了严重依赖信念、假设等之外，往往别无选择”。[①] 也就是说，除非有意识地去加以控制，分析人员很容易陷入思维定式，因为大脑习惯的工作方式就是如此。所以，必须依靠人为机制进行主动干预，以此规避思维定式所带来的负面影响。

2. 知觉特性

如果说思维模式是描述情报分析基础过程的一种认知模型，那么知觉特性则是解释分析人员在工作中具体表现的本质原因。研究

---

① Richards Heuer, Jr., *Psychology of Intelligence Analysis*, Washington, D. C.: Center for the Study of Intelligence, CIA, 1999, p. 66.

者发现，知觉的特性会在情报分析过程中以特定的形式表现出来，而情报分析失误则往往是由错误知觉所导致的。

首先，知觉具有选择性。因为人类的感觉器官天生具有局限性，人们无法全面、精确地对外部世界进行感知，总是从复杂的环境中把某些事物或现象当做知觉对象，而把另一些事物或现象当做知觉的背景。分析人员在实践工作中，会自然而然地将一些情报素材反映的信息理解为“信号”，而把更多素材反映的信息理解为“噪音”，理想状态下，分析人员通过鉴别和比对，应该从所有素材中筛选出有用的信息，舍弃冗余、重复、错误的信息，最终的分析结论实际是经过分析人员主观思维过程选择后的结果。如果不这么做，分析人员就无法完成情报生产的过程，但是，在最终结论获得证实之前，分析人员是无法肯定他究竟是否成功分离了“信号”与“噪音”，他进行信息筛选的标准只能是自己对问题的初始预期（假设）。所以，期望会制约知觉，分析人员获得的信息在很大程度上取决于主观期望、最初假设和先入之见，它们会使分析人员在下意识里特别关注某些类型的信息，而一旦初始预期出错，分析所使用的信息就是依据错误知觉而获取的，这就非常容易导致分析失误了。

其次，知觉具有模糊性。知觉的模糊性是人认识主观和客观世界的有力工具，能够使人在不完全信息的条件下做出合乎逻辑的判断，并赋予分析人员一定的信息“纠错”能力，使“连点成线”成为可能。理查兹·休尔使用了下面的图示说明了分析人员可以从部分错误、重复甚至干扰的信息中获取有用和正确的结论（如图1—11所示）。从某种意义上讲，情报分析就是在研究高度模糊的形势，在形势尚未明朗之前，分析人员要对已经掌握的不完整资料进行解释与分析。所以，情报分析必须面对处理不完全信息的风险。因为情报的时效性需求，这种情况在现实中几乎是一种常态，但是知觉模糊性的纠错能力却是比较有限的，所以情报分析无法彻底消除不确定性。例如，理查兹·休尔发现：分析人员最初获得的模糊信息会妨碍以后的知觉过程和结果，往往是“最初信息越模糊，初始期望和原有印象对分析人员感受新信息的影响力也就越大。甚至在获得更多、更为清晰的信息后，一开始收到的模糊和模棱两可的刺激仍会影响得出准确的认识”。[①] 所以，初始假设对于情报分析的意义就非常重要，“如果有意识地在提出假设阶段投入更多精力，分析的表现将会大大改善”。[②]

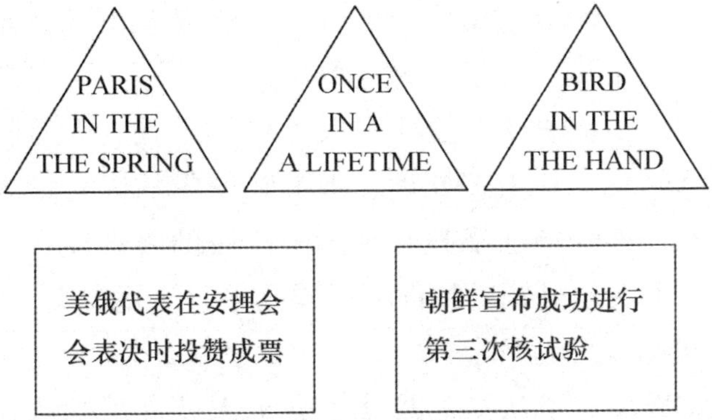

图1—11 知觉的纠错能力[③]

再次，知觉具有惯性。知觉的惯性对于思维模式的形成起到了关键作用，在应付外界世界复杂性的过程中，人们根据自己的知识、阅历、观念等逐步形成了某些成功的经验和做法，并将这些成功经验和做法作为一种思维模式存储在大脑中。然而，一旦分析人员形成自己特定的思维模式以后，就倾向于一直按照这种模式解释所接受到的新信息，而且很难在头脑中换一种思考方式来处理信息。于是，新信息往往很容易被归入到既有的解释框架里。这种倾向于保

---

① Richards Heuer, Jr., *Psychology of Intelligence Analysis*, Washington, D. C.: Center for the Study of Intelligence, CIA, 1999, p. 13.

② Ibid., p. 45.

③ 本图上半部分每个三角形里的短语都多了一个冠词，但是因为读者熟悉相关的语法，对其表达形式存在预期，所以并不影响对短语含义的理解，引自 Richards Heuer, Jr., *Psychology of Intelligence Analysis*, Washington, D. C.: Center for the Study of Intelligence, CIA, 1999, p. 8；本图下半部分为作者自制，说明了同样的问题。

持思维惯性的现象也被研究者称为“认知相符”（Cognitive Consistency）。在情报分析过程中，这种知觉特性经常会导致两种结果：一是新信息与分析人员的先入之见（原有认知）吻合，则会增加分析人员的自信，继续依循既有的假设做出结论，而不再关注其他可能的情况；二是新信息与自已原有的认知不一致，他们会对新的信息做出曲解或者视而不见，比如认为信息质量不高、信息存在欺骗等。总之，分析人员在评估证据、验证假设时在潜意识里都倾向于使新信息与原有认知保持一致性。

综上所述，知觉的特性反映了人类思维方式的固有特点，反映了人们对信息收集、加工、处理、理解和使用的固有模式。无论是优点还是缺点，这些特性都是一种无法摆脱的客观存在，而对于分析人员来说，了解自身知觉特性的局限则更具实用意义。

3. 认知策略

知觉的特性决定了认知的策略，分析人员常用的认知策略有许多种，但是它们的本质都可以归结为“简化”二字，即通过某些具体方法，尽可能简单地完成理解问题、搜集证据、验证假设的过程。

在提出和发展假设阶段，分析人员常用的策略包括以下几种：第一种是“情境逻辑”（Situational Logic）推理，[①] 即了解已知事实，确定形势发展的因果关系，然后提出一个看似合乎情理的想定，然后依此来预判结果；第二种是应用理论（Applying Theory），[②] 即利用规律性的理论认识去解释相同和类似的现象，并预测可能的结果；第三种是比较历史情况（Comparison with Historical Situation），[③] 即传统理论倡导的依据历史经验进行比较和类推的办法；第四种是“沉浸于信息”（Data Immersion），[④] 即面对陌生的分析问题时，不要对

---

① Richards Heuer, Jr., *Psychology of Intelligence Analysis*, Washington, D. C.: Center for the Study of Intelligence, CIA, 1999, p. 32.

② Ibid., p. 34.

③ Ibid., p. 38.

④ Ibid., p. 40.

信息做任何预判，而是尽量搜集到所有可用的事实信息，让信息自动呈现出一种观点，然后再重新审视这种观点能否成立。综上所述，以上这些发展假设的策略都采取了一种使分析问题尽量简化的做法，能够帮助分析人员有效地统筹信息，并初步建立起对问题的总体认知。然而，这些策略也存在难以克服的弊端，即容易陷入“镜像思维”和绝对理性思维的误区，从而使分析人员提出的假设与事实不符，而自己又无法意识到。

在验证假设阶段，分析人员常用的认知策略被称为“满意策略”（Satisficing Strategy）。[①] “满意策略”是传统分析理论依靠经验和直觉去验证假设的常用方法。它指的是分析人员一开始就选取“看起来最令人满意”的假设，而不是仔细考虑所有可能的假设。一旦分析人员找到自认为是足够好的假设之后，接下来做的往往是搜集证据设法证明其正确性，而不再考虑其他可能。“满意策略”虽然简单易行，但确实不是得出准确结论的最佳思路。实际上，如果分析人员愿意花费更多时间，他可能会同时发现几个看起来都非常令人满意的解决办法，而且不同的分析人员可能会找到不同的“最佳”假设。如此看来，“满意策略”是非常片面的，很容易导致偏见发生。

还有一种与“满意策略”密切相关的操作方法被分析人员总结为“锚点策略”（Anchoring Strategy）。[②] 分析人员先选取某个自然的“出发点”（比如某种假设）作为迈向理想判断的第一步，然后再根据新收集到的信息来调整这个“出发点”（修正假设）。这种策略改进了“满意策略”选择单一假设进行验证的做法，从理论上似乎可行。然而，分析中的“锚点”对后续观点的变化有很强的牵制能力，往往就像抛出去的锚一样牵制着调整的幅度，以致于分析人员最终做出的判断仍然会与初始假设相距不远（如图 1—12 所示），从而还会与实际情况保持较大的距离。

---

① Richards Heuer, Jr. , *Psychology of Intelligence Analysis*, Washington, D. C. : Center for the Study of Intelligence, CIA, 1999, p. 36.

② Ibid. , p. 150.

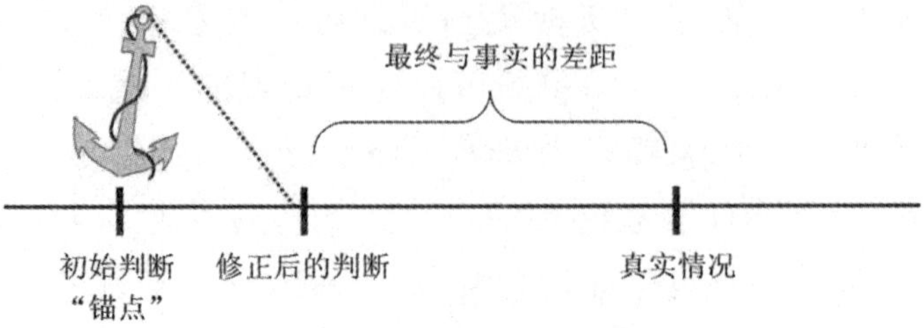

图 1—12　"锚点策略"

综上所述，因为思维模式的局限性无法消除，力求"简化"的认知策略可能会给情报分析带来很多负面影响。分析中常见的认知偏见大多是因为分析人员在主动和被动地寻找思维"捷径"时陷入了思考的误区。这些偏见并非来自分析人员在做出某种判断时理智上或感情上的倾向性，而是来自于人类认知能力固有的局限性。既然分析人员只能依靠这些有缺陷的认知策略完成工作，就需要更加注意对常犯的错误保持警惕和清醒。

4. 认知偏见

理查兹·休尔认为："认知偏见是由于我们处理信息的策略过于简化而引起的思维错误。在情报分析中常见的认知偏见有评价证据时的偏见、归结因果关系的偏见以及估计可能性时的偏见等"。[①]

首先，分析人员所要评估和解读的证据会受到一系列外部因素的影响。比如，细节完整、描写生动、可以得到多方印证的情报素材往往会对分析产生更大的影响，而抽象、孤立的情报素材往往经常被漠视或曲解。缺失的证据也很少得到分析人员的认真对待，他们为了寻求判断前后的连贯和一致，往往会把缺失的证据解读为无关紧要或根本不存在；某些已经被事实证明是错误的证据，却有可能因为与初始假设相符而被分析人员从其他角度进行解读，从而继续发挥潜在影响。

---

① Richards Heuer, Jr., *Psychology of Intelligence Analysis*, Washington, D. C.: Center for the Study of Intelligence, CIA, 1999, p. 111.

其次，分析人员倾向于用自认为合理的因果关系来解释过去、理解现实并推测未来。在这个过程中，分析人员很少有意识地去监控偏见可能对归结因果关系带来的不利影响，而是偏向于对所有现象都进行符合历史趋势或科学规律的解释。比如，分析人员会将任意的偶然事件都归结于精心策划的行为；把情报分析的对象理解为协调一致、高度团结的行为体；生硬地构建原因和结果的匹配；不能公正看待导致分析对象行为的内因和外因；高估自己对对方的影响能力；以及对事件相关性的错误解读等等。

再次，分析人员在评估可能性时也会因采取比较简化但却不利于相互沟通和理解的做法。比如，分析人员往往会利用频繁发生、最容易回想起来的信息进行主观估计，所以特别熟悉的情况往往会影响他们所做出的概率判断。分析人员在表达不确定的概率时，使用语言描述或数字概率等不同的表述方式也会影响其他分析人员或用户对结论的理解；把发生的一系列事件的概率进行叠加时，更是增加了理解的难度。

（二）情报分析的不同模式

为了创建认知理论视角下的分析模式，研究者专门对传统理论的分析模式进行了概括，指出了传统分析模式的主要缺陷，并修正了在情报分析领域长期以来存在的认识误区。

1. “资料驱动”分析

传统分析模式中有一个非常著名的“马赛克理论”，该理论认为情报分析就像马赛克拼图游戏，只要将收集来的细小情报碎片放在一起，最终就能使分析人员感知到关于事实的清晰画面。[①] 因此，该理论强调分析工作的要点是努力收集到所有的情报素材，然后分析人员只需对素材加以排列组合，就可以得出正确的结论。对这种理论更为学术化的表述是“资料驱动分析”，即情报分析的准确性主要

---

① Richards Heuer, Jr., *Psychology of Intelligence Analysis*, Washington, D. C.: Center for the Study of Intelligence, CIA, 1999, p. 62.

依赖于可用资料的准确性和完整性，信奉“更多更好的”情报资料才是生产高质量情报产品的关键所在。

客观上说，一定数量的准确而完整的情报材料确实是进行情报分析必不可少的前提条件，缺少了这些原始材料，情报分析也就没有了依据。但是，分析人员获得的素材，经常会不完整，不及时，重复性，甚至还会相互矛盾。如果过于依赖素材本身，那么分析很有可能会陷入无休止的循环悖论——为了证实现有素材的正确性和可靠性，必须找到新的素材进行印证，而新的素材也同样需要更多的素材来印证。所以，分析人员虽然总是幻想着下一条情报素材也许会更清晰、更准确、更有助于得出精确的结论，但是这种追求“更多更好的”情报资料的想法却是非常不切合实际的。

为了澄清传统分析模式的误区，理查兹·休尔采用实验心理学的方法调查了各领域的分析专家，专门考察了分析中信息量与准确性之间的关系。他对多名分析人员在做出判断时所主要依据素材的数量进行了精确统计，结果发现“情报分析所需要的信息量远不如我们以为的那样多”。[①] 首先，即便只占有必要的、极少量的信息，有经验的分析人员照样能做出正确的判断，额外信息通常不能提高预测的准确性，而只会增加分析人员的自信，信息量越大，分析人员越自信，甚至表现为过于自信（如图1—13所示）；其次，经验丰富的分析人员对于具体是何种信息影响了判断，并不是十分清楚，他们没有意识到最终判断在很大程度上取决于“极少数的决定因素”，[②] 而不是综合分析手头所有信息的结果。

---

① Richards Heuer, Jr. , *Psychology of Intelligence Analysis*, Washington, D. C. : Center for the Study of Intelligence, CIA, 1999, p. 52.

② Ibid.

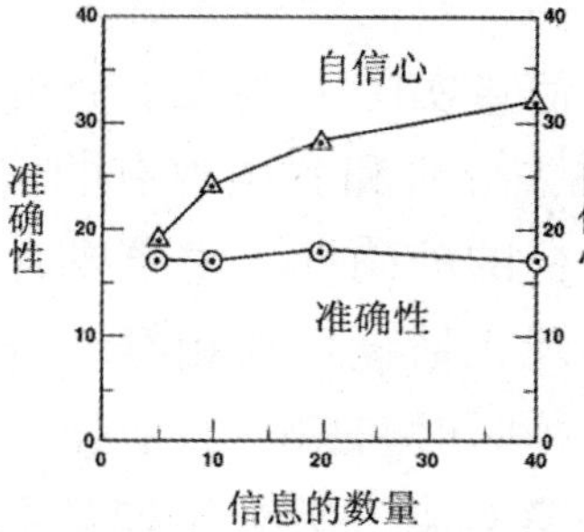

图 1—13　信息的数量与自信心之间的关系[1]

说明：在上图中，由三角形连成的曲线（位于坐标区内上方的曲线）显示的是所获信息的数量增多与分析人员自信心增加之间的关系，由圆形连成的曲线显示的是所获信息的数量增多与分析准确性提升之间的关系。它们表明，随着信息量的增加，分析的准确率基本上没有什么变化，然而分析人员的自信心却明显增加。

依据以上统计结果，理查兹·休尔提出分析人员做出可靠判断只需要“最低限度的情报”。这些情报素材缺一不可，是收集工作的重点所在，否则分析人员就无法做出判断，或对所做判断没有信心。分析人员在获得“最低限度”的情报素材后，情报部门进一步收集到的额外情报素材就是“附加信息”，而“附加信息”中的绝大部分内容对先前得出的结论都不会产生大的影响。[2] 这些额外的“附加信息”可以分为四类：[3] 第一，反映原有变量附加细节的信息，这类附加信息对判断的准确性不会造成什么影响，只会增强分析人员的信心；第二，新增变量信息，除非这类信息能够提供给分析人员先前所忽视的重要情报线索，否则它们也不会影响预测的准确性；第三，反映原有变量价值的附加信息，如果这类信息能够说明某一关键变量的价值发生了改变，那么它才会影响分析的准确性，以及分

① Richards Heuer, Jr., *Psychology of Intelligence Analysis*, Washington, D. C.: Center for the Study of Intelligence, CIA, 1999, p. 54.

② Ibid., p. 52.

③ Ibid., pp. 57 – 58.

析人员判断的信心；第四，表明哪些变量重要以及它们之间是什么关系的附加信息，这类信息实际上融入了分析人员的思维模式，即促使分析人员思考怎样去分析和利用现有的信息。总之，“附加信息”是否有助于提高分析的准确性，主要要看它能否使分析人员感觉到自身的思维模式与现实情况更加相符。通常情况下，这种相符会表现为分析人员做出判断时自信心的增强，有时分析人员也会根据新的情报线索改变原有观点，但都不能证明更多的“附加信息”能够有效改进分析的质量。

理查兹·休尔的研究结论纠正了情报分析领域长期存在的一个误区——信息不足是一直以来情报分析表现不佳的最主要原因。各国情报机构不惜花费巨资大力改进与情报搜集相关的技术，却很少考虑改进分析的方法，这其实是一种事倍功半的做法。当今情报分析部门面临的问题往往不再是信息不足，而是如何有效处理过剩信息。所以，情报分析的准确性往往是基于少数关键证据而不是基于所有证据做出的，在现有情报素材已经非常丰富的条件下，分析人员不应过度依赖获取更多更好的情报素材，而要把主要精力投入到提升和改进分析方面。

2. “观念驱动”分析

理查兹·休尔认为：“由于分析人员必须对最新的、通常是预料之外的事件提供及时的解释，除了他所储存的背景信息之外，只有一些原始的、不完整的信息。在这种情况下，解释只能根据隐含在人脑意识中的思维模式进行”。[①] 因此，情报分析的准确性几乎完全依赖于思维模式的准确性，改善分析人员的思维模式才是提高情报产品质量的根本措施。

当然，“观念驱动”理论只是提出了改进情报分析质量的一种新思路，而完善分析人员的思维模式并非易事。诚如前文所述，分析人员很难意识到自己的思维过程，所以想要以更加合理的方式运用

---

① Richards Heuer, Jr., *Psychology of Intelligence Analysis*, Washington, D. C.: Center for the Study of Intelligence, CIA, 1999, p. 60.

头脑内部复杂的思想观念模型，目前还缺少具体、可控的做法。比如，“观念驱动”分析理论特别强调在分析问题时要努力做好“移情”，通俗地说就是“化己为彼”，即分析人员高度贴合和模仿分析对象的思维方式。达到了这种境界，分析人员就可以非常逼真地“想象对手眼中的世界是什么样的，他们如何观察我们的行为，他们如何听到和理解我们的主张”。[①] 这种化己为彼，理论上应该可以生产出最好的分析产品，能够帮助用户非常精确地理解对象国的政策制定者的意图和行为。然而，这个过程实现起来却非常困难，失败的“移情”往往变成了“镜像思维”。所以，现有“观念驱动”分析还主要停留在理论描述层面，能够指导实践应用的具体方法和原则还需要进一步系统研究。

理查兹·休尔等研究者提出要通过不断训练分析人员的思维来推进“观念驱动”分析的改进和完善，他们坚信：“情报分析就像汽车驾驶和做木工活一样，可以通过专业培训来提高”。[②] 这个过程既要包括正规的学历教育，主要积淀专业知识；还要包括长期实践的历练，主要训练和改进思维。研究者对实现这个过程的长期性和复杂性是有足够清醒的认识的，根据中央情报局情报研究中心专家罗布·约翰斯顿的调查数据：“成为一名象棋专家需要花费 1 万到 2 万个小时，或超过 10 年的学习和练习，掌握 5000 个不同的棋谱；成为一名能够独立胜任工作的放射科的医生，实习生需要经过 4 年的理论学习和 4 年的临床实习，这期间平均每日要处理 40 个病例，每年要处理 1. 2 万个病例，4 年共 4. 8 例；同样的道理，情报分析专家的培训也需要很长时间，一般需要 5 到 10 年”。[③]如此看来，想要完成这个过程任重而道远，必须经由几代分析专家的努力，并将成

---

① Ralph White, Empathy as an Intelligence Tool, in *International Journal of Intelligence and CounterIntelligence*, *Vol. 1*, *No. 1*, Spring 1986, pp. 57 – 59.

② Richards Heuer, Jr., *Psychology of Intelligence Analysis*, Washington, D. C.: Center for the Study of Intelligence, CIA, 1999, p. 2.

③ Rob Johnston, *Analytical Culture in the U. S. Intelligence Community*, *An Ethnographic Study*, Washington, D. C.: Center for the study of Intelligence, CIA, 2005, p. 63.

功经验积累并形成理论认识传授给后人。对于当前的分析人员来说，“观念驱动”和“资料驱动”结合使用似乎仍是比较现实和可行的做法。

（三）情报分析的认知方法范例：“竞争性假设分析”法

1. 基本思想

1984 年，罗纳德·里根政府因为对苏联在武器控制方面实施欺骗而感到担忧，邀请理查兹·休尔研究应对欺骗的方法并在情报界内部创立和讲授新的反欺骗分析培训课程。理查兹·休尔在前期研究的基础上，发明了“竞争性假设分析”法，并在情报分析部门开始推广。“竞争性假设分析”法是一种基于认知心理和决策科学的应用方法，它通过一系列缜密、完整的分析流程，反复核实假设与证据之间的关系，帮助分析人员克服或者最大限度地减少认知局限对于分析的不利影响，得出更为合理的结论。这种方法的基本思想如下：首先，改变分析人员为简化问题而采取的“满意策略”，或者凭经验、直觉确立单一假设的惯常做法，要求分析人员从一开始就要提出所有合理的假设，并给各种假设公平的对待；其次，通过精心设计的“矩阵”，把使用证据验证假设的过程有机分解，确保能够使用相同的证据去评估多个假设，使假设之间展开相互竞争；再次，强调考察“证据的诊断性（Diagnosticity of Evidence）”,[①] “诊断性”可以区分出不同证据在验证假设时的效果——如果某项证据与所有的假设都相符，那么这项证据根本就没有诊断性；而如果某项证据在证实某项假设的同时，能够反驳其他的假设，那么这份证据就具有“诊断性”——所以“诊断性”主要通过证伪的方法加以验证。

2. 主要步骤

“竞争性假设分析”法的主要实施步骤可以分为 8 个步骤（如表 1—4 所示），对这种方法应用步骤将在本书第二章进行详细论述。

---

① Richard Heuer，Jr.，*Psychology of Intelligence Analysis*，Washington，D. C.：Center for the Study of Intelligence，CIA，1999，p. 45.

表1—4　“竞争性假设分析”法的步骤①

步骤	要点
1	召集持不同看法的分析人员集体讨论并确定所有可能存在的假设。
2	对支持和反对每一个假设的重要证据和观点做一列表。
3	制作矩阵图，以假设作为横栏，证据作为竖列。分析每项证据与每项假设的相关程度，考察并选出具有“诊断性”的证据。
4	完善矩阵图，重新考察假设，删除那些没有诊断价值的证据和意见。
5	对每一种假设的相对可能性做出试验性的结论。试图用证据去否定某一种假设而不是证实它。
6	分析初步结论对少数重要证据的依赖程度，同时考虑如果那些证据是错误的或存在不同解释，分析结果将会怎样变化。
7	汇报结论，阐述所有假设的相对可能性，而不仅是最有可能的那一个。
8	找出影响事态未来发展的关键事件以备后续分析使用。

3. 主要特点

“竞争性假设分析”法与传统分析方法存在明显区别：首先，此方法不主张证明可能性最大的一种假设，而鼓励分析人员同等对待各种可能的初始假设；其次，此方法着重寻找证据驳倒假设，最有可能的假设不是支持它的证据最多，而是反驳它的证据最少。总之，这种方法在很大程度上克服了惯常的简化认知策略所具有的缺点，能够帮助分析人员对思考过程进行有效的人为干预，时刻提防认知局限的消极影响。

三、特点总结

情报分析传统理论遵循的研究范式主要是历史经验主义的概念、方法和原则，通过研究方法的科学与规范、专业知识的准确与完整、

① Richard Heuer, Jr., *Psychology of Intelligence Analysis*, Washington, D. C.: Center for the Study of Intelligence, CIA, 1999, p. 97.

推理程序的严谨与缜密来改进情报分析。情报分析认知理论创立的研究范式则来源于心理学，将情报分析的本质理解为一种认知过程，以思维模式、认知能力、心理过程等为核心概念，使用实验性的研究方法，通过研究人类思维模式的固有特点，尝试建立科学、有效的思维干预机制来训练、改善分析人员的思维能力，从而改进分析工作。这种从基于“数据驱动”分析到基于“观念驱动”分析的研究思路转换，不仅从基本属性、应用方法和理论解释等方面全方位地深化了研究，而且促进了情报分析理论研究范式的进化，造就了认知流派的蓬勃兴起。如今，认知理论不仅成为情报分析理论研究的前沿领域，也在与传统理论积极融合，成为推动更大理论创新的主流力量。

（一）特点

首先，认知理论是典型的微观层次研究成果。认知理论从大脑思维运动这个最复杂、最高级的运动形式入手考察情报分析问题，可以说是触及到了情报分析研究最核心和最本质的领域。认知理论深入剖析了主导分析人员思考和判断的认知模式，阐释了影响分析过程的微妙而复杂的心理因素，从微观层次对分析人员形成假设、解读证据、考察结论的基本流程建立了完整的理论描述，极大地丰富了情报分析微观理论研究成果。因为微观研究关注的问题是所有分析人员都必须面对的共性问题，所以认知理论的普遍适用性最强，受到国情、体制和文化差异的影响最小，因而也具有很高的借鉴意义和参考价值。

其次，认知理论构建了较为完整的理论框架。自传统情报分析理论创建之后，情报分析理论发展大多是进行局部的改良和变通，真正意义上的全面理论创新一直没有出现。认知理论不仅提出了对情报分析本质属性的基础描述——情报分析是主要由内在思维驱动的认知活动；而且对思维模式的固有局限如何导致分析失误形成了全面系统的理论解释——认知局限会导致思维偏见并影响情报分析；还发展出了具体、可用的实践方法——“竞争性假设分析”法。因此，认知理论已经形成了比较完整的理论框架，表现出了实现全面理论创新的积极态势，也将情报分析理论研究推进到了一个新高度。

再次，认知理论反映了情报分析理论发展的实质性进步。传统的情报分析理论研究一直将关注焦点集中在数据处理和分析方法层面，将情报分析视为一种研究工作，而情报分析理论研究也大多是从历史研究、案例分析和工具改良的角度入手，得出的结论往往是经验性的。传统理论对于分析本质属性的认识不能说有误，但至少是不够完整的。认知理论将认知心理学的成熟研究成果引入到情报分析领域，对情报分析的认知过程和特点做出了更加透彻的剖析，有助于补充和深化研究者对情报分析本质属性的认识和把握，也体现了情报分析理论研究从宏观到精微、从初级到成熟、从表面到本质的合理发展趋势。

四、影响分析

首先，认知理论为指导和改进情报分析实践工作提供了新思路与方法。认知理论的相关研究成果纠正了情报分析领域长期存在的片面认识——获取更多更好的情报素材就可以生产出更好的情报产品，将分析人员的注意力从改善素材本身转移到改进自身的思考方式，使情报界开始更加重视思维方式的训练和分析技能的培养。如今，认知理论主要研究著述被美国情报界指定为培训分析人员的必修教材和分析管理者的参考读物，而以“竞争性假设分析”法为代表的应用方法也在情报界得到了积极推广，在实践工作领域产生了广泛和深远的影响。同时，认知理论从正面部分解答了情报分析失误理论研究遗留的问题，为基层分析人员改进工作方式、规避失误风险提供了新颖、可行的指导思路与操作方法，得到了他们的普遍认同和好评。

其次，认知理论引领了情报分析理论研究的主流和前沿趋势。认知理论对于认知模式相关问题的研究开辟了情报分析理论研究的全新方向，填补了分析理论的一片空白领域。研究者发现：认知理论所研究的问题是既有理论和技术无法应对的，比如分析人员的思维方式如何形成又怎样发挥积极或消极的作用，以及分析人员能否意识到思维模式的复杂性等问题，都是不能通过改进技术和机制——比如引入定量分析方法、优化团队分析程序、改善分析与决策制定关系来解决，而通过增加资金、人手、设备的简单做法虽能有效改进情报搜集，却不能相应地提升分析的水平。因此，认知理论专门从认知机制和思维模式等既有理论研究所忽略的角度深入阐释情报分析的过程与方法，就自然引领了当今情报分析理论研究的前沿趋势。当前，认知理论不仅在美国情报界形成了蓬勃发展的新兴流派，而且辐射影响了全世界的情报分析学术研究，产生了极大的共鸣和反响，并成为世界各国情报分析理论研究者竞相跟踪、研讨的热点领域。从这个意义上说，情报分析认知理论既代表了研究的前沿，也已经成为了研究的主流。

再次，认知理论促进了情报分析理论研究范式的进化。它以理查兹·休尔在《情报分析心理学》一书中所阐述的认知理论为典型范例，形成了从认知视角观察、解释、解决情报分析问题所使用的一套完整概念、方法和原则，系统表现了认知理论研究与传统理论研究在研究模式方面的区别与联系。认知理论创立的研究范式主要来源于认知心理学的研究成果，以认知过程、思维模式等为核心概念，通过研究人类认知机制的固有特点，尝试建立科学、合理的分析程序和方法，以此训练分析人员的思维，最终改进情报分析的质量。这种研究范式传承了传统研究范式采取科学方法论、秉持客观中立、依循严谨逻辑过程的基本特点，又实现了由“数据驱动”分析向“观念驱动”分析的研究思路转变，使情报分析理论研究范式呈现出一种积极的进化趋势。从这个意义上说，认知理论流派的兴起，反映了情报分析理论之间相互影响、竞争，并引发创新的一种良性结果。

第二章　情报分析方法

情报分析方法林林总总，在实践运用中又可以根据任务需求灵活交叉组合，在具体情况具体分析的过程中又必然存在多种变化，很难尽述。因此，本书所精选的分析方法是情报分析人员必须要熟练、完整掌握的基本分析工具和方法，这些方法是经过无数分析案例检验且被证明是行之有效的，是任何情报分析人员历练基本功的必修内容，而且这些基础性方法足以应对实践领域的绝大部分问题，是情报分析操作技能的标准配置。

本章介绍的情报分析基础方法在可以分为一般方法和具体方法两个层面：一般方法具有普遍适用性，适用于分析任何问题，是分析人员可运用的基本理念和方法，比如经验判断，逻辑推理的类比、归纳、演绎和溯因，指标构建和建模等；具体方法是经过精心设计和巧妙创新后的工具、方法和技巧，往往是对一般方法的有机改造和复杂应用，比如历史经验分析方法、“A 队 B 队”分析方法、贝叶斯分析方法，竞争性假设分析方法等。

对于每种分析方法，一般依循以下思路进行评价：首先详细论述了同一大类的一般方法的总体内容和特色，介绍其发展背景、主要类型和应用技巧，然后再详细介绍此类方法中经过具体改进的专门方法，分别从分析方法的基本理念、使用时机、主要步骤、使用技巧和特点评介等方面展开论述。对于相对简单方法使用原则和策略，结合方法操作步骤的介绍列举一些具体的使用示例加以说明，而对于相对复杂方法的使用原则和策略，则在后面增加了方法使用的具体、典型案例进行详细评介，已达到更加积极的示范效果。

分析方法基本的工具、技巧和方法需要根据环境的变化不断地从技术层面进行改进和调整，所以，分析人员在应用这些工具、技巧和方法的配套理念时也要随之更新。因此，本书在所有情报分析方法论述时，都注意把握以下问题，也是提醒接受方法训练的分析人员需要认真关注的：

第一，所介绍的分析方法在改进评估资料、提出假设、考察证据、验证假设的推理过程中具有的独特性，这些独特性保证了某种分析方法在解决所针对的实践问题时会更加有效；

第二，所介绍的分析方法是否能够合理、有效地融入团队分析的智慧与经验，是否有助于在分析的过程中达成良好的合作，分析方法不只是停留在文本层面，必须完成从理论到实践的转化；

第三，所介绍的分析方法秉持何种指导理念，在使用上具有多大的灵活性，比如对既有应用规则的变通，对其他分析方法的兼容，以及对各种分析技巧的整合等，分析方法的效果发挥最终还是取决于应用方法的人。

第一节　逻辑经验分析方法专题

从20世纪40年代初开始，现代情报分析工作的发展经历了第二次世界大战、历次情报机构调整，以及冷战初期情报斗争的考验，逐渐形成了稳定的工作方法。情报分析方法从实践层面和理论研究层面完成了正规化、专业化的改造，情报分析方法从移植借鉴其他学科研究方法到形成适应情报分析特殊性的专门方法经历了较长过程，而历史经验分析方法从众多基础研究方法中脱颖而出，成为情报分析实践领域使用频率最高、适用范围最广、现实效益最大的一种主导性分析方法，而且对日后的分析方法创新产生了深远影响。

一、逻辑经验分析方法综述

（一）发展概述

美国战略情报局局长威廉·多诺万开创了引进社会上的学术权

威和青年专家参与情报分析工作的先例，大量高层次人才的加入和二战时期情报需求的扩张使情报分析迅速转变成为一种专门职业。对于这些来自不同学科领域，具备不同学术特长的专家来说，移植和借鉴其所擅长学科的理论和方法去研究情报分析问题，也成为一种便捷、可行的权宜做法。他们将历史学、政治学、经济学的研究方法与模式应用于对情报分析的研究，并使用学术研究中常用的术语来描述现象、解释原因和表达思想。后来，这些专家逐渐开始将在实践领域积累的经验体会加以提炼，形成能够指导情报分析实践工作的理论，逐渐完成了对从多学科移植过来的研究方法的筛选和转化。经过探索之后，他们建立了“小组合作研究的方法，打破把传统研究方法分隔开的那种人为障碍”,[①] 使社会科学（特别是历史学和国际政治学）领域通行的研究模式成为解决问题的基本做法。所以，最初的情报分析方法实际上是由多学科研究方法的移植和融合催生的，对于逻辑经验分析方法的形成和发展起到了至关重要的奠基作用。

二战后美国情报分析部门重组时，来自历史学科且很多在战略情报局共事过的分析人员成为情报分析的主干力量。这些分析人员为情报分析建立了完全客观的分析标准，即依循理性的分析思路，采取严谨的研究方法收集和评估资料，依靠丰富的历史经验做出合乎逻辑的判断。正如本书第一章所述，“历史经验主义”流派的专家为逻辑经验分析方法的推广应用发挥了决定性作用，在他们的努力下，情报分析部门逐渐探索和形成了比较成熟的战略情报分析（评估）方法，即以“历史经验主义”为主导的逻辑经验分析范式，而历史经验分析方法的发展成熟也使情报分析在相当程度上具备了科学化和专业化的特质。

客观地说，逻辑经验分析方法几乎毫无争议地树立了在情报分析方法体系的主干地位，这种方法几乎能够应用于情报分析实践领

① 【美】布雷德利·F·史密斯：《美国战略情报局始末》，宋静存等译，北京·国际文化出版公司，1983 年版，第 415—416 页。

域的全部问题，符合绝大多数情报分析人员的思考和表达习惯，能够作为基础平台兼容使用其他各种新分析方法，而且分析的经验和技巧最容易被教授、训练和传播。如此多的优点使得逻辑经验分析方法成为不可替代的基本分析工具，也冠以传统分析方法的称谓。当然，随着实践领域情报分析的经验教训不断被总结，以及对其他学科研究方法进一步的移植和改造，传统的逻辑经验分析方法的内涵也不断被扩展和深化，在传承基础上的创新也在继续。

（二）内容简介

1. 分析思路

分析人员大部分的日常工作都是在努力收集各种来源的数据和信息，这本身就是逻辑经验分析方法的重要组成部分，分析人员要广泛获取资料并对其来源的全面性和可靠性进行综合考察。首先，分析人员需要获取有关分析对象尽可能多的信息，这样才能从资料来源中获取各种片段素材，将素材有机整合形成证据；其次，分析人员要进一步通过各种片段素材进行相互校准，明确仍然缺失的信息，思考从哪儿补充新信息；再次，分析人员对于那些无法印证又反映重要情况的素材，还必须特别小心地求证，在这个过程中，基本的逻辑推理方法将发挥主导作用，而直觉与灵感也将在特定时机扮演不可替代的角色。总之，毛主席所说的“取精去粗、去伪存真、由此及彼、由表及里”的 16 字诀就是对逻辑经验分析思路的一种凝练表述。

传统情报分析理论认为，逻辑经验分析就像在做马赛克拼图，只要将收集来的各种零散的资料“碎片”放在一起，就能使分析人员感知到关于事实的清晰画面，而分析人员的思维模式决定了拼图过程中在头脑中假想的最终图形——假设或者预期结论。对上述观点更为学术化的表述是“资料驱动分析（Data Driven Analysis）”,[①]

---

① Richard Heuer, Jr., *Psychology of Intelligence Analysis*, Washington, D. C.: Center for the Study of Intelligence, CIA, 1999, p. 59.

即情报分析的准确性主要依赖于可用资料的真实性、准确性和完整性，所以要求分析人员应特别注重对情报素材的收集和整编。通过改进搜集技术和手段来提高资料获取的数量和质量；分析人员也需要改进解读信息的推理方法和工具以便提高处理信息的效率。当然，长期如此分析人员会对外在资料产生一种潜移默化却又无法摆脱的依赖性，而且分析人员会不愿意做出超出手头掌握的确凿证据之外的评估，这就限制了情报分析的深度。同时，过剩的情报素材也有可能超出了个体分析人员可以阅读、评估和思考的极限，这些都是逻辑经验分析方法固有的缺陷。

综上所述，从具体操作角度考察，逻辑经验分析的思路可以理解为由分析人员的思维模式主导的，从大量的素材信息中收集和评估证据，据此产生并验证假设，并根据用户的需求生产出分析产品的循环推理活动（如图 2—1 所示）。

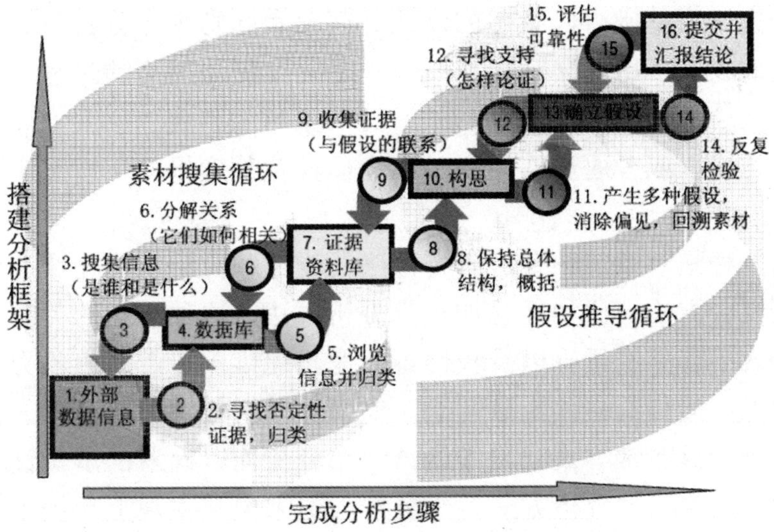

图 2—1　逻辑经验分析的循环推理活动①

---

①　PARC AI[3] Team with Richards Heuer, *ACH1. 1*: *A Tool for Analyzing Competing Hypotheses Technical Description for Version 1. 1*, CA: Palo Alto Research Center, June 27, 2005, p. 10.

2. 主要类型

逻辑经验分析方法总体上归属于以情报分析人员常见的个性化思考方式为模板，借助最基本的逻辑推理原则，兼容直觉判断和情感位移（换位思考）的定性分析方法。因为这种方法过于常用，目前还没有公认的分类标准。如果从方法应用所依赖的因素角度做区分，大体上可以将逻辑经验分析方法分为以下三种类型：

第一种是基本逻辑推理方法，包括归纳推理、演绎推理、溯因推理、比较分析、相关分析以及统计分析等方法，掌握这些方法对于专业的情报分析人员是一种基本素养，必须成为其专业技艺的固有成分，而不需要在专门从基础知识开始教授，但是，使用这些基本方法的理念和技巧是需要长期训练和实战磨练的，即使用方法的经验也需要点滴积累。

第二种是在情报分析实践领域形成的专门研究方法，包括历史经验分析法、指标与症候分析法等等。这些方法是以第一种基本逻辑推理方法为基础，以特定的模式、理念和原则主导分析思路，完成提出假设——用证据检验假设——把假设变为结论的过程，比如通过构建“分析金字塔”的形式来完成素材的整合、假设的凝聚和结论的生成，或者通过构建和考察指标群及其症候变化情况来做出判断等。

第三种是对第二种专门研究方法的改造和灵活使用，从而形成的新型混合方法，比如经验加直觉分析方法。这种方法的关键之处在于加入了直觉、灵感以及顿悟等非逻辑思维，并借助想象力完成分析任务中面临的一些瓶颈问题。前两种分析方法对于分析人员来说在主观上是非常客观和科学的，一切分析均以确凿的事实性素材为依据，而第三种分析方法对于分析人员来说在主观上承担了更大的风险，必须要通过非逻辑思维形式克服证据缺失、思路封闭、关联不强等亟待突破的问题，当然分析人员借助直觉和灵感也会注意时机和分寸，绝对不会随意猜想或任意编造，具有想象力、被事后证明为正确的直觉往往也来自于长久经验的促发，只不过当前科学对这种思维形式的研究还相当有限。当然，分析人员在使用这种分析方法时一定会非常慎重，很有可能是在迫不得已的情况下做出最后的选择，而且也不能保证最终结果正确与否。

3. 分析技巧

基本的逻辑推理方法有明确的使用原则，在此无需赘述；而专门的研究方法和借助非逻辑思考的混合方法要根据情报分析的任务具体问题具体分析，将在下文阐述具体方法时分别做出论述。

二、历史经验分析方法

（一）基本理念

无论从历史传承还是现实表现来考察，情报分析工作具有非常明显的经验科学特色，这就为典型的经验科学——历史学的研究方法发挥优长提供了基础。在情报分析实践工作中，分析人员必须掌握丰富的背景知识，采取严谨的研究态度，具备广阔的分析视野，并善于从历史规律中探寻问题的本质，才能够做出具有洞察力的分析。历史经验分析方法就是要用特定的标准来确立因果关系，把所研究的事件连贯思考，找到主导性的观点，并以此建立起关于分析对象的完整描述。在使用这种方法时，分析人员不会急于对单一事件做出结论，而是注重联系考察事件发生前后的关联，并倾向于把这些单一事件依照其所提出的范式做出合理解释，这个分析过程就是所谓的历史与逻辑的统一。

历史经验分析方法的应用前提是严谨、理智、规范的科学研究能够帮助分析人员揭示分析对象的本质特征，并预测事件的发展趋势。因此，“只要具备专业素质和完整信息，应用科学的方法就可以确保发展出正确的结论。汇集事实、发展假设、严格地衡量证据就是分析人员所需完成的全部任务”。[①] 这种遵循历史规律，采用科学

① Roger Z. George, Fixing the Problem of Analytical Mind - Sets: Alternative Analysis, in *International Journal of Intelligence and CounterIntelligence*, *Vol. 17*, *No. 3*, September 2004, p. 388.

方法，进行客观分析的理念使情报分析接近于一种“教科书式”的完美标准，却隐含了两个主要缺陷。一是分析人员经常无法直接接触分析对象，还要通过间接渠道获取信息，所以“分析人员一般不能像科学研究那样直接对事物本身做实验，而是要在头脑中通过想定和推演来检验假设”。[①] 于是，进行主观性很强的“移情”或“化己为彼”，以及依靠结合了全部经验智慧而又难以明示的直觉，也都成为了分析中必不可少的做法；二是这种理念建立在一个基本假定之上，即假定有生的分析对象（比如对象国的决策团队）都是高度理性的行为体，他们在任何情况下做出的决策都不会违背一般规律，并采取符合惯常逻辑的政策和行动，而不会选择有违常规的冒险。这个假定显然不会在所有现实情况下都成立，而且还会因为双方的思维差异导致误判的发生。当然，任何分析方法都是工具，不能保证一定得出正确的结论，所以无需刻意强调某一种分析方法的局限性而否认其实践功效，只是因为历史经验分析方法用途太广，使用频率太高，使得主要应用此方法的情报分析失误的数据也随之偏高，导致了一种似乎历史经验分析方法本身存在硬伤的错觉，这就过犹不及了。总之，分析人员在使用历史经验分析方法时，必须要对其固有局限保持清醒认识，也要对这种基础方法的使用效果保持充足信心。

（二）使用时机

首先，战略问题评估非常适合使用历史经验分析方法，对趋势判读、形势分析和动态预警往往都可以从历史经验的规律中找到照应，从而有章可循。

其次，对于预测稳定发展问题是否出现调整和变化时也可以使用历史经验分析方法，因为只要掌握和积累充足的证据（而不必须是全部证据），形势发展从量变到质变的过程完全可以被观察和监

---

① Lisa Krizan, *Intelligence Essentials for Everyone*, *Occasional Paper*, *No. 6*, Washington, D. C.: Joint Military Intelligence College, June 1999, p. 32.

控，于是分析思维的力量足以克服一般的、非决定性的素材缺失，从而达成“连点成线”的效果。

再次，在处理动态通报领域的具体问题时这种方法依然适用，分析人员可能不需像处理大型分析问题那样条分缕析，鉴往查来，但是这个分析过程其实已经在分析人员心中预先完成，对于一时、一地、一人、一事的准确判断正是通过对全局、全时空和整体趋势的把握才能够完成。

（三）主要步骤

谢尔曼·肯特在研究论文《评估与影响》中提出的“分析金字塔”①（如图2—2所示），可以用来比较形象地描述历史经验分析所依循的主要步骤。

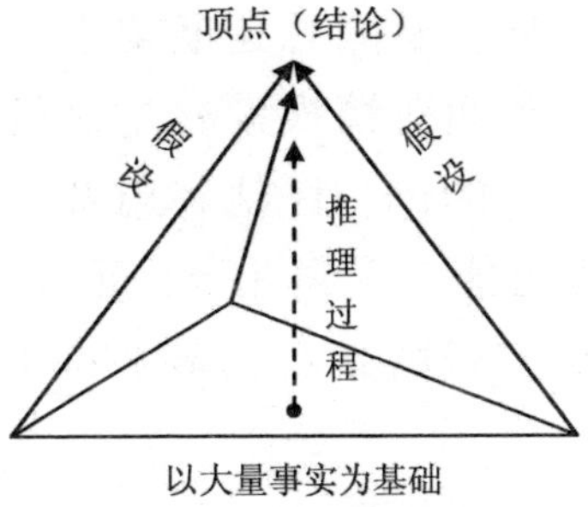

图2—2　“分析金字塔”

“分析金字塔”是一种比喻手法，谢尔曼·肯特认为：“若用几何学的方式来思考评估的问题，理想的评估可以设想为一个完整的金字塔”，② 即完成情报分析的复杂过程如同聚集材料（情报素材），搭建框架（提出假设），并发挥建筑者（情报分析人员）的聪明才智（逻辑推理方法）去建造金字塔一样。

① Sherman Kent, Estimates and Influence, in *Studies in Intelligence*, *Vol. 12*, *No. 3*, Summer 1968, p. 14.

② Ibid..

第一步，以严格、客观的标准处理分析素材。

这一步相当于通过对素材去粗取精、去伪存真，形成开展后续分析的扎实基础。“金字塔的基座应该全部由确定无疑的事实凝结而成。而且，只需要最小化的人为处理，这些事实就能够自行排列出非常清晰的金字塔基座。这些事实在水平的维度自然拓展开来，使我们可以很好地观察到基座的范围；并在垂直的维度逐渐累积，以显示出金字塔侧边的坡度”。[①] 收集并鉴别资料的可靠性与完整性不仅是为了加工素材，而且也是评估的基础性步骤。如同“拼图”一样，评估的准确性取决于能否收集到足以“拼出”全部图景的片段资料。这一步非常关键，即运用逻辑方法进行恰当的排列组合，做“最小化的人为处理”。最小化的人为处理是为了尽可能原汁原味地保留素材证据的本来面貌，确保分析严格客观、中立，但是限于分析人员的素质和经验差异，不能总是期望手头资料可以自动回答问题，因为分析人员会经常面对情报素材过剩的问题，甚至素材远远超出了个体分析人员可以阅读、评估和思考的极限。此时，分析人员自认为客观的研究也可能会受到冗余、重复或者虚假信息的干扰，所谓“确定无疑”的事实资料其实大多来自于分析人员的主观理性判断。

第二步，以严谨的逻辑发展和检验假设。

在掌握了可靠、坚实的信息后，可以对需要评估的部分问题得出明确结论，这就需要在不断浓缩证据素材的过程中对假设（金字塔的框架）进行检验。比如，“根据素材判断出航拍照片中显示的是一架飞机，而不是奶牛场，甚至精确地判断是轰炸机而不是运输机。但是，有关飞机的其他信息，比如性能、特点仍是不确定的”。[②] 这就需要情报评估人员做出更进一步的推断。因为之前的资料汇集初步显示了“金字塔的侧边在空间中汇合到顶点的大致轨迹，……评

---

① Sherman Kent, Estimates and Influence, in *Studies in Intelligence*, *Vol. 12*, *No. 3*, Summer 1968, p. 14.

② Ibid., p. 15.

估人员应该采用经典的演绎推理来帮助上升到金字塔的顶点。对于轰炸机来说，构建顶点代表要进行理由充分的推测，比如升限、航程、速度、载弹种类。……当然，从已知到未知的进程要包含大量试验性的大胆尝试，比如，新假设可能不断被提出、被检验、然后被否决”。[①] 这段论述表明：形成与检验假设的过程不仅需要借助科学的研究方法，还需要评估人员做出合乎逻辑的主观判断——他要依据初始假设不停地关联和浓缩资料所包含的信息，使结论随着金字塔高度的上升而得以最终呈现。这个过程中因为加上了人的主观判断，因而不能保证结论绝对的准确。然而，如果判断所使用的研究方法符合逻辑推理的缜密性，再结合事物本身的可确定性（如资料的准确性、完整性和可靠性），即使无法完全消除因为欺骗、信息缺失等因素导致的不确定性，评估结论仍然可以具有很强的可信度。

第三步，得出结论并衡量结论是否从逻辑上符合历史规律。

通常情况下，所有的证据被充分考虑和衡量之后，预想的假设会发展出明确的结论，即达到金字塔的顶点。此时，只需要把结论依循合理地规范表述出来，再思考结论是否从逻辑上符合历史规律，规律既可以表现为先例经验，也可以表现为合理的逻辑推导。另外，有时分析人员不必追求得出明确的单一结论，而是得到最有可能的评估结论集合。这么做的原因：一是可选择的不同结论往往预示事态发展的不同分支，也暗示着情报用户需要统筹考虑的政策选项，而分析人员则没有权限做出明确的政策建议以避免替代决策；二是如果评估结论是依据缺失或者有缺陷的素材资料做出的，严谨的评估人员对评估产品持有的自信心并不强，根本无法做出肯定的判断，就像谢尔曼·肯特曾在反思古巴导弹危机中的评估失误时说：“在不确定性面前，有强烈的不做任何评估的愿望，在缺少直接证据的条

① Sherman Kent, Estimates and Influence, in *Studies in Intelligence*, *Vol. 12*, *No. 3*, Summer 1968, p. 15.

件下，凭什么说苏联会这么做或者那么做”？[1]所以，如同所有分析方法一样，历史经验分析方法得出的结论永远存在着或大或小的不确定性，而素材资料和分析人员的感觉也会影响评估结论的最终形式和内容。

（四）使用原则

历史经验分析方法适用范围广泛，既可以完成类似美国国家情报评估那样的大型综合性分析工作，也可以完成类似战情通报的日常动态分析工作，主要是要根据具体分析任务的需求灵活处置。谢尔曼·肯特曾经归纳并提出使用历史经验分析方法的 9 项基本原则，[2] 可供情报分析人员参考，其具体要点包括：第一，任何分析均须对准情报需求，以决策者关心问题为重点；第二，客观中立地为决策者提供多种选择，力避分析人员依据个人倾向发展假设或预设观点；第三，以广博的专业知识和缜密的逻辑推理确保研究的严谨性，明确标注评估结论中的不确定性；第四，特别避免主观或政治上的偏见，严格检验所提出的假设；第五，愿意参考他人观点，采取集体讨论的形式做出结论；第六，有组织地利用外界专家，向诸如媒体、大学和商业领域的分析人员学习经验；第七，对得出判断集体负责，面对情报用户时应坚持团队的结论；第八，仔细推敲表达和交流方式，使决策者正确理解报告中包含的信息和观点；第九，情报分析在现实中难免出错，应该坦白承认失误。

（五）特点评价

首先，历史经验分析方法从情报分析的主要流程、指导理念和操作步骤方面形成了系统的理论阐述，通用性极强，适用范围最广，发挥效益最显著。结合了历史分析和经验主义的研究方法的精华，几乎不用推广就得到分析人员的自觉使用，毫无争议地成为情报分

---

① Gary J. Schmitt, Truth to Power? Rethinking Intelligence Analysis, in Peter Berkowitz, ed., *The Future of American Intelligence*, Standford, CA: Hoover Press, 2005, pp. 57 – 58.

② Ibid., pp. 9 – 12.

析的最主要手段。

其次，历史经验分析方法强调分析过程主要依靠外在素材驱动，着重考察证据之间的交叉印证，从而验证假设的可靠性。进行历史经验分析的准确性主要依赖于可用素材资料的准确性和完整性，所以要求分析人员应特别注重对相关情报素材的收集和梳理，以及提升寻找证据之间隐藏的逻辑关联的能力。

再次，分析人员对于历史经验、逻辑规律的把握深度决定了他对证据与假设关系进行关联解读的效果，这就对分析人员的经验思维模式提出了很高要求，而这种经验思维模式是由分析人员的学术背景、职业经历的以及性格特质等因素共同决定的，所以为了更好地使用这种分析方法，分析人员必须在实践中不断学习和积累经验教训，以改善自身经验思维模式。

（六）分析示例

下文以美国中央情报局对1950年朝鲜半岛是否会爆发战争的分析评估为例，介绍历史经验分析方法在情报分析实践工作中的具体应用案例。

1. 背景介绍

1950年夏，成立未满三年的中央情报局尚处于起步阶段。然而，朝鲜战争的突然爆发却给了这个新生的中央情报机构沉重的打击——总统、媒体及公众很快便众口一词地指责中情局没能提供预警。但是，时任中情局局长的希伦科特（Hillenkoetter）却辩称“中情局在冲突爆发前一周已经向总统，国务卿及国防部长发出预警”。[①] 下文依据已经解密的当年中情局相关情报评估文本等第一手材料，对中情局分析部门在这次评估中的主要情报素材、分析过程和研判结论进行全面梳理和评价。

---

① 参见张晓军主编：《美国军事情报理论评介》，军事科学出版社，2005年版，第二篇“军事情报与战争、国家安全”，第三章“冰山上的一角——《冷战时期的情报：机构，任务与国际合作》评介”，第202页。

2. 主要素材来源

第一，人力情报是当时绝大部分战略情报的主要来源。

从总体上看，“1950 年时，缩编后的中情局在亚洲几乎没有情报分支机构，麦克阿瑟将军的远东司令部也缺少针对北朝鲜的、可靠的情报收集系统”。[①] 在这种基本条件下，分析部门可以获取的情报素材主要是人力情报，分别来自以下三个来源：首先是威洛比将军掌管的远东司令部的军事情报部门。1949 年，在麦克阿瑟的授意下，他在首尔建立了著名的朝鲜联络办公室（Korean Liaison Office，KLO），这个机构旨在监视朝鲜北方的部队调动和游击队在南方活动的情况。威洛比称“他在北朝鲜地区有 16 名间谍，但是对这些人的忠诚度表示怀疑”。[②] 其次是二战末期陆军情报局的约翰·辛格劳布（John Singlaub）上尉在中朝边境地区建立的谍报站。他通过几年时间对曾在日军服役的朝鲜籍战俘进行了培训，并把他们派遣到北朝鲜混入军事和政治部门，潜伏并获取情报。[③] 此外，国民党在大陆的潜伏特务也很有可能通过某种渠道与中情局的特工取得了联系，中情局 1950 年 10 月搜集到的一份绝密情报就是由一名曾在国民党军队中服役，后来又潜回大陆的间谍提供的。他认识的很多国民党旧部被俘虏教育后编入了解放军，通过与这些人取得联系搜集中朝边境的军事情报。中情局特工哈里·罗西兹克（Harry Rositzke）在报告提及：“他从与他们交谈中以及他本人的仔细观察中，比较准确地获得了沿满洲和北朝鲜边界的中国军队的数量和部署情况”。[④] 整体看来，这些人力情报大多局限于战术级别，内容分散、庞杂，可靠

① 参见张晓军主编：《美国军事情报理论评介》，军事科学出版社，2005 年版，第二篇“军事情报与战争、国家安全”，第三章“冰山上的一角——《冷战时期的情报：机构，任务与国际合作》评介”，第 202 页。

② William B. Breuer, *Shadow Warriors*: *The Covert War in Korea*, New York: John Wiley & Sons, Inc. 1996, pp. 20 – 21.

③ Ibid., p. 23.

④ 邓峰：《置若罔闻：对中国出兵朝鲜的情报评估一错再错》，出自沈志华、梁志主编，《窥视中国：美国情报机构眼中的红色对手》，东方出版中心，2011 年版，第 357 页。

性和适用性不高。

第二，航空侦察情报是当时战术侦察情报的主要来源。美国远东司令部掌握了一定数量航空侦察部队，分别编属陆军、海军、空军和海军陆战队，但是这些侦察机都是普通的战术侦察机，装备的侦察拍照设备清晰度有限，识别伪装的能力很低，易遭受防空火炮和敌机的攻击，且不能全地形、全天候执行任务。航空侦察能力不强的局面一直到朝鲜战争结束时也没有明显改善。

第三，信号情报是当时对苏联、中国和朝鲜动向情报的核心来源。远东司令部掌握的信号情报来源主要包括无线电话和电报。当时，美国武装部队安全局可以拦截到朝鲜、中国和苏联在远东的内部通讯信号，从中掌握关于部队部署、调动和后勤供应的相关情况。国家安全通讯总局也具备较强的拦截朝鲜半岛和中国大陆地区外交、军事部门的无线电通讯的能力。

第四，外交和公开情报是当时主要的印证性情报素材来源。中情局可以获知美国政府从外交渠道获得的有关苏联、朝鲜、中国的相关报告，这些通报很多也可以从公开媒体的报道和苏、中、朝的对外宣传中获得，主要用于对秘密手段获取情报素材进行印证和辅助分析。

综上所述，朝鲜战争爆发前，分析部门的关键情报素材主要来源于远东司令部的情报收集和分析单位。然而，最高情报用户麦克阿瑟将军从战略情报局时期就对情报部门采取轻视态度，他更加相信亲信威洛比负责的嫡系军事情报力量。因此，中情局获取情报的时效性和可靠性很可能因为协调不力和远东司令部情报部门的“二手传递”而打了折扣。

3. 情报评估的主要内容与效果评价

第一，中情局对朝鲜军事能力的判断比较全面和准确。中情局从 1948 年初便开始关注朝鲜半岛局势，特别关注苏军 1948 年底从朝鲜撤走后，朝鲜北方军事实力的发展壮大情况。客观地说，到战争爆发前一周，中情局已经比较全面和准确地评估了朝鲜人民军的战斗序列、装备水平和作战能力，以及朝鲜接受相关军事援助的情况。

以 1950 年 6 月 19 日名为《当前北朝鲜政权的能力》的评估报告为例，分析部门确实全面、细致地评估了朝鲜陆、海、空军的兵员数量、装备情况、训练水平、后勤和人力资源、士气等多方面的基本情况。报告中特别提到了装备了苏式“T－34”坦克的装甲部队和源于中国人民解放军、具有丰富实战经验的朝鲜籍部队，并评价这两支部队忠心耿耿、士气旺盛，是作战的中坚力量。同时，这份报告也准确地指出北朝鲜自身的经济和军工资源匮乏，后勤绝大部分依靠苏联援助。①

在这些判断的基础上，分析部门客观对比了朝鲜南北双方的军力，并得出判断：“虽然双方军队在战斗效率、训练水平和指挥能力方面旗鼓相当，但是北方在装甲部队、重型火炮和空军方面具有较大优势”。特别是“北方的装甲部队具有在短期内有效达成作战目的的能力，包括占领首尔”。② 因此，中情局认为“北方有能力在任何时候开战”，总统杜鲁门、国务卿艾奇逊、国防部长约翰逊都收到了这份报告。③

第二，对苏联意图的初始评估过于武断，并发展成为主导后续失误的先入之见。

从 1948 年 2 月开始，分析部门就非常自信地认定：“苏联完全掌控了北朝鲜政治和军事计划的制定”。④ 与其说中情局评估的是朝鲜半岛爆发冲突的可能性，不如说是评估“苏联是否允许在朝鲜发生战争”。这种对苏联意图的武断评估，迎合了美国政府和军方高层“遏制”苏联的需要，也使得情报评估的客观理性淹没于意识形态主

---

① CIA：*Current Capabilities of The Northern Korea Regime*，ORE18－50，19 June 1950.

② Ibid.

③ William B. Breuer，*Shadow Warriors*：*The Covert War in Korea*，*New York*：John Wiley & Sons，Inc. 1996，p. 40.

④ Woodrow J. Kuhns，*Assessing the Soviet Threat*：*The early Cold War Years*，Washington DC：Center for the Study of Intelligence，1997，p. 396.

导的先入之见，而没有分析专家从文化、历史以及民族性等其他影响因素去冷静研判朝鲜局势可能发生的变数。

中情局在报告中，经常使用“玩偶”、“卫星国”这样的字眼形容北朝鲜政权，并称：“北朝鲜被苏联牢牢控制，无法独立展开行动，而且所有行动都要完全依靠苏联的援助。假使北朝鲜真的单独行动，只能控制南方的部分地区，在没有苏联和中国援助的前提下，不可能完全摧毁南朝鲜政府”。[①] 后续的评估基本上沿袭了这种逻辑，分析部门至少在以下三个方面继续和深化了错误的先入之见：

首先，分析部门判断：虽然苏联在全球很多地区（特别是西欧）具备进攻能力，但是苏联此时并不愿意开战，所以不会允许在朝鲜爆发冲突从而引发与西方的全面战争，即使爆发小规模武装冲突也会被苏联平息。实际上，总统、国防部还有中情局当时更多地考虑是如何在西欧对付可能爆发的大规模武装冲突，而朝鲜半岛并未得到决策高层太多的关注。这种观念在各个情报机构中也非常盛行，因为直到朝鲜战争爆发后第三天，分析专家还在报告中称：“没有证据显示苏联准备在西欧战区采取军事行动，不过，苏联在西欧的军事能力可以保证苏联迅速完成备战或采取不宣而战”。[②] 从中可以看出，中情局还未认清朝鲜爆发的冲突是一次独立事件，而不是苏联为了策应西欧主要方向的军事行动而采取的佯攻。

其次，对苏联、美国从朝鲜撤军后，朝鲜南北双方扩充备战的意图判断模糊，且前后矛盾。早在 1948 年 7 月，中情局就判断苏联从北朝鲜撤军会再次给美国在南朝鲜驻军施压，苏联此举旨在剥夺“美国帮助南朝鲜建立一支能够抗衡北朝鲜人民军的本土安全部队的机会”。[③] 同年 10 月的报告里延续了这种判断，将美军的撤出视为决定局势发展方向的关键因素，并第一次提出了朝鲜半岛爆发武装冲

① Woodrow J. Kuhns, *Assessing the Soviet Threat*: *The early Cold War Years*, Washington DC: Center for the Study of Intelligence, 1997, p. 396.

② CIA: *Daily Summary*, 28 June 1950, Document 175.

③ CIA: *Weekly Summary*, 16 July 1948, Document 87.

突的可能性。分析部门认为："除非美国的部队从朝鲜半岛撤走，或者共产主义势力尝试采用发动某种政变的方式来统一朝鲜，北朝鲜武力入侵南朝鲜是不太可能的。然而，最终在朝鲜南北政府之间爆发武装冲突是很有可能的，这种可能性最早会在 1949 年发生"。[①] 1949 年 2 月 28 日的报告表达了同样的观点："北朝鲜的武力入侵将很有可能跟随美国从南朝鲜撤军后发生"。[②] 然而，1949 年 6 月美军撤走后，战争并未立即爆发，分析部门又改变了论调，认为"北朝鲜不可能入侵南方，除非他们自认为对实力渐长的南朝鲜军拥有绝对优势"。[③] 这种观点一直持续到战争爆发。前后评估出现不一致的原因一方面是分析人员认为北朝鲜只是具有开战的能力，而开战的意图取决于并不愿开战的苏联；另一方面是他们认为南朝鲜军队在训练、装备和兵员方面已经大为改善，足够抗衡北朝鲜人民军。这时，中情局的报告中甚至透露出对南朝鲜政权主动挑起冲突的隐忧："南朝鲜的李承晚开始不断给美国官员制造噪音，即由他统一朝鲜。南朝鲜方面主动武力挑衅的情况也似乎并不遥远"。[④] 因此，中情局对北朝鲜扩军备战的意图做出了看似非常符合逻辑的解读："北朝鲜人民军不断扩充并持续向 38 度线运动是为了防御日益增长的来自南朝鲜军队的进攻意图"。[⑤]

再次，没有从中国自身国家利益的角度考虑，完全从苏联共产主义阵营领导者的角度判断中国是否会介入。虽然对中国是否加入朝鲜战争的误判也是中情局之后的另一次重大失误，但本书讨论的重点是中情局对朝鲜战争是否会爆发的情报评估，所以不再详细论述战争爆发后的评估失误问题。战争爆发前，分析部门对中国因素

---

① CIA：*Weekly Summary*，28 October 1948，Documents 103.

② ORE 3 -49，"*Consequences of US Troop Withdrawal from Korea in Spring*，*1949*，" published on 28 February 1949，Reprinted in Warner，ed.，*The CIA Under Harry Truman*，p. 265.

③ CIA：*Weekly Summary*，13 January 1950，Document 155.

④ Woodrow Kuhns，*The Office of Reports and Estimates*：*CIA's First Center for Analysis*，in *Studies in Intelligence Vol. 51*，*No. 2*，5 June 2007，p. 34.

⑤ Ibid.

的评估，始终认为，苏中同属一个阵营，两国在朝鲜问题上也会一致行动，因此，无论未来是否会爆发冲突，苏联不会同意中国武力介入。他们是这样推理的："动用中国共产党的军队不一定能阻止（北朝鲜）失败，而且这样的失败不仅将是对苏联全球威望的重大打击，而且将会严重威胁到苏联对中共政权的管控。另外，假使中国人取胜，驻扎朝鲜的中国军队将会使局面复杂化，甚至削弱苏联对于朝鲜事务主导权。相对于苏联，中共的威望将会加强，北京将有可能因为在朝鲜的胜利挑战苏联在亚洲的领导权"。[①] 另外，分析专家也担心"在朝鲜使用中国的力量将增加导致全球战争的风险"。[②]由此可以看出，分析部门不仅高估了意识形态在苏中关系中的作用，始终把中国会遵从苏联的领导权作为主导性因素，而没有从中国自身的国家利益角度做出客观分析。实际上，当时美国国内极端反共的麦卡锡主义盛行，也导致情报界内外"熟悉中国的美国学者集体沉默，而他们本来有可能会劝告领导者中国永远不会在国家利益方面受控于苏联"。[③]

第三，情报与决策部门囿于相同的思维定式，对重要的征候与预警情报做出误判。从相关解密的评估文档中可以发现，中情局不是没有关注到大量的征候和预警情报，而且几乎是无一遗漏。比如：1948 年的报告中就曾指出："北朝鲜积极修缮了通向南方的道路；人民军向 38 度线附近运动，朝鲜籍部队从中国东北地区向北朝鲜机动。但是这些活动都在苏联的控制当中"。[④] 1950 年 6 月的评估报告中也不断提到"北朝鲜从边境地区撤走平民，采取运力管制以便保

---

① CIA：Woodrow Kuhns，*The Office of Reports and Estimates*：*CIA's First Center for Analysis*，in *Studies in Intelligence Vol. 51*，*No. 2*，5 June 2007，p. 35.

② CIA：*Weekly Summary*，14 July 1950，Document 184.

③ P. K. Rose，*Two Strategic Intelligence Mistakes in Korea*，*1950*，in *Studies in Intelligence fall_winter_ 2001*，*https*：*//www. cia. gov/library/center - for - the - study - of - intelligence/csi - publications/csi - studies/studies/fall_ winter_ 2001/article06. html.*

④ Woodrow Kuhns，*The Office of Reports and Estimates*：*CIA's First Center for Analysis*，in *Studies in Intelligence Vol. 51*，*No. 2*，5 June 2007，p. 34.

障军事运输，步兵和装甲部队在边境集结”。[①] 为什么这些非常明显的征候和预警情报会被分析人员错误解读？从后见之明的观点看，原因主要有二：一是分析部门局限于一贯的定式思维，即“北朝鲜的进攻完全是苏联对美国的挑战，克林姆林宫不愿意在此时发动全球性的战争”，[②] 宁愿从其他角度寻找“合理”的解释；二是当时美国的决策者、军方还有情报部门都一致认为任何爆发的冲突势必拉开美苏全球争霸战争的序幕，却从未设想过苏联或许会允许一场有限的局部战争发生。

4. 总结与启示

针对失误的情报评估进行检讨，可以更加直观地发现历史经验分析方法在使用中值得注意的问题。

第一，历史经验分析方法对于对方军事能力、部署情况等硬实力的评估效果比较好，但是对于对方真实意图、战略思维等软实力的分析效果不佳。比如，分析部门准确研判了北朝鲜的基本军事能力，却低估了南北朝鲜因频发的小规模冲突演变为战争的可能性；准确判断了战前苏联对朝鲜半岛局势的主导权和影响力，却高估了战争爆发后苏联对朝鲜、中国的完全管控能力；理性分析了苏联不愿与西方爆发全球大战的态度，却始终没有从战略层面搞清苏联允许朝鲜战争爆发的真实意图。因此，分析人员努力规避自身的“镜像思维”局限是成果使用历史经验分析方法的重要前提。

第二，情报素材数量少、质量低会与分析人员的心理预期产生交叉影响，而使他们偏离客观性，落入错误知觉的恶性循环，从而影响历史经验分析的准确性。此次评估失误中，中情局可以直接获取的情报素材非常有限，而且大部分依靠与之关系不佳的麦克阿瑟的军方情报力量提供。除此之外，美国政府、军方和情报界都“沉浸”在浓厚的遏制苏联的意识形态氛围之中，情报分析人员的知觉

① Robert J. Donovan, *Nemesis: Truman and Johnson in the Coils of War in Asia*, New. York: St. Martins – Marek, 1984, p. 19.

② CIA: *Daily Summary*, 26 June 1950, Document 173.

渠道、知觉态度和知觉方法都必然受到不良的影响。所以，足够数量的、高质量的情报素材是避免错误知觉的必要前提。

第三，历史经验分析方法也希望不同分析部门通力合作使用以交叉印证。此次评估失误，与中央情报局与其他情报机构协调不力，更多是协调不动密切相关。曾任中情局副局长的雷·克莱恩（Ray Cline）认为中情局的分析机构并没有与其他（机构）的情报活动或判断进行协调，因为这些都被陆军、海军，国防部还有联邦调查局各自严格保护，他们无法获得全源情报素材和借鉴其他观点来支撑分析任务。不同机构的分析部门各自使用历史经验分析方法得出的结论可能会不同，因为他们掌握的核心素材不同，对预期结论的理解和倾向也可能不一致，必须从体制上保证合理的协调和共享机制，才能从分歧中去更好地寻求一致性。

三、经验与直觉相结合分析方法

（一）基本理念

直觉方法，是指对一个问题未经逻辑推理，仅依据特定内因的感知迅速做出跨越性假设、判断、结论的过程，往往是对分析中遭遇的瓶颈问题缺乏证据，而又无所适从之时，突然对瓶颈有灵感、顿悟，具体表现既可能是在分析没有头绪时对事件发展方向的一种预感，也可能是对得出的已知结论的一种无证据的深深质疑，还可能是对看似毫不相关的证据突然产生的一种奇妙连结，从而对停滞的分析思路达成突破。

通常情况下，情报分析是不会相信直觉的，但是如果很多重大的科学研究都是依靠难以明说的直觉达成突破一样，情报分析绝不排斥直觉，还有很多因为恰当使用直觉思维而分析成功的先例。最为重要的是，情报分析领域对直觉的使用，是建立在总体依循经验思维分析方法的基础上实施的，而且从梳理素材、提出假设、评估证据、检验假设直到得出结论，分析所依循的客观标准、严谨态度并未发生本质变化，直觉只是在逻辑推理或其他经验方法缺少实施条件的部分发挥了“催化剂”作用，这是为什么名称叫做经验与直觉相结合分析方法的原因，也是为什么这种方法总体上还属于逻辑经验分析方法的原因。

经验与直觉相结合方法体现了情报分析科学性与艺术性的最佳结合。分析人员既要能圆熟地掌握既有的规律和方法，又不能囿于既有的规律和方法；既要有高度的知性，也不排斥感性。而难能可贵的直觉、灵感背后的驱动力，则是分析人员在深厚造诣基础上培育出的专业意识——犹如野生动物基于长久生存进化经验而造就的机敏本能——对蛛丝马迹、风吹草动等征兆的机警、敏锐感知并能迅速形成取舍判断的能力。

（二）使用时机

对于经验分析方法的使用已经介绍很多，而究竟在何时加入直觉，并不是可以研究出规律或者定法的，对于这种不受某种固定的逻辑规则约束而直接领悟事物本质的思维形式，直觉思维具有迅捷性、直接性、本能意识等鲜明特征。直觉直接源于分析人员在特定状态下的心理、意志活动，是对于分析人员头脑中交织的事物、现象、问题以及关系的一种迅速识别、敏锐洞察、直达本质的思考与判断。捕捉这样的时机更多来自于经验分析的成熟程度，就必须水到渠成，不能急于求成；又必须顺其自然，不能勉强为之。

（三）特点评价

首先，经验与直觉相结合的方法是非常微妙的，分析人员要对分析对象调动自己的全部知识经验，在重要瓶颈时机通过丰富的想象做出敏锐而迅速的假设、猜想或判断，在严谨的、逐步的逻辑推断环节中，创造性地加入“跳跃式”的直觉思维形式。

其次，经验与直觉相结合的方法是分析人员实践工作经验长期积累的一种专业意识升华，如同神射手快速拔枪射击时不再遵守三点一线的基本瞄准原则一样，分析人员的灵感和顿悟是一种高度简化却又能触及事物本质的思维方式，但是成功运用这种方法决不是单纯依靠运气，而是依靠专业实力，所以经验是一种必然，直觉是一种偶然，二者的结合是有条件的，条件不具备就没有效果。

再次，经验与直觉相结合的方法在使用上也要承担相当高的风险，如果刻意使用还会极大地放大风险。多数情况下，分析人员宁愿不相信直觉，因为情报用户很难采信主要依靠直觉得出的结论，所以这种方法绝不会，也不应该被分析人员随意使用。但是，在经验分析过程中加入想象力因素，的确已经成为情报分析方法创新的一种共识，后文所介绍的美国情报界大力推广的“结构化”分析方法中，就有多种旨在拓展想象力的分析方法，而用直觉辅助经验是这些方法的核心思路之一。

四、指标与症候分析法

（一）基本理念

此方法用于定期检查可观察事件或趋势，通过合理构建指标群，跟踪各类症候的发展变化情况。通过监视分析对象重要指标的变化情况，觉察初露端倪的发展趋势，对意料之外的变化做出预警。

（二）使用时机

若一个假定的情况，比如军事行动、政权不稳定和内部分裂开始发展，一定会有相应的可观察的事件发生。这些事件最初发生时的表现可能并不明显，很难被观察，很难被关联，很难被正确解读，而指标和症候分析法则希望在事件最初发生时发挥作用。分析人员或团队可以根据这些事件创造一个列表，以确认与分析对象相关的关键因素。这种方法适用于持续跟踪某个事件的变化，分析人员可以发现不断增加的证据以支持特定假设或其他低概率突发情况。

（三）主要步骤

无论是单独使用该方法，还是与其他方法结合使用，大体可以分为以下五个步骤：

第一，根据素材确认一组可供选择，能够形成竞争的假设。

第二，为每个假设创建一个单独的指标列表，内容包括这些假设如果成为现实时可能会发生的活动，产生的言论或事件。

第三，根据相关变化关注和搜集新证据，定期检查和更新指标列表，考察各种症候是否接近或者达到临界值，即证实某种假设即将变为现实。为每个假设或想定创建两个指标列表能够有助于区分指标描述的发展是否出现。（如表 2—1、表 2—2 所示）

第四，在分析结论上报时限之前，基于已变化征候的数量，确定最有可能或最正确的假设或想定，得出结论。

表 2—1　追踪某国政治不稳定性的指标群列表

主题	指标群	1999				2000		
		Ⅰ	Ⅱ	Ⅲ	Ⅳ	Ⅰ	Ⅱ	Ⅲ
政府的能力	领导阶层的水平/政权组织能力	□	□	□	○	●	□	□
	对民众诉求的反应	□	■	●	□	□	□	□
	提供基本物品和服务的能力							
	维持内部安全能力							
	有效的民事/刑事审判系统							
政权的合法性	参与政治的广泛和深入程度	■	■	■	□	□	□	□
	可观察到的腐败程度	□	■	■	■	■	□	□
	破坏人权情况	■	■	■	■	■	■	■
	内部社会的弱点							
	跨国犯罪组织的渗入程度							
	政府获得的外部支持							
反对派的活动	民族/宗教争议	□	■	□	□	●	●	●
	军方与民选政府的矛盾	□	□	□	●	●	●	●
	大众示威/抗议/暴乱							
	反抗/分离/恐怖势力的活动							
	对反对派的外国支持							
	（与）邻国爆发冲突的威胁							

续表

主题	指标群	1999				2000		
		Ⅰ	Ⅱ	Ⅲ	Ⅳ	Ⅰ	Ⅱ	Ⅲ
经济因素	国内经济的弱点/失业/通胀							
	贫富差距的层级							
	资产外流							
	外国投资下降							
	贸易开放性降低							
环境议题	环境破坏的程度							
	粮食/能源短缺							
	应对自然灾害的能力							
说明：分析人员为了追踪评估某国政权稳定性是否会在2000年底出现变化，构建了上述指标群，以一个季度为周期，收集相应的数据信息，考察这些指标的变化程度。对每一项指标，分析人员都要仔细判断相应的情形是否会发生。 备注：列表的原作者并未对全部指标给出判定结果，所以存在诸多空白，此处重在演示，所以忠实原文的设计。						○严重涉及 ●大量涉及 □中等涉及 ■轻度涉及 △ 可以忽略		

表2—2　应对突发情况的指标群

可能出现的突发情况	1999				2000		
选举引发的竞争				▲			
粮食/能源价格剧变			▲				
强制推行不受欢迎的政策							
政变阴谋				▲			
政府对自然灾害或应急事件处置不力							
重要人物身亡							

续表

说明：分析人员结合某国在政治、经济、军事及其他领域有可能发生的突发事件，对一些能够猝发政权不稳定性的情况进行逐一考察，将对突发情况指标群的分析结论作为一种可选择的未来想定备案。 备注：列表的原作者并未对全部指标给出判定结果，所以存在诸多空白，此处重在演示，所以忠实原文的设计。

（四）特点评价

当某个问题的观点出现尖锐的分歧时，指针或标志列表可以通过把分析关注点转化至更加客观的准则以使这些争论避免受个人色彩影响。一旦各方一致同意使用一组客观标准测试正在研究的主题，使用指标列表可以澄清大量不同意见。

通过给所跟踪的情况或目标设定客观基线，这些指标能够将精确性逐步融入分析过程，并提高判断的可信度。情报产品中包含一个“指标列表”可以使决策者跟踪发展情况，给分析判断建立一个更加具体的实例。通过将关键变量列出，分析人员还将提出一些有关他们期望这些变量出现的原因。这样做后，分析者将使分析路径更加清晰，而且更加方便他人检查。

五、逻辑经验分析方法总结

（一）逻辑经验分析方法自然符合情报分析主体的思维模式特性

逻辑经验分析方法帮助分析人员对有关分析对象的全部素材进行全面、深入的观察，主要依靠分析人员的专业经验、逻辑推理，辅以适当的直觉思维做出判断，这种过程和形式最符合分析人员的惯常思维模式和操作习惯，能够在循环往复的实践工作中熟能生巧。因此，逻辑经验分析方法的模式和原则已经成为分析人员完成工作的自然选择和职业习惯。

（二）逻辑经验分析提供了情报分析方法的基本范式

逻辑经验分析方法以规律性经验为基本尺度，严格分析人员获得的证据素材，使用逻辑证实的核心原则得出结论，形成了从观察、分析、解决分析问题所使用的一整套开放性的方法及原则。逻辑经验分析采取秉持独立客观的分析原则，依循严谨的推理过程，综合使用各种思维方式的基本做法为情报分析方法的使用提供了一种基础范式，也成为情报分析方法发展创新的一种典型参照。

（三）逻辑经验分析方法是兼容使用其他分析理念与方法的可升级平台

逻辑经验分析方法以经验为根据，以逻辑为工具，理性主导，感性辅助，将各种思维方式兼收并蓄，完整涵盖了情报分析所能够借助的一切有利因素，能够发挥一种平台作用，也可以通过兼容使用其他专门方法达成升级，从而更好地应对实践中的各类问题，比如对于直觉的灵活使用和对指标和症候的判断等。然而，这种方法不可避免地存在固有的局限性，比如理性假定并非任何时候都适用，先入之见会影响分析人员解读证据的方式等。针对逻辑经验分析方法的缺陷进行修补和检验，增添更多的使用规则和技巧，可以使之有效兼容其他分析理念与方法，从而更好地应对实践工作中出现的各类挑战。

第二节 定量分析方法专题

依据传统情报分析理论的界定，情报分析总体上归属于社会科学，主要借鉴历史学、法学、政治学等人文学科的理论而发展，是一种以定性研究为主的经验科学。在实践工作中，经过情报流程的“处理与加工”环节后，从各种来源获得的数据被转化为适合情报生产的信息，分析人员主要依靠自身的经验判断（逻辑思维）和直觉思考（想象与灵感）来完成对这些信息的解读。因此，情报分析领域的定量研究与应用并没有得到较好的发展机会，只有少数进行目标情报评估的分析人员进行过一些定量分析研究，[①] 而公开学术界对情报分析部门不重视定量研究的做法则一直持批评态度。[②] 从 20 世纪 50 年代开始，主张采用定量分析的“科学行为主义”理论在西方社会科学研究领域迅速兴起，到 60 年代基本占据了统治地位。[③] 研究精确化、定量化的潮流自然而然地传导到情报界，定量分析方法才被比较系统地引入到情报分析领域。这种做法不仅拓宽了情报分析方法借鉴社会科学和自然科学理论工具的广度，而且从方法论层面弥补了情报分析专业化发展进程中的薄弱环节。

一、定量分析方法综述

（一）发展概述

最早的定量分析研究可以追溯到美国战略情报局时期，分析专家在对德国军工企业生产能力、苏联经济实力等问题进行分析时就曾经使用过相关定量分析方法，然而并未有人专门研究定量方法应如何在情报分析中应用。第二次世界大战结束后，随着运筹学、应用数学的快速发展，以及计算机建模技术的兴起与应用，公开学术界对定量分析的研究逐渐增多，比如兰德公司在对苏联核武器及其政策评估中，就大量采用了“系统分析”、“博弈模型”等以数学和量化为核心的研究方法。[④] 到了 20 世纪 60 年代末，情报分析理论研

---

① See: Davis B. McCarn, Developments in Air Targeting: The Damage Assessment Model, in *Studies in Intelligence*, *Vol. 2*, *No. 3*, Summer 1958; and Robert W. Leavitt, Developments in Air Targeting: The Military Resources Model, in *Studies in Intelligence*, *Vol. 2*, *No. 1*, Winter 1958.

② Richards Heuer, Jr., *The Evolution of Structured Analytic Techniques*, Presentation to the National Academy of Science, National Research Council Committee on Behavioral and Social Science Research to Improve Intelligence Analysis for National Security, Washington, D. C., December 8, 2009, p. 1.

③ 许嘉等著:《美国国际关系理论研究》，北京：时事出版社，2008 年版，第 168 页。

④ 【美】亚历克斯·阿贝拉著，梁筱芸，张小燕译，《白宫第一智囊：兰德公司与美国的崛起》，北京：新华出版社，2009 年版，第 39 页。

究领域出现了正式发表的定量分析方法研究成果，比如 1967 年杰克·佐罗尼克对贝叶斯分析方法一般应用的评估，[①] 1972 年查理斯·费斯克在预警中苏边境纠纷问题时对常规方法与贝叶斯方法所进行的比较研究，[②] 以及 1976 年尼古拉斯·施威策对中东地区是否会爆发武装冲突所进行的概率评估等。[③] 1978 年，中央情报局主管分析方法论研究的理查兹·休尔主持出版了论文集：《政治情报定量分析法：中央情报局的经验》，[④] 既作为情报界官方回应学术界批评其不注重定量分析研究的成果，也被视为定量分析理论研究发展成熟的标志。此后，定量分析理论研究继续保持比较稳定的发展态势，陆续有一些研究成果问世，如 1992 年美国海军研究生院的麦克·甘农应用贝叶斯分析方法对冷战后巡航导弹扩散问题进行的预测，[⑤] 1995 年加州大学研究生罗伯特·莱文逊使用多种定量方法对拉美地区政治形势的综合评估，[⑥] 以及 2005 年 1 月埃里克·汉森对 2004 至 2006 年间的“伊拉克自由”行动所进行的定量分析，[⑦] 等等。

虽然定量研究在学术界激起了巨大反响，但是从美国情报界的经验来看，绝大多数的分析人员依然习惯于以历史描述、经验推导

---

① Jack Zlotnick, A Theorem for Prediction, in *Studies in Intelligence*, *Vol. 11*, *No. 4*, Winter 1967, p. 43.

② Charles E. Fisk, The Sino – Soviet Border Dispute: A Comparison of the Conventional and Bayesian Methods for Intelligence Warning, in *Studies in Intelligence*, *Vol. 16*, *No. 2*, Spring 1972, p. 53.

③ Nicholas Schweitzer, Bayesian Analysis for Intelligence: Some Focus on the Middle East, in *Studies in Intelligence*, *Vol. 20*, *No. 2*, Summer 1976, p. 31.

④ Richards Heuer, Jr., ed., *Quantitative Approaches to Political Intelligence*: *The CIA Experience*, Boulder, CO: Westview Press, 1978.

⑤ Michael W. Gannon, *Cruise Missile Proliferation*: *An Application of Bayesian Analysis to Intelligence Forecasting*, Master's Thesis of Science in National Security Affairs, from the Naval Postgraduate School, September 1992.

⑥ Robert M. Levinson, *The Utility of Quantitative Methods for Political Intelligence Analysis*: *A Case Study in Latin American*, a thesis submitted in partial satisfaction of the requirements for the degree Master of Arts, San Diego: University of California, October 20th, 1995.

⑦ Eric C. Hansen, *Operation Iraqi Freedom 04 – 06*: *Opportunities to Apply Quantitative Methods to Intelligence Analysis*, Presentation at U. S. Military Academy, West Point, New York, June 21 – 23, 2005.

为特点的传统定性研究方法，定量分析方法在当今更多是局限在特定分析议题被使用（舆情分析、大选预测以及敏感事件筛选等），或者融入智能化的分析系统来发挥作用。定量分析是否能够在情报分析领域大规模应用仍将取决于体制、技术和资源等多种外在因素。

（二）内容简介

1. 分析思路

定量情报分析方法可以理解为借助数学方程、矩阵图表、电脑模拟程序和模型进行量化推导和演算，最终再由人工整合和解释评估结果的一整套分析流程与方法。这些方法经过研究者的精心挑选，而且在情报分析实践工作中进行了检验。它们在使用过程中的相同点主要是需要将分析的问题转化成可以用数学语言量化描述的形式，借助智能工具充分考虑和衡量分析素材之间的逻辑关系（强因果关系）以及相关关系（弱因果关系），然后主要运用特定的数理逻辑，采取赋值、统计、演算的方式推导出结论，不同定量分析方法的差异则主要体现在量化思路、推导程式和计算工具方面。

2. 基本模式

情报分析领域的定量分析一般遵循以下基本模式：

首先要提出不同假设和可选择的结论（运用传统的经验分析方法），根据所分析的问题选择适合验证假设的定量分析方法；其次要使用量化形式评估假设的先验概率、可用证据素材的基础概率等，这个过程经常采用“德尔菲”法获取多位专家对某一证据判断的平均值；再次要运用特定的数理逻辑程式展开运算（比如通过数学公式或量化模型进行运算），对大量的证据数据进行推理和演算（可以借助计算机程序完成），得出初步结果；最后由人对相关计算结果进行解释并整合为最终结论。

3. 主要类型

学术界对于定量分析方法并没有形成统一的分类标准，大体上可以分为以下三类：

第一类是趋势外推方法，主要包括贝叶斯分析法、“交叉影响”

分析法、回归分析法、马尔科夫链法等等；第二类是统计基础上进行相关性分析的方法，主要包括内容分析法、文献计量分析方法、社会网络分析法、数据库分析法、多维尺度分析法等等；第三类是模型建构方法，主要包括博弈分析、“兰彻斯特”方程、层次分析法、“投入产出”模拟等等。

4. 使用技巧

定量分析方法在使用上应注意三个问题：第一，定量分析方法是作为专门的应用理论工具从相关学科引入的，侧重于解决实践中需要或者适合采取定量分析的具体问题，是对传统情报分析方法的一种良好和必要补充；第二，定量分析方法研究成果一般集中于对可以概率化描述的政治、经济和军事问题（如大选的胜率、武装冲突的可能性）进行比较精确的个案分析，而不宜对战略全局和发展形势做出宏观描述，有其特定的研究范畴；第三，情报分析领域的很多问题不是采取单一的定量分析就可以解决的，而且很多软指标不易量化，往往需要综合使用定性与定量分析的方法。

二、贝叶斯分析法

（一）基本理念

贝叶斯分析法由英国皇家科学院数学家托马斯·贝叶斯于1763年提出，[①] 是一种非常精确的定量归纳推理程式，它通过观察新的事件来推出假设成立的可能性，并不断地修正评估结果。贝叶斯分析法的基本原理认为：假设的可能性等于假设初始的可能性（先验概率）乘以基于这个假设而发生相关事件的可能性（客观概率），既“P = RL”。这里可以用一个虚拟案例做出说明：假如要判断A国是

① 托马斯·贝叶斯在1763年发表的论文《论有关机遇问题的求解》中提出一种利用概率学说解决预测问题的理论，这种理论后来得到了拉普拉斯（Laplace Pierre. Simon）更加精确的阐述。后人将托马斯·贝叶斯提出的分析方法广泛应用于天文学、经济学、军事学、工程学、法学、医学、教育学、心理学等领域。

否会在半年之内发射人造卫星，情报部门汇集多名专家商议后集体得出的初始结论概率是80%（先验概率R）；通过搜集情报发现“A国决策者内部对近期发射卫星存在很大分歧”（事件）；根据之前的长期统计结果，A国在决策过程中如果发生内部意见分歧后，依然会按先前既定目标推行计划的概率是75%（历史客观概率L）；所以根据“P=RL”公式，在获悉事件“A国在决策过程中发生内部意见分歧”发生后，“A国在半年内发射卫星”的概率应该变化为：“80%×75%=60%”。由上可知，贝叶斯分析法的基本操作过程是：首先形成一个可以根据不断出现的事件重新考察初始假设的公式；然后再通过各种方法尽可能得出最为科学、合理的先验概率；最后结合新出现事件的客观概率进行计算，得出修正后的假设成立概率。

（二）分析方程式

根据贝叶斯分析法的基本思想，由托马斯·贝叶斯本人建立了一个完整的数学方程，作为对相互排除的假设进行递归推算的分析工具，其基本公式如下：

$$P(Hi \mid E) = \frac{P(H_1) \times P(E \mid H_i)}{\sum_{i=1}^{n}[P(H_1) \times P(E \mid H_i)]}$$

其中：

E是所要分析的事件，H是引起事件发生的假设，Hi应是一组相互排斥的假设；

P（Hi）是假设最初的可能性，也就是先验概率，可以由专家组集体做出判断后得出平均值；

P（E | Hi）是基于Hi得出的某一事件E发生的可能性，是来自于长期统计和严密推理的客观概率；

P（Hi | E）是E事件发生后得到的修正过的Hi的可能性。

（三）主要步骤

中央情报局1976年曾使用贝叶斯分析法辅助判断阿拉伯国家和

以色列之间是否会爆发武装冲突。① 在这个案例研究中，情报分析专家详细展示了如何把贝叶斯分析法的基本思想应用于情报分析。下面就以此案例为基础，阐述使用贝叶斯分析法评估情报问题的具体流程和步骤。

（1）情报分析部门在广泛收集资料的基础上，明确所要解决的问题，并设定得出结论的最后期限，比如自开始分析的 15 天之内必须上报评估结果，这个期限决定了后续分析过程中搜集和使用新素材的时间节点。然后，组织分析人员提出合理的基本假设 Hi，这时应该把所要解决的问题转化为可以用相互排斥的假设加以描述的情况。比如，假设 H_1 代表以色列会在 30 天内对叙利亚发动进攻，假设 H_2 代表以色列不会在 30 天内对叙利亚发动进攻，除此之外应没有第三种状态。

（2）召集具有足够代表性的多名分析人员，集体讨论或者使用“德尔菲”法得出对假设的初始评估结论（先验概率）。假如以色列发动进攻的可能性为 10%，那么 $H_1 = 0.1$，相应的以色列不发动进攻的可能性应为 90%，$H_2 = 0.9$（H_1 和 H_2 相互排斥）。

（3）在已经设定的最终时间节点之前，密切跟踪形势发展，从大量的相关素材中挑选具有指标意义的事件，建立评估事件数据库。比如，从获悉的素材中发现事件 E_1：“以色列总理公开发表具有战争倾向的演讲”。

（4）专家组要对事件 E_1：“以色列总理公开发表具有战争倾向的演讲”的客观概率进行再次判断。比如，对历史上以色列发动战争前，总理是否会公开发表具有战争倾向的演讲或其他类似行为进行梳理，当然，有时候客观概率是来自于对规律性事件的统计和判断，也可能不是完全客观的，带有主观先验成分。假如分析人员集

① 以下内容部分参考了尼古拉斯·施威策在《贝叶斯分析：评估中东冲突的概率》一文中的案例演示内容。参见：Nicholas Schweitzer，Bayesina Analysis：Estimating the Probability of Middle East Conflict，in Richards Heuer，Jr.，ed.，*Quantitative Approaches to Political Intelligence*：*The CIA Experience*，Boulder，CO：Westview Press，1978，pp. 20 – 22.

体商讨后认为：如果假设 H_1 成立，事件 E_1 发生的可能性为0.99。同时，分析人员还要商讨出如果假设 H_2 成立，事件 E_1 发生的可能性，这个可能性不一定是："$1-0.99=0.01$"，因为以色列总理的讲话也可能是一种外交上的虚张声势，或者单纯的宣传威慑行为，这里假设分析人员集体商讨后得出如果假设 H_2 成立，事件 E_1 发生的可能性是80%，即0.8。

（5）将以上先验数据和客观数据代入方程式，计算出事件 E_1 发生后假设 H_1 和 H_2 概率的修正值。由 $P(H_1)=0.1$，$P(H_2)=0.9$，$P(E \mid H_1)=0.99$，$P(E \mid H_2)=0.8$，将它们代入方程计算：

$$P(H1 \mid E)=\frac{0.1\times0.99}{0.099+0.72}=\frac{0.099}{0.819}=0.12$$

$$P(H2 \mid E)=\frac{0.9\times0.8}{0.099+0.72}=\frac{0.72}{0.819}=0.88$$

这个结果表明，事件 E_1："以色列总理公开发表具有战争倾向的演讲"发生后，初始假设（H_1 和 H_2）的概率已经发生了变化，也就是说，初始判断因为新信息的输入而得到了修正，最重要的一点，这些修正后的数值成为了进行下一轮分析的初始数据，不再需要分析人员集体商讨主观先验数据，即 $P(H_1)$ 变为0.12，$P(H_2)$ 变为0.88。

（6）在得出经过修正的假设概率后，应继续挑选指标性事件 E_2："以色列国防部宣布即日起在边境地区实施临时交通管制"。[①] 对这个事件 E_2 采取对事件 E_1 完全相同的分析步骤。假定：$P(E_2 \mid H_1)=0.9$，即以色列在准备军事进攻之前很可能会实施交通管制；$P(E_2 \mid H_2)=0.6$，即以色列为了加强戒备或其他原因也有一定可能会采取临时交通管制。将这两个数据代入方程计算：

---

① 以下内容不是尼古拉斯·施威策在论文中的论述，因为他的案例演示只介绍了贝叶斯分析的基本步骤，省略了一些重要环节，并不能完整地展示全部过程。所以，作者根据贝叶斯分析法的应用思路，自行补充了完整的评估过程，虽然相关事件和数据为虚拟内容，但是便于读者更加完整和清楚地了解贝叶斯分析法的操作过程。

$$P(H1 \mid E) = \frac{0.12 \times 0.9}{0.108 + 0.528} = \frac{0.108}{0.636} = 0.17$$

$$P(H2 \mid E) = \frac{0.88 \times 0.6}{0.108 + 0.528} = \frac{0.528}{0.636} = 0.83$$

（7）在提交结论的最后期限内，继续补充事件数据库，不断选取新的事件 En，并以上一次计算得出的修正数据 $P(H_1 \mid En)$ 和 $P(H_2 \mid En)$ 作为初始数据，计算事件 En 发生后假设的可能性。依此类推重复这个递归推算过程，直到提交最终的分析结果。从理论上讲，选取具有指标意义的事件（En）数据越多，则分析结果就越客观和准确。

（8）经过多次计算之后，对最终结论进行统计，可以制作出分析结论逐步变化的趋势分析图（如图 2—3 所示），然后再对结果做出最终解释：因为最后结果显示以色列在 30 天内向叙利亚发动进攻的可能性仍然低于 20%，所以判断以色列很可能不会动武。这种“用图表描述的分析结论是使用像贝叶斯这类定量方法的最有力证据之一，而且报告中的图表也便于用户接受”。[①]

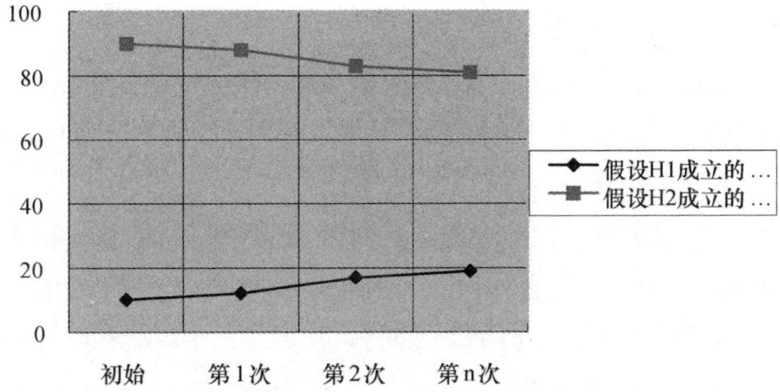

图 2—3　贝叶斯分析结论变化趋势图

① Nicholas Schweitzer, Bayesian Analysis for Intelligence: Some Focus on the Middle East, in *Studies in Intelligence*, *Vol. 20*, *No. 2*, Summer 1976, p. 35.

（四）使用技巧

贝叶斯分析法一般被视为良好的定量分析辅助性工具，在政治情报分析和预警方面运用较多，比如，中央情报局曾在1974年预判北越是否会在旱季发动大规模袭击，以及1974年至1976年之间阿以之间是否会爆发武装冲突方面都采用了这种方法。[①] 经过反复试用后，研究者也发现贝叶斯分析法在实践中应用具有许多局限性，所以只能在特定的情况中使用。综合研究者的论述，可以将贝叶斯分析法的适用范围总结为以下四点：

第一，所分析问题的结论要能够用一组可选择确定答案的假设来描述，常用于预测某种情况发生的概率，而不是描述未来情况或者提供解释性的结论，比如有些分析问题就不适合被简单分解为非此即彼的互斥性假设表述，像是“未来中东安全局势走向分析”就不适用。

第二，需要被评估的假设必须是相互排斥的，比如爆发冲突和不会爆发冲突，发射卫星或者不发射卫星，所有假设不能相互重叠，且概率相加应该等于1（100%），不适用于分析同时出现战争、和谈、边打边谈的复杂情况。

第三，分析过程中要保证不断有新的信息输入，拥有足够数量信息修正结论才能提升分析的准确性，指标性事件选取的恰当性与全面性也会直接影响输入信息的质量。

第四，所分析的问题应该是某种特定类型的活动，而不是一些偶然或者随机事件。比如，可以预测军事冲突、选举结果、研发武器等已经形成稳定样式的活动，而预测某位政治领导人是否会在一周后缺席一次谈判这样的孤立事件则是不适合的。

（五）特点评价

贝叶斯分析法作为一种分析工具，本身并无优劣之分，但是其

---

① Nicholas Schweitzer, Bayesian Analysis for Intelligence: Some Focus on the Middle East, in *Studies in Intelligence*, *Vol. 20*, *No. 2*, Summer 1976, p. 32.

在情报分析领域的应用，必然会受制于被分析问题的内容和形式，所以有必要认真理解其优点和缺点，以便把握使用的时机和方式。

贝叶斯分析法的优点主要包括：首先，通过可衡量的概率描述和数理逻辑推导方程整合假设的先验概率和每份证据资料的客观概率，改进了完全依赖主观判断进行分析所带来的模糊性和不可控性；其次，可以深度挖掘素材资料中蕴含的信息，每一份证据都可以在贝叶斯分析方程中按照既定规则体现它的分量，而且可以保证所有证据对评估结论的影响数值都能够被累积计算到最终结果中；再次，设计了可重复的分析程序，分析人员一次只需要对单个证据信息进行评估，避免了顾此失彼的情况；最后，可以清晰地观察到评估结论发展变化的趋势，能够更好地提醒分析人员注意究竟是什么因素导致评估结果的指向和程度发生了变化。

贝叶斯分析法的缺点主要包括：首先，适用范围有限，情报分析中很多问题不是非此即彼的，如果不易被定义为一组互相排斥的假设，就无法应用这种方法；其次，假设的先验概率和事件的客观概率实际上都是经过分析人员的计算和判断后得出的，所以这些概率数据评估的准确性会极大影响最终结论的优劣；再次，需要大量可靠、客观的资料信息支撑分析过程，但是情报分析的时效性需求可能不允许完成对所有资料的收集、识别和精炼，而且反映相同信息的资料本身可能还会发生变化，这些因素都会影响分析的效率。

（六）分析示例

以下分析案例节选编译自美国海军研究生院麦克·甘农的研究论文《巡航导弹扩散：贝叶分析法在军事情报预测中的应用》。

本文主要讲述贝叶斯分析法的一个应用实例，使用贝叶斯分析法分析巡航导弹扩散问题。（该实例纯属虚构，任何特定的发展中国家，如果与本假设类似，纯属巧合。）

1. 想定场景

1993 年 1 月，帕拉多国疑似正在从事发展本国远程对地巡航导弹，该导弹装备有化学弹头。帕拉多和其邻国康巴特斯坦长期以来遭到殖民统治。这两个国家是制造业净进口国，依靠出口矿物和农产品维持其贸易平衡，有时会有轻微失衡现象。

近年来，康巴特斯坦发展出了非常壮大的军队，拥有空中支援能力。该国之所以能够拥有这些实力是受到了欧洲某国的援助，该欧洲国家在康巴特斯坦处享有矿产利益。

康巴特斯坦和帕拉多交界的的一小块地带富含矿产，可能非常有价值。该地带的主权存在争端。边境争端时有发生。很明显，帕拉多的军事力量次于康巴特斯坦。

美国的官方态度是中立。但是美国有很多侨民居住在康巴特斯坦，其中大部分是跨国矿产公司的雇员。美国侨民聚居在米利都，距离争议地带600千米。

美国担心帕拉多会发展远程巡航导弹系统，向康巴特斯坦的集中居住区投送化学武器弹头，包括其周边。居住在康巴特斯坦的美国人因此有生命危险。

2. 假设的选择

假设存在以下两种可能：

假设1（H1），帕拉多将会发展其本国装备有化学弹头的远程对地巡航导弹，截止时间是1994年12月。

假设2（H2），帕拉多将不会发展其本国装备有化学弹头的远程对地巡航导弹，截止时间是1994年12月。

建立最初可能性：

帕拉多地区的专家和巡航导弹技术专家根据以下证据设立了最初的可能性目标：

（1）帕拉多是核不扩散条约的缔约国之一，但是该国一直拒绝加入其他无核组织。帕拉多外交部长称："我们是一个爱好和平的国家，不涉及此类事务。"

（2）帕拉多有三个化学制造厂，其中两个生产化肥和其他商业产品，用于国内销售。第三个是制药厂。帕拉多否认其具有生产化学武器的能力，也否认其存有化学武器。

（3）帕拉多有一个国有工厂可以生产涡轮螺旋桨飞机和无人机。大多数有人驾驶的飞机用于出口，但是无人机主要部署于帕拉多空军部队。帕拉多政府和提供飞机部件的国家协商，意欲在本国生产飞机的框架和引擎部件。帕拉多提供廉价劳动力，换回技术蓝图和顾问人员。

（4）帕拉多并不具备本土武器生产能力。所有的武器，除无人机以外全部依靠进口。两个化肥厂中的一个附近有一个小型炸药和武器厂。这个厂生产小型武器、地雷和炮弹壳。

（5）帕拉多军队通过无线电控制，使用无人机进行边境侦察。无人机装备有摄像设施，可以给地面控制台反馈视频。

经过仔细考虑帕拉多境内的形势，分析团队提供了以最初可能性：

P（H1）＝0.35；P（H2）＝0.65

二者之和等于1。

三个分析人员根据帕拉多的形势分别对此事进行了分析，每一个分析人员都从集体决定的最初可能性开始。其中一个分析人员根据事件次序作出如下分析：

3. 依据事件次序开展贝叶斯分析

（1）1993年2月（来源：《航空周与空间科技》）：帕拉多签署了《飞机引擎和无人机框架》协议。帕拉多财政部长声明，应该生产更多手工业品用于出口。

P（h1）：0.35　P（E/h1）：0.65　p（h1）＊p（E/h1）：0.226

P（h2）：0.65　P（E/h2）：0.60　p（h2）＊p（E/h2）：0.390

总和：0.618

修正后的p（h1）：0.35＊（0.65/0.618）＝0.37

修正后的p（h2）：0.65＊（0.60/0.618）＝0.63

（2）1993年2月（华盛顿邮报）：美国国会在汽车业和运输业公司的游说下，同意在GPS卫星传输上禁用“选择可用性”。这一功能被美国陆军用于降低GPS C/A信号的精确度。

P（h1）：0.37　P（E/h1）：0.50　p（h1）＊p（E/h1）：0.185

P（h2）：0.65　P（E/h2）：0.50　p（h2）＊p（E/h2）：0.315

总和：0.500

修正后的 p（h1）：0.37＊（0.50/0.50）＝0.37

修正后的 p（h2）：0.63＊（0.50/0.50）＝0.63

（3）1993 年 4 月（秘密来源）：帕拉多军队某一特定机型无人机具备 RF 返航能力。

P（h1）：0.37　P（E/h1）：0.60　p（h1）＊p（E/h1）：0.222

P（h2）：0.63　P（E/h2）：0.25　p（h2）＊p（E/h2）：0.128

总和：0.380

修正后的 p（h1）：0.35＊（0.65/0.380）＝0.58

修正后的 p（h2）：0.65＊（0.60/0.380）＝0.42

（4）1993 年 5 月（简氏防务周刊）：帕拉多向法国“阵风公司”订购 300 架 INS/GPS 系统

P（h1）：0.58　P（E/h1）：0.60　p（h1）＊p（E/h1）：0.348

P（h2）：0.42　P（E/h2）：0.50　p（h2）＊p（E/h2）：0.210

总和：0.558

修正后的 p（h1）：0.58＊（0.60/0.558）＝0.62

修正后的 p（h2）：0.65＊（0.60/0.558）＝0.38

（5）1993 年 9 月（国际航空报）：帕拉多建立雷达系统，监测国家机场附近区域。这是为了测试本地生产的无人机飞行情况。

P（h1）：0.62　P（E/h1）：0.65　p（h1）＊p（E/h1）：0.403

P（h2）：0.38　P（E/h2）：0.50　p（h2）＊p（E/h2）：0.190

总和：0.593

修正后的 p（h1）：0.62＊（0.65/0.593）＝0.68

修正后的 p（h2）：0.38＊（0.50/0.593）＝0.32

（6）1993 年 9 月（机密来源）：军事无人机计划在两年内扩张 3 倍。

P（h1）：0.68　P（E/h1）：0.70　p（h1）＊p（E/h1）：0.476

P（h2）：0.32　P（E/h2）：0.20　p（h2）＊p（E/h2）：0.064

总和：0.540

修正后的p（h1）：0.68＊（0.70/0.540）＝0.88

修正后的p（h2）：0.32＊（0.20/0.540）＝0.12

（7）1993年11月（简史防务周刊）法国阵风公司交付60套INS/GPS系统，六个月内再交付120套

P（h1）：0.88　P（E/h1）：0.50　p（h1）＊p（E/h1）：0.44

P（h2）：0.12　P（E/h2）：0.50　p（h2）＊p（E/h2）：0.06

总和：0.50

修正后的p（h1）：0.88＊（0.50/0.50）＝0.88

修正后的p（h2）：0.38＊（0.50/0.50）＝0.12

（8）1994年1月（美国防务大使，帕拉多）：帕拉多无人机具有低空地形跟踪能力。无人机显然适用于雷达高度计和简单的计算飞行控制。

P（h1）：0.88　P（E/h1）：0.80　p（h1）＊p（E/h1）：0.704

P（h2）：0.12　P（E/h2）：0.60　p（h2）＊p（E/h2）：0.072

总和：0.776

修正后的p（h1）：0.88＊（0.80/0.776）＝0.91

修正后的p（h2）：0.12＊（0.60/0.776）＝0.09

（9）1994年1月（帕拉多国家新闻社）：帕拉多开始进行全规模本地生产无人机，用于商业、军事、以及出口。

P（h1）：0.91　P（E/h1）：0.75　p（h1）＊p（E/h1）：0.683

P（h2）：0.09　P（E/h2）：0.75　p（h2）＊p（E/h2）：0.067

总和：0.750

修正后的p（h1）：0.91＊（0.75/0.75）＝0.91

修正后的p（h2）：0.09＊（0.75/0.75）＝0.09

（10）1994年2月（纽约时报）：帕拉多终身制主席在国家广播中称其国家是一个爱好和平的国家，但是在必要时候会保护自己。

P（h1）：0.91　P（E/h1）：0.40　p（h1）＊p（E/h1）：0.364

P（h2）：0.09　P（E/h2）：0.90　p（h2）＊p（E/h2）：0.081

总和：0.445

修正后的 p（h1）：0.91＊（0.40/0.445）＝0.82

修正后的 p（h2）：0.09＊（0.90/0.445）＝0.18

（11）1994 年 4 月（美国防务大使，帕拉多）：帕拉多在国庆节展示其军用侦察无人机移动运输/发射/控制装备。

P（h1）：0.82　P（E/h1）：0.80　p（h1）＊p（E/h1）：0.656

P（h2）：0.18　P（E/h2）：0.30　p（h2）＊p（E/h2）：0.054

总和：0.710

修正后的 p（h1）：0.82＊（0.80/0.71）＝0.92

修正后的 p（h2）：0.18＊（0.30/0.71）＝0.08

（12）1994 年 4 月（路透社）：帕拉多军队总司令在国庆节游行时声称，如果康巴特斯坦试图占领争端区域，将会有“可怕的后果”。

P（h1）：0.92　P（E/h1）：0.70　p（h1）＊p（E/h1）：0.644

P（h2）：0.08　P（E/h2）：0.40　p（h2）＊p（E/h2）：0.032

总和：0.676

修正后的 p（h1）：0.92＊（0.70/0.676）＝0.95

修正后的 p（h2）：0.08＊（0.40/0.676）＝0.05

（13）1994 年 6 月（帕拉多国家新闻社头版）：帕拉多举行大规模军事演习，帕拉多军方展示了其部署、发射、控制 24 家无人机的能力，中央军事控制台和独立无人机之间使用命令控制双向通信方式。

P（h1）：0.95　P（E/h1）：0.90　p（h1）＊p（E/h1）：0.855

P（h2）：0.05　P（E/h2）：0.10　p（h2）＊p（E/h2）：0.005

总和：0.860

修正后的 p（h1）：0.95＊（0.90/0.86）＝0.99

修正后的 p（h2）：0.05＊（（0.10/0.86）＝0.01

4. 结论汇总

1994 年 7 月 1 日，康巴特斯坦和帕拉多关系持续紧张，帕拉多巡航导弹行动组重新集合，每一个分析师都展示了其贝叶斯分析法预测过程。虽然准确数值上尚有争议，但是每一个分析师都认为帕拉多很可能，或者马上会拥有对地巡航导弹作战能力。由于证据不足，尚无法决定导弹是否具有化学弹头，也无法判定帕拉多政府最后的态度。

三、社会网络分析法

（一）基本理念

社会网络分析法是对分析对象的社会关系结构及其属性加以分析的社会学方法，主要分析的是不同社会单位（特定个体、群体或社会组织）所构成的关系的结构及其属性。[①] 社会网络分析法以系统的关系数据为基础，重视关系图形的绘制，并依靠数学以及计算机模型的运用，对关系网络进行量化分析。按照社会网络分析的思想，行动者的任何行动都不是孤立的，而是相互关联的，这些联系构成了网络。

在一个完整的社会网络中，通常包括行动者、关系、群等要素。行动者是社会网络中的一切个体、社会实体或事件的统称，在社会网络分析中，行动者用“点”或者“节点”来表示，每一个行动者就是一个独立的点或节点。关系是全体成员之间一切联系的总称，它存在于特定的成对行动者之间。具体而言可以包括血缘关系、友情关系、同学或同事关系、合作关系、交换关系等，甚至包括同时出席一个会议或活动，都可以称两个行动者之间具有关系。群是具有一定关系的行动者的集合，相互之间具有某些特定联系的一些行动者构成了一个群，这个群是行动者相互联系的产物，具有一定的

① 林聚任：《社会网络分析：理论、方法与应用》，北京师范大学出版社，2010 年版，第 41 页。

结构特征和某些共同的行为准则，而这些特征对行动者的个人行为能够产生影响。

社会关系网络图是关于社会关系的网络模型，图中的节点表示行动者，节点间的连线表示行动者之间的关系。社会关系网络图是进行网络分析的重要工具，是关系网络中行动者之间关系的形象化展示，可以直观地展现社会关系的整体结构特征以及社会关系中处于关键地位的行动者。

通过绘制社会网络关系图，可以帮助情报分析人员更好地完成诸如恐怖分子网络、跨境有组织犯罪网络以及重要目标人物定位等领域的分析任务。

（二）适用范围

首先，运用社会网络分析法可以找出藏匿于复杂社会环境中的重要目标人物或机构，比如恐怖组织、反政府组织的领导核心等。这些分析对象的隐蔽性使得情报部门在情报搜集工作中能够得到的只是一些蛛丝马迹，而很难得到关于分析对象的相关详细信息。运用社会网络分析法可以对已知分析对象的社会关系及社会活动进行全面调查，排除正常的社会关系及活动，从而找出与之有关联的其他可疑人员，展开进一步调查，不断地扩大调查范围，一步步绘制出有关分析对象的比较完整的组织架构。

其次，运用社会网络分析法可以从整体上掌握分析对象的组织体系情况，实现一网打尽。以反恐为例，如果没有掌握完整的信息就对恐怖组织进行打击，恐怖组织可能只会损失一些“节点”（少数非核心人员）甚至是“边缘节点”（非常外围的人员），并容易导致恐怖组织迅速藏匿转移，日后还会恢复甚至壮大实力。因此只有挖掘出恐怖组织的“核心节点”，才能将整个恐怖组织网络彻底摧毁。社会网络分析法可以帮助分析人员较为完整地找出恐怖组织网络的结构特点及属性，从而实现对恐怖组织网络构成与活动特点的全局掌控。

再次，运用社会网络分析法能够在一定程度上提供恐怖袭击预警。运用社会网络分析法对恐怖分子之间的沟通与联系进行调查与分析，比如通过分析恐怖分子网络内部的资金往来、通讯联系以及社交地域，能够分析出恐怖袭击活动的大致规模、进展情况和潜在目标等。

（三）主要步骤

社会网络分析法可以分为“识别目标组织、绘制组织关系网络图和分析组织网络”三个环节，下面以反恐情报分析为例，进行具体阐述。

1. 识别目标组织

第一，要确定恐怖组织的初始调查对象。

从恐怖组织角度来讲，恐怖活动的开展是一项十分复杂的任务，需要综合考虑各种情况，如制定袭击计划，对袭击目标进行踩点，准备发动袭击所需的装备，针对袭击进行相应的演练等等，其中任何一个环节出问题都能给反恐部门的调查提供机会。另外，恐怖组织的成员大部分都是隐藏于普通民众之中，而普通民众的行为具有规律性，但是在恐怖分子准备发动恐怖袭击时其行为必然存在一定的异常，这为调查工作提供了途径。

“9·11”事件以后，美国学者瓦尔蒂斯·E·克莱伯（Valdis E-. Krebs）在《连接节点：追踪两名已识别的恐怖分子》（*Connecting the Dots: Tracking Two Identified Terrorists*）一文中对发动袭击的恐怖组织进行的研究，就是以 2000 年 1 月已经确认的两名嫌疑人 Nawaf Alhazmi 和 Khalid Almihdhar 为基础展开的。就是作者以这两名嫌疑人为起点确定的恐怖组织网络。克莱伯认为，在发现嫌疑人之后，“我们应利用他们挖掘‘基地’组织的更大网络。一旦嫌疑人被发现，我们就可以利用他们的日常行动揭露他们的网络。”[①]

在确定初始调查对象时，如果这些恐怖组织成员属于该组织的

---

① Valdis E. Krebs, *Connecting the Dots: Tracking Two Identified Terrorists*, http://www.orgnet.com/prevent.html.

核心成员，而核心成员往往能够接触更多的成员，掌握更多的信息，那么就会给反恐部门的调查带来极大的便利。然而在很多情况下，恐怖组织往往采取更加严格的保密措施保护其核心成员，因此反恐部门在起始阶段很难捕捉到核心成员的相关信息。在现实的调查中，反恐部门首先锁定的通常是恐怖组织的一般成员，然后以此为基础顺藤摸瓜找出更多的组织成员。

第二，以初始调查对象为基础扩增直接联系

在确定了恐怖组织的初始调查对象之后，需要对与之有直接联系的人员进行全面的排查，找出有嫌疑的恐怖组织成员。在对嫌疑人进行扩展调查时主要考察四种类型的关系：信任、任务、资金与资源、战略与目标（如表2—3 所示）。

表 2—3　需要考察的四种类型的关系①

关系/网络	数据来源
信任	之前在家庭、邻里、学校、军队、俱乐部或组织中的联系。这些数据可能只存在于嫌疑人本国之中。
任务	日志以及电话、电子邮件、聊天室、即时通讯以及网站访问等的记录、旅行记录。人力情报：对会议的监视以及在普通事件中出现。
资金与资源	银行账户与资金转移记录、信用卡使用的模式和地点、之前的庭审记录。人力情报：对访问其他银行渠道的监控如非正规的地下钱庄系统。
战略与目标	网站、由信使传递的录像和加密磁盘、旅行记录。人力情报：对会议的监视以及在普通事件中出现。

在表中可以看出，对与初始调查对象有直接联系的人员进行的排查，既包括家庭成员及亲属、邻居、朋友等在日常生活中经常接

① Valdis E. Krebs, "Uncloaking Terrorist Networks", *First Monday*, Volume 7 Number 4, 2002. http://firstmonday.org/ojs/index.php/fm/article/view/941/863.

触的人，也包括在同一所学校读书或在同一个部队从军等具有相同经历的人，还包括是同一个俱乐部或组织的成员或者出席同一个会议或者具有相同的旅游经历的人等。这些联系或相同经历使得这些人更能够聚集在一起成为一个组织，从事隐蔽的恐怖主义活动。在对“9·11”事件中恐怖分子的研究中，克莱伯发现，“19 名劫机者似乎来自于这样一个网络，该网络形成于他们在阿富汗进行恐怖主义训练活动之时。他们中很多人都是多年以前在同一个学校的室友，一些人已经一起生活了许多年，而另外一些人则是由亲属关系联系在一起。深层的信任关系使得这一恐怖网络结合在一起，而这种关系对外人来说很难以发现。”①

这种以初始调查对象为基础进行的扩展需要开展大量的排查工作，需要筛选、处理大量的信息。恐怖组织成员在日常活动中会与外界发生很多联系，有的是偶然性的，比如去修理因事故造成损坏的汽车；有的则是有目的性的，比如去陌生的地标建筑附近进行实地考察。人的活动总是具有一定的规律性和特点，因此，在对这些与初始调查对象有直接联系的人员进行排查时，可以针对这些特点和规律性排除掉那些正常的日常交往，而需要密切关注那些具有非正常交往的人。具体来说就是要关注那些在不适当的时机与场合进行的具有特定目的的交往、或是交往的频率异常等情况。

2. 绘制组织关系网络图

通过绘制恐怖组织关系网络图，能够直观地展现恐怖组织的整体结构属性以及恐怖分子个体在网络中所处的地位。绘制恐怖组织关系网络图，首先需要对前期搜集到的大量零散的恐怖组织成员之间的关系数据进行处理，建立恐怖组织关系数据矩阵；接下来根据情况选择绘制恐怖组织关系网络图的方式，主要有手工绘制与计算机辅助绘制两种。

首先，建立恐怖组织关系数据矩阵。

---

① Valdis E. Krebs. “Mapping networks of terrorist cells” . Connections, 2002, 24 (3): 43 - 52. http: //www. sfu. ca/ ~ insna/Connections - Web/Volume24 - 3/Valdis. Krebs. web. pdf.

通过确定初始调查对象并对其直接联系进行全面排查，能够得到关于恐怖分子之间关系的大量数据。为了更加迅速、方便地理解并使用这些关系数据，需要将其转换为量化的数字并通过关系数据矩阵的形式表现出来；另一方面，当涉及的恐怖组织成员数量庞大时，通过建立恐怖组织关系数据矩阵，能够借助计算机软件辅助绘制恐怖组织关系网络图。

如表 2—4 所示，首先将已经确认的恐怖组织成员分别列入矩阵的第一行与第一列，然后根据关系数据反映出来的恐怖组织成员之间的关系进行赋值，若两者之间有关系则对其行列交叉的单元格赋值为“1”，如无关系则赋值为“0”，相同成员之间用“0”表示。当然根据具体分析的需要，可以针对成员之间关系的强度的不同对其关系进行不同数值的赋值，如用 0—5 表示不同强度的关系，数值越大两者之间关系越强，反之则越弱。

表 2—4　恐怖组织关系数据矩阵

	A	*B*	*C*	*D*	*E*	…
A	*0*	*1*	*1*	*0*	*1*	
B	*1*	*0*	*0*	*1*	*0*	
C	*1*	*0*	*0*	*1*	*0*	
D	*0*	*1*	*1*	*0*	*1*	
E	1	0	0	1	0	
…						

恐怖组织关系数据矩阵不仅能够表示恐怖分子之间关系的有无与强弱，也能够表示关系的方向。即恐怖组织关系数据矩阵中数字的排列并不是随意的，而是具有一定的指向性。关系数据矩阵中“行”所代表的恐怖分子是关系的发起者，“列”所代表的恐怖分子

是关系的接受者，关系的方向由“行”指向“列”。例如在表2—4中，假如考虑恐怖分子之间关系的方向性，第一行第二列的数值“1”表示的是恐怖分子A与恐怖分子B之间有关系，且关系的方向为由A指向B，若考虑的是指挥与控制的关系，则A是指挥与控制者，B是被指挥与被控制者。同样，第四行第一列的数值“0”表示的是恐怖分子D与恐怖分了A之间不具有D指向A的关系，若考虑的是指挥与控制的关系，则恐怖分子D不能够指挥A。

其次，绘制恐怖组织关系网络图。

在建立恐怖组织关系矩阵之后，为了更加直观地展现恐怖组织的网络结构，需要绘制恐怖组织关系网络图。需要注意的是，在绘制恐怖组织关系网络图之前，应该明确所要绘制的网络图的类型，即网络图是有向图还是无向图，以及是否区分网络中各节点之间关系的强弱。

在一般的社会网络分析中，对于网络图是有向图还是无向图这个问题来说，如果是有向图，则网络图中各节点之间关系的方向性需要用具有指向性的箭头来表示，其中单箭头表示关系的方向是单向的，而双箭头表示网络中两个节点之间的关系是双向的；如果是无向图，则只考虑各个节点之间是否具有关系，而不需要考虑关系的方向性。具体到城市恐怖主义的研究中，恐怖组织中各成员之间关系的方向性问题可以从两个方面进行考虑：一是如果考虑恐怖分子之间的隶属与指挥关系或者支援与被支援关系，则必须考虑关系的方向性，其关系图为有向图，且图中箭头的起点是指挥者或支援者，指向的是被指挥者或被支援者；二是如果不考虑这些类型的关系，仅考虑恐怖分子之间是否有关系，则不需要考虑关系的方向性，其关系图为无向图。恐怖组织网络图2—4中分别展现了拥有A、B、C、D、E五个恐怖分子的一个简易恐怖组织网络。其中图（1）表示只考虑五个恐怖分子之间是否具有关系，而图（2）则考虑了五个恐怖分子之间关系的方向性，即五个恐怖分子之间具有怎样的隶属或支援关系。

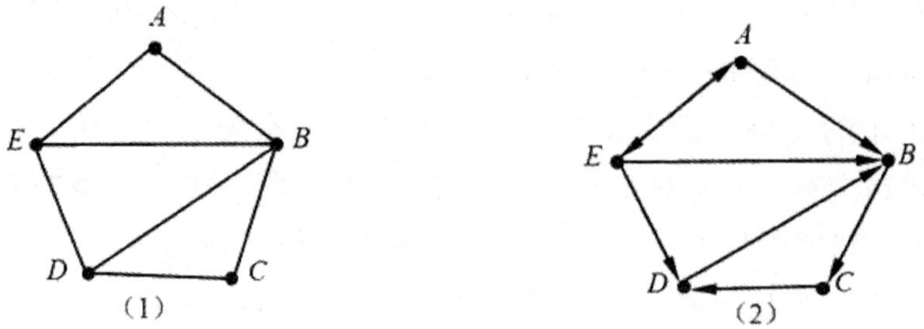

图 2—4 “有向”与“无向”的简易恐怖组织网络图

在一般的社会学研究中，社会关系网络中各个节点之间不同类型的关系具有强弱之分，通常情况下，血缘关系要强于朋友关系，而朋友关系则强于陌生人。在将社会网络分析应用到城市恐怖主义研究中，恐怖组织关系网络中各个恐怖分子之间的关系也具有强弱的差别，具体来说，这种差别主要体现在各个恐怖分子之间联系的频率上。一般情况下，联系越频繁，恐怖分子之间的关系越强，很少或者几乎不联系的恐怖分子之间的关系则很弱。对恐怖组织进行社会网络分析时，在有些情况下基于一定的研究目的，需要对网络中各个节点之间关系的强弱作出区分。这种区分在建立恐怖组织关系矩阵时表现为对不同强度的关系进行赋值，关系越强数值越大，反之则越小；而在绘制恐怖组织关系网络图时，则具有不同的表示方法，如图 2—5 所示，一种是用不同粗细的线条表示不同强弱的关系，另一种是将赋值标在同样粗细的线条上，此外还可以用不同颜色的线条表示关系的强弱。

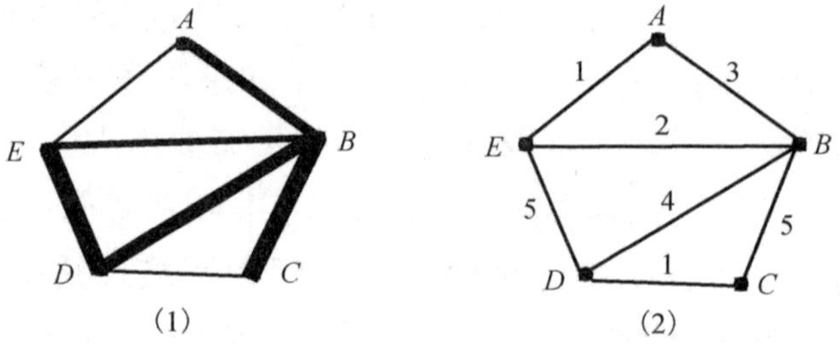

图 2—5 两种方法表示的恐怖组织网络关系的强弱

在一些情况下，还需要将上述两种情况结合起来，即绘制的恐怖组织关系网络图，既能够表示恐怖组织网络中恐怖分子之间的隶属或支援关系，也能表示不同恐怖分子之间联系的频率。这样的网络图对于恐怖组织中各个恐怖分子之间关系的表示更加详细、直观，但是也更加复杂，需要对各恐怖分子之间不同的关系进行明确的区分，与只考虑关系的有无相比工作量更大。

需要做出说明的是，在绘制恐怖组织关系网络图时，如果恐怖组织的成员较少，各成员之间的关系数量有限，则分析人员能够通过手工的方式进行绘制。然而一旦恐怖组织成员的数量较多，达到十几人、几十人甚至上百人时，各成员之间的关系数量就会急剧增加，运用手工的方式已经很难绘制出准确、完整的恐怖组织关系网络图，这时候就需要借助于一定的计算机工具进行辅助绘图，比如经常使用的社会网络分析软件 UCINET。

3. 分析恐怖组织关系网络

社会网络分析法的分析内容可以分为结构与位置属性分析和角色与地位分析两大类，其中结构与位置属性分析又可以分为个体中心性分析和凝聚子群分析。

首先，进行恐怖分子个体中心性分析。

在社会网络分析中，个体中心性的分析指标主要是度中心度、接近中心度和中介中心度。恐怖分子的度中心度反映的是恐怖组织关系网络中恐怖分子之间关系的集中程度，即一个恐怖分子在组织中的主导情况。某个恐怖分子的度中心度越高，与该恐怖分子有直接联系的恐怖分子越多，该恐怖分子越是在恐怖组织中处于中心地位。恐怖分子的接近中心度衡量的是恐怖组织中各恐怖分子之间关系的紧密程度，某个恐怖分子的接近中心度依据该恐怖分子与恐怖组织中其它所有恐怖分子间的距离之和来衡量。而距离之和与恐怖分子的中心性成反比，即距离之和越大，恐怖分子的接近中心度越低。恐怖分子的中介中心度是指恐怖组织中某个恐怖分子与其他恐怖分子之间相间隔的程度，表示某个恐怖分子在多大程度上是恐怖组织中其他恐怖分子间的“中介”，或者说某个恐怖分子能够在多大程度上控制组织中其他的恐怖分子。

恐怖分子个体中心性分析主要是通过以上三个分析指标找出恐怖组织中处于核心或关键地位的人员。在前面对度中心度、接近中心度和中介中心度三个分析指标的介绍中可以看出，对这三个指标的测度需要进行比较复杂的数学计算。而且如果涉及的节点即恐怖组织成员比较多时，需要的计算量更大。不过这一难题当前已经得到了有效解决，在现有的一些社会网络分析软件中已经能够实现对这些指标的自动运算。

其次，进行恐怖组织中的凝聚子群分析。

在社会网络分析中，凝聚子群是相互之间有着稳定、直接、强烈、频繁或正向联系的行动者子集。凝聚子群中的行动者之间相互联系较多，但是与子群外其他行动者间的相互联系较少。一般来说，恐怖分子单元在网络中容易表现为凝聚子群。[①] 恐怖组织网络通常是由诸多小群体（或团伙）组成，每一个小群体或团伙负责完成各自的任务，团伙内部各成员以及各团伙之间相互合作以完成最终任务。[②] 通过对恐怖组织网络进行凝聚子群分析，能够发现恐怖组织中的各个不同的团伙，进而更加深入地了解整个恐怖组织网络结构。

当前对恐怖组织网络进行凝聚子群分析的方法主要可以分为两类：一类以节点程度来计算，一群联系密切的节点视为一个小团队，主要依据是设定小团队中的每个节点至少要与小团队中的 n 个节点有联系，或者小团队中任意一个节点的联系路径数都高于与小团队外任意一个节点的联系路径数；另一类以距离计算，在一定距离内可以到达的节点视为一个小团队，主要依据是不同节点之间的捷径

① 郑志浩：《社会网络分析法在反恐中的应用》，《武汉公安干部学院学报》2012 年第 3 期，总第 100 期，第 19 页。

② 汪明敏：《反恐预警分析研究》，解放军外国语学院博士学位论文，2014 年，第 176 页。

或子图形的直径。[①]

再次，进行恐怖分子角色与地位分析。

社会网络分析对角色和地位的研究，主要是根据结构相似性或对等性对行动者进行分组，即把在网络中占有相同位置、跟网络中其他成员具有相似角色的行动者看作是等同的，并分析这些行动者的关系模式。在对恐怖分子的角色与地位进行分析时，主要是找出在恐怖组织网络中占有相同网络位置、跟组织中其他成员具有相似角色的行动者。与分析恐怖分子的个体中心性，以找出恐怖组织中的核心人物不同，对恐怖分子进行角色与地位分析，目的是找出在对恐怖组织中某个核心成员进行清除行动之后可能的替代者。

角色和地位分析是目前社会网络分析中数量化程度最高的领域，已经应用发展出了许多不同的数学分析方法。在角色和地位分析中，应用最普遍的是结构等价性测量，其测量方法主要包括距离法和相关法。[②] 距离法是指把每个行动者看作是由 N 个行动者构成的网络中的一个点，各点与点之间的距离越近，则表明其相似程度越高。若两个行动者的变量值相同，则他们之间的距离为零。最常用的距离测量法是欧式距离法，即两个观察单位间的距离应为其值差的平方和的平方根。[③] 相关法是用相关系数来测量变量之间的相关程度，从而说明行动者之间的相似程度，最常用的是皮尔逊积矩相关系数。常用的社会网络分析软件 UCINET 中内嵌了很多测量方法，在软件辅助分析时可以省去很多人工计算和统计的工作。

（四）特点评价

第一是恐怖分子之间的必要联系为运用社会网络分析法提供了可能。为了策划、实施恐怖袭击，恐怖分子之间需要进行必要的沟

---

① 郑志浩：《社会网络分析法在反恐中的应用》，《武汉公安干部学院学报》2012 年第 3 期，总第 100 期，第 19 页。

② 林聚任：《社会网络分析：理论、方法与应用》，北京师范大学出版集团，2009 年版，第 160 页。

③ 同上，第 161 页。

通与联系，这些联系为反恐部门运用社会网络分析法对其进行调查提供了可能。情报分析部门可以通过运用社会网络分析法对已知恐怖分子的社会关系网络及社会活动进行全面调查，排除正常的社会交往活动，找出非正常的联系，进而找出其余的恐怖分子。在美国击毙本·拉登这一行动中，情报机构正是通过找到为本·拉登传递消息的信使，并对其社会关系网络和社会活动进行全面调查，才找到了本·拉登隐藏的地点。

第二是恐怖分子为发动袭击所做的准备活动使运用社会网络分析法成为可能。为了发动恐怖袭击并保证袭击的成功，恐怖分子在袭击前必须进行一定的准备工作，如在发动恐怖袭击前需要选择目标并对目标进行踩点，需要准备袭击所需的武器装备，需要对袭击活动进行必要的演练等。在美国“9·11”事件发生之前，恐怖分子反常地谋求短时间内掌握飞机驾驶技术；在英国伦敦“7·7”地铁爆炸事件发生之前，恐怖分子为了制造简易爆炸装置，购买了大量的化学品；在我国云南省昆明市“3·01”暴力恐怖袭击发生之前，恐怖分子购买了大量管制刀具，并多次进行砍杀练习。这些准备活动必定会使恐怖分子从事一些有别于普通人的行为，这为反恐部门的侦查工作提供了机会。运用社会网络分析法对已知恐怖分子的社会关系网络及从事的社会活动进行全面的调查与监控，可以找出其所参与的社会活动中的异常行为。

再次是恐怖分子对通信系统及互联网的依赖为运用社会网络分析法提供了可能性。发达的通信系统和互联网络为恐怖分子的联络提供了便利，恐怖分子越来越多地利用通信系统和网络等手段进行联系。当前发达的信息技术一方面使得反恐部门能够对所有社会成员包括恐怖分子的所有通信记录进行全面监控，通过监控反恐部门能够识别出异常的通信行为，并锁定通信双方的身份及所处的位置。1996 年 4 月 21 日，俄罗斯空军根据车臣反政府武装领导人杜达耶夫所持移动电话发出的电波信号，判断出其所在位置，随即发射两枚空对地导弹，杜达耶夫当场被炸身亡。另一方面，通过对通信系统和互联网络的监控，反恐部门能够运用社会网络分析法绘制恐怖分子的联系人网络，并进一步找出与之有联系的可疑人员。

（五）使用示例

下文以“9·11”恐怖袭击事件为例，通过研究恐怖分子之间的直接与间接关系，构建“9·11”事件中的恐怖分子关系网络，并对其关系网络进行分析，以此展示社会网络分析法在城市反恐情报分析中的具体应用流程。

1. 背景资料梳理

2001 年 9 月 11 日，在本·拉登及其领导的“基地”组织的精心策划下，19 名恐怖分子在美国劫持了 4 架民航客机，其中 3 架先后撞击纽约世贸中心大厦和位于华盛顿的美国国防部五角大楼，另一架飞机在距离华盛顿哥伦比亚特区仅 20 分钟飞行距离的宾夕法尼亚州坠毁。这一系列的袭击导致 3000 多人死亡，6000 多人受伤，并造成数千亿美元的直接和间接经济损失。主要的恐怖分子及其在“9·11”事件中的活动情况如下：

9 月 11 日早上 7 时 45 分，穆罕默德·阿塔（Mohamed Atta）与阿卜杜尔·阿齐兹·阿里·奥马瑞（Abdul Aziz al Omari）、萨塔姆·艾尔·苏卡米（Satam al Suqami）、韦尔·艾尔·谢瑞（Wail al Shehri）、瓦利德·艾尔·谢瑞（Waleed al Shehri）一起，在波士顿洛根国际机场（Boston's Logan International Airport）搭乘美国航空公司飞往洛杉矶的第 11 次航班离港。[①] 与此同时，在洛根国际机场的另一候机楼，马万·艾尔·谢西（Marwan al Shehhi）与费耶兹·巴尼汉姆德（Fayez Banihammad）、穆罕德·艾尔·谢瑞（Mohand al Shehri）、阿哈迈德·艾尔·哥汉姆迪（Ahmed al Ghamdi）、哈姆扎·艾尔·哥汉姆迪（Hamza al Ghamdi）正办理联合航空公司第

---

① The 9/11 Commission, the 9/11 Commission Report: Final Report of the National Commission on Terrorist Attacks upon the United States, New York: W. W. Norton, 2004, pp: 1－2.

175 次航班的登机手续，该航班将于 8 时离港飞往洛杉矶。[①]

7 时 15 分左右，在位于华盛顿哥伦比亚特区弗吉尼亚郊外的杜勒斯国际机场，哈立德·艾尔·米赫德哈（Khalid al Mihdhar）与迈杰德·默克得（Majed Moqed）、哈尼·哈居尔（Hani Hanjour）、纳瓦夫·艾尔·哈兹米（Nawaf al Hazmi）、塞尔姆·艾尔·哈兹米（Salem al Hazmi）先后办理了美国航空公司 8 时 10 分飞往洛杉矶的第 77 次航班的登机手续。[②]

在新泽西州纽瓦克自由国际机场，4 名恐怖分子塞伊德·艾尔·哥汉姆迪（Saeed al Ghamdi）、阿哈迈德·艾尔·纳米（Ahmed al Nami）、阿哈迈德·艾尔·哈兹纳维（Ahmad al Haznawi）和吉亚德·亚拉赫（Ziad Jarrah）办理了联合航空公司飞往洛杉矶的第 93 次航班的登机手续。[③]

飞机起飞之后不久，恐怖分子开始利用刀子等武器袭击空乘人员，并以他们携带有炸弹为威胁，将乘客赶到飞机后部，同时成功地进入驾驶舱并制服飞行员，劫持了飞机。11 日上午 8 时 46 分，恐怖分子驾驶劫持的美国航空公司第 11 次航班撞向纽约世贸中心北塔楼；9 时 3 分，美国联合航空公司第 175 次航班撞向世贸中心南塔楼；9 时 37 分，美国航空公司第 77 次航班撞向美国国防部五角大楼。由于飞机起飞延误，在联合航空公司第 93 次航班发生劫持时，机上的乘客已经知道两架被劫持的飞机撞向了世贸中心大楼，因此乘客与劫机者发生了激烈的搏斗并猛烈冲击劫机者控制的驾驶舱，最后飞机于 10 时 2 分坠毁在宾夕法尼亚州山克斯维尔的旷野中，此地距离华盛顿哥伦比亚特区仅有 20 分钟的飞行距离。而根据计划，93 次航班上的恐怖分子的袭击目标是美国国会大厦或白宫。[④]

---

① The 9/11 Commission, the 9/11 Commission Report: Final Report of the National Commission on Terrorist Attacks upon the United States, New York: W. W. Norton, 2004, p. 2.

② Ibid., p. 3.

③ Ibid., p. 4.

④ Ibid., pp. 4 – 14.

2. 对“9·11”事件的中的恐怖分子关系网络进行分析

第一步，识别“9·11”事件中的恐怖组织。

首先，确定恐怖分子初始调查对象。

在穆罕默德·阿塔等人办理美国航空公司第11次航班的登记手续时，机场的计算机辅助乘客预扫描系统（CAPPS，Computer Assisted Passenger Prescreening System）——该系统是为识别应采取特别安全措施的旅客而设计——将阿塔以及另外三名小组成员识别出来，同样在办理美国航空公司第77次航班登机手续时，哈尼·哈居尔、哈利德·米赫德哈以及迈杰德·默克得也被该系统识别出来。但是根据当时的安检规则，这些被识别出的人的唯一后果是将其所登记的包裹与飞机隔离开，直到已经证实这些人登上了飞机。因此，尽管已经被安全系统识别出来，但是这些劫机者仍然顺利地登上了各自选定的飞机。

劫机开始之后，恐怖分子用刀子等刺伤、杀害乘务人员，并以机上有炸弹为威胁，将机上的乘客赶到了飞机的后部并控制了驾驶舱，但是并没有切断飞机的通信系统。这使得机上的乘务人员能够通过卫星电话与地面人员进行联系，汇报了机上发生的劫持事件以及劫机者的相关信息；机上的其他乘客也通过电话与家人取得了联系。根据乘务人员汇报的劫机者的乘务信息，并比对事发前的登机信息，“9·11”事件的调查人员锁定了19名劫机者（如表2—5所示）。

表2—5 “9·11”事件中的劫机者名单

美国航空公司第11次航班劫机者	美国航空公司第77次航班劫机者
穆罕默德·阿塔	哈尼·哈居尔
阿卜杜尔·阿齐兹·阿里·奥马瑞	哈利德·艾尔·米赫德哈
韦尔·艾尔·谢瑞	迈杰德·默克得
萨塔姆·艾尔·苏卡米	纳瓦夫·艾尔·哈兹米
瓦利德·艾尔·谢瑞	塞尔姆·艾尔·哈兹米

续表

美国联合航空公司第175次航班劫机者	美国联合航空公司第93次航班劫机者
马万·艾尔·谢西	吉亚德·亚拉赫
穆罕德·艾尔·谢瑞	塞伊德·艾尔·哥汉姆迪
哈姆扎·艾尔·哥汉姆迪	阿哈迈德·艾尔·纳米
费耶兹·巴尼汉姆德	阿哈迈德·艾尔·哈兹纳维
阿哈迈德·艾尔·哥汉姆迪	

其次，以初始调查对象为基础扩增直接联系。

通过各方面信息锁定了19名恐怖分子之后，“9·11”事件的调查人员开始对这些恐怖分子展开全面调查。通过对恐怖分子持有的护照以及出入境信息的调查发现，这些恐怖分子可以分为两类：一是飞行员，即劫持飞机后负责驾驶飞机的恐怖分子；二是暴力劫机者，主要负责夺取飞机的控制权并控制机上的局势。这些人员进入美国的时间不同，其中飞行员早在2000年5月份就陆续进入美国，在佛罗里达和亚利桑那等地的飞行学院学习飞机驾驶。而负责劫持飞机的恐怖分子则是在“9·11”事件发生前几个月凭借旅游签证进入美国。

在19名恐怖分子中，飞行员包括穆罕默德·阿塔、哈尼·哈居尔、马万·艾尔·谢西和吉亚德·亚拉赫。通过调查发现，4人当中的穆罕默德·阿塔、马万·艾尔·谢西和吉亚德·亚拉赫来自所谓的“汉堡小组”。该小组是一个以在德国汉堡留学的阿拉伯裔青年为主的极端主义组织。其核心成员除上述3名飞行员外，还有1名核心成员拉姆兹·宾勒斯伯。1999年，这4名极端分子决定飞往车臣对俄罗斯作战，将自己的极端主义思想付诸实施。① 由于当时前往车臣已经十分困难，“基地”组织建议这4人转往阿富汗接受“圣

① The 9/11 Commission, the 9/11 Commission Report: Final Report of the National Commission on Terrorist Attacks upon the United States, New York: W. W. Norton, 2004, p. 165.

战”训练。在那里他们见到了本·拉登及其高级顾问穆罕默德·阿提夫，并向本·拉登宣誓效忠。在本·拉登的授意下，他们返回德国进行飞行训练。在返回德国之前，他们见了“9·11”事件的另一个重要策划者哈利德·谢赫·穆罕默德（Khalid Sheikh Mohammed），并接受了训练。然而德国以及欧洲的飞行学校无法满足要求，他们转而申请美国的飞行学校。但是由于某种原因，宾勒斯伯的几次签证申请都未获通过，而另外3人则顺利地获得了赴美签证。

2000年初夏，“汉堡小组”的3名成员来到美国开始飞行训练。[①] 而宾勒斯伯在哈利德·谢赫·穆罕默德与身处美国的“基地”组织成员之间发挥协调作用。阿塔和谢西在佛罗里达威尼斯的哈夫曼航空学院（Huffman Aviation）接受飞行训练，吉亚德·亚拉赫则在佛罗里达威尼斯的佛罗里达飞行训练中心（FFTC，Florida Flight Training Center）进行训练。由于宾勒斯伯因签证未获通过，“基地”组织挑选了一个替代者——哈尼·哈居尔。他于2000年9月获得美国学生签证，并于12月抵达美国圣地亚哥，与“基地”组织的另一名成员纳瓦夫·艾尔·哈兹米一道前往亚利桑那。哈尼·哈居尔在亚利桑那飞行学院（Arizona Aviation）进行飞行训练，之后到潘爱姆国际飞行学院（Pan Am International Flight Academy）进行波音737模拟机飞行训练。[②] 在进行飞行训练期间，哈利德·谢赫·穆罕默德的侄子阿里·阿布杜尔·阿齐兹·阿里（Ali Abdul Aziz Ali）负责为他们提供训练所需的费用。到2001年4月初，4名飞行员已经完成了基本的训练，具备了驾驶飞机的资格与能力。

在“汉堡小组”3名成员以及哈尼·哈居尔进行飞行训练的同时，“基地”组织开始招募暴力劫机者，即准备突袭飞行员座舱和控制乘客的恐怖分子。“基地”组织共招募了13名暴力劫机者，其中12人来自沙特阿拉伯，1人来自阿联酋。来自沙特的12人中，阿哈迈德·艾

---

① The 9/11 Commission, the 9/11 Commission Report: Final Report of the National Commission on Terrorist Attacks upon the United States, New York: W. W. Norton, 2004, p. 223.

② Ibid., p. 226.

尔·哥汉姆迪、塞伊德·艾尔·哥汉姆迪、哈姆扎·艾尔·哥汉姆迪和阿哈迈德·艾尔·哈兹纳维4人来自偏僻的巴哈地区相邻的3个城镇，并从属于同一部族。另外5人——韦尔·艾尔·谢瑞、瓦利德·艾尔·谢瑞、阿布杜尔·阿齐兹·艾尔·奥马瑞、穆罕德·艾尔·谢瑞和阿哈迈德·艾尔·纳米来自沙特阿拉伯南部与也门接壤的阿西尔省，其中，韦尔·艾尔·谢瑞与瓦利德·艾尔·谢瑞是一对兄弟。剩下3名来自沙特的人萨塔姆·艾尔·苏卡米、迈杰德·默克得和塞尔姆·艾尔·哈兹米之间则并没有直接的联系，只有塞尔姆·艾尔·哈兹米是已经在美国的“基地”组织成员纳瓦夫·艾尔·哈兹米的弟弟。来自阿联酋的被招募者是费耶兹·巴尼汉姆德，他与袭击阴谋的另一个资金支持者穆斯塔法·艾尔·豪萨维一起工作。

劫机者在沙特阿拉伯获得美国签证后，于2000年底至2001年初返回阿富汗进行特殊训练，之后这些人于2001年4月从巴基斯坦转道阿联酋前往美国。多数情况下，他们都是二三人一起凭旅游签证进入美国的奥兰多或迈阿密、佛罗里达、华盛顿特区或者纽约。根据出入境记录，2001年4月23日，瓦利德·艾尔·谢瑞与萨塔姆·艾尔·苏卡米由迪拜到达奥兰多；5月2日，迈杰德·默克得与阿哈迈德·艾尔·哥汉姆迪到达华盛顿杜勒斯国际机场；5月28日，哈姆扎·艾尔·哥汉姆迪、穆罕德·艾尔·谢瑞与阿哈迈德·艾尔·纳米持旅游签证由迪拜到达迈阿密；6月8日，阿哈迈德·艾尔·哈兹纳维与韦尔·艾尔·谢瑞持旅游签证由迪拜到达迈阿密；6月27日，费耶兹·巴尼汉姆德与塞伊德·艾尔·哥汉姆迪由迪拜到达奥兰多；6月29日，阿布杜尔·阿齐兹·阿里·奥马瑞与塞尔姆·艾尔·哈兹米持旅游签证由迪拜到达纽约肯尼迪国际机场；7月4日，哈利德·艾尔·米赫德哈到达肯尼迪国际机场。至此，14名暴力劫机者已经全部进入美国。[①] 进入佛罗里达的人由阿塔和谢西

① The 9/11 Commission, the 9/11 Commission Report: Final Report of the National Commission on Terrorist Attacks upon the United States, New York: W. W. Norton, 2004, pp: 21 – 27. http://govinfo. library. unt. edu/911/staff_ statements/911_ TerrTrav_ Monograph. pdf.

提供帮助，其他人则由哈兹米和哈居尔进行关照。①

根据调查人员获得的上述情况，可以发现，除了直接参与劫机的 19 名恐怖分子之外，还有几名人员在“9 · 11”事件的组织策划及提供保障上发挥了重要作用，这几个人分别是奥萨马 · 本 · 拉登、穆罕默德 · 阿提夫、哈利德 · 谢赫 · 穆罕默德、拉姆兹 · 宾勒斯伯、阿里 · 阿布杜尔 · 阿齐兹 · 阿里和穆斯塔法 · 艾尔 · 豪萨维。接下来需要将这些情况整理成关系数据并用矩阵进行表示（如表 2—6 所示）。

表 2—6　“9 · 11”事件恐怖分子关系数据矩阵②

	1	2	3	4	5	6	7	8	9	10	11	12	13	14	15	16	17	18	19	20	21	22	23	24	25
1	0	1	1	0	1	0	0	0	0	0	0	0	0	0	0	0	0	0	0	0	0	0	0	0	0
2	1	0	1	0	1	0	0	0	0	0	0	0	0	0	0	0	0	0	0	0	0	0	0	0	0
3	1	1	0	1	1	0	0	0	0	0	1	0	0	0	0	0	0	0	0	0	0	0	0	0	1
4	0	0	1	0	0	1	0	1	1	1	1	1	1	1	0	1	0	1	1	1	1	1	0	1	1
5	1	1	1	0	0	1	0	0	0	0	0	0	0	0	0	1	0	0	0	1	0	0	0	0	0
6	0	0	0	1	1	0	1	1	1	1	0	0	0	1	0	1	1	1	1	1	1	1	0	0	0
7	0	0	0	0	0	1	0	1	1	1	1	0	0	1	1	0	0	1	0	0	1	0	0	0	0
8	0	0	0	1	0	1	1	0	1	1	0	0	0	0	0	0	0	1	1	1	1	0	0	0	0
9	0	0	0	1	0	1	1	1	0	1	0	0	0	0	0	0	0	0	0	1	0	0	0	0	0
10	0	0	0	1	0	1	1	1	1	0	0	0	0	0	0	0	0	1	0	1	1	0	0	0	0
11	0	0	1	1	0	0	1	0	0	0	0	1	1	1	1	0	0	0	0	0	0	0	0	1	0
12	0	0	0	1	0	0	0	0	0	0	1	0	1	1	1	0	0	0	0	0	0	0	0	0	0
13	0	0	0	1	0	0	0	0	0	0	1	1	1	1	1	0	0	0	0	0	0	0	0	1	0
14	0	0	0	1	0	1	1	0	0	0	1	1	1	0	1	0	0	0	0	0	0	0	0	1	0
15	0	0	0	0	0	0	1	0	0	0	1	1	1	1	0	0	0	0	0	0	0	0	0	0	1

① The 9/11 Commission, the 9/11 Commission Report: Final Report of the National Commission on Terrorist Attacks upon the United States, New York: W. W. Norton, 2004, pp: 235 – 239.

② 表中所列数据为笔者根据《“9 · 11”委员会报告》公布的相关信息进行赋值并整理的结果。本章下文中的图片以及表格是笔者依据表中这些数据通过运行社会网络分析软件 UCINET 6（版本 6. 212）得出的结果。

续表

	1	2	3	4	5	6	7	8	9	10	11	12	13	14	15	16	17	18	19	20	21	22	23	24	25
16	0	0	0	1	1	1	0	0	0	0	0	0	0	0	0	0	1	1	1	0	0	0	0	0	0
17	0	0	0	0	0	1	0	0	0	0	0	0	0	0	0	1	0	1	1	1	0	1	1	1	1
18	0	0	0	1	0	1	1	1	0	1	0	0	0	0	0	1	1	0	1	1	1	1	0	0	0
19	0	0	0	1	0	1	0	1	0	0	0	0	0	0	0	1	1	1	0	1	0	1	0	1	0
20	0	0	0	1	1	1	0	1	1	1	0	0	0	0	0	0	1	1	1	0	1	1	1	1	0
21	0	0	0	1	0	1	1	1	0	1	0	0	0	0	0	0	0	1	0	1	0	1	1	1	0
22	0	0	0	1	0	1	0	0	0	0	0	0	0	0	0	0	1	1	1	1	1	0	1	1	0
23	0	0	0	0	0	1	0	0	0	0	0	0	0	0	0	0	1	0	0	1	1	1	0	1	1
24	0	0	0	1	0	0	0	0	0	0	1	0	0	1	0	0	1	0	1	1	1	1	1	0	0
25	0	0	1	1	0	0	1	0	0	0	0	0	0	0	1	0	1	0	0	0	0	0	1	0	0

1 本·拉登　2 穆罕默德·阿提夫　3 哈利德·谢赫·穆罕默德　4 阿里·阿布杜尔·阿齐兹·阿里　5 拉姆兹·宾勒斯伯　6 穆罕默德·阿塔　7 阿卜杜尔·阿齐兹·艾尔·奥马瑞　8 韦尔·艾尔·谢瑞　9 萨塔姆·艾尔·苏卡米　10 瓦利德·艾尔·谢瑞　11 哈尼·哈居尔　12 哈利德·艾尔·米赫德哈　13 迈杰德·默克得　14 纳瓦夫·艾尔·哈兹米　15 塞尔姆·艾尔·哈兹米　16 吉亚德·亚拉赫　17 塞伊德·艾尔·哥汉姆迪　18 阿哈迈德·艾尔·纳米　19 阿哈迈德·艾尔·哈兹纳维　20 马万·艾尔·谢西　21 穆罕德·艾尔·谢瑞　22 哈姆扎·艾尔·哥汉姆迪　23 费耶兹·巴尼汉姆德　24 阿哈迈德·艾尔·哥汉姆迪　25 穆斯塔法·艾尔·豪萨维

第二步，绘制“9·11”事件恐怖分子整体关系网络图。

在将搜集到的恐怖组织相关情报整理成关系数据并用矩阵表示之后，接下来需要借助社会网络分析软件中的可视化工具绘制恐怖组织关系网络图，以便更加直观、形象地展示恐怖组织的网络化组织结构，并且能够更加清晰地展现恐怖分子之间的相互关系。将已经处理过的“9·11”事件相关恐怖分子的关系矩阵输入社会网络分析软件 UCINET 6 中，借助该软件中附带的可视化工具 Net Draw 可以绘制出相对完整的“9·11”事件恐怖组织关系网络图，如图 2—7 所示。

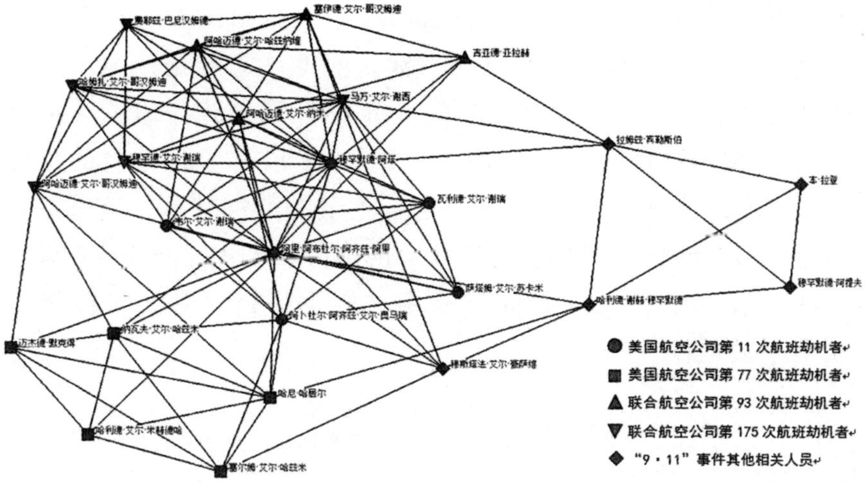

图 2—7　“9 · 11”事件恐怖组织关系网络图

在绘制出的“9 · 11”事件恐怖组织关系图中，每个节点代表“9 · 11”事件中的一个劫机者或其他相关人员，各个节点之间的连线代表不同的劫机者或其他相关人员之间的关系。从图 2—7 中可以直观地看出，与传统的层级分明的等级制结构不同，参与“9 · 11”事件的恐怖分子构成了错综复杂的网络化组织结构。在这样一个网络化组织结构中，不同的节点之间具有很大的差异，这可以直观地从连接不同节点之间连线的数量看出，数量越多，表明与该节点相连接的节点越多，该节点能够接触的节点与资源也就越多，该节点代表的恐怖分子对于整个恐怖组织网络来说也就越重要。在“9 · 11”事件恐怖组织关系网络图中，与阿里 · 阿布杜尔 · 阿齐兹 · 阿里和穆罕默德 · 阿塔具有直接联系的节点是最多的，分别为 17 个和 15 个节点。这表明两人在该网络中能够直接接触到的节点和资源是最多的，在网络中处于相对核心的地位。

第三步，分析“9 · 11”事件恐怖分子关系网络。

首先，进行“9 · 11”事件中恐怖分子个体中心性分析。

对恐怖组织中恐怖分子个体中心性的分析主要借助于点度中心度、接近中心度和中介中心度三项分析指标。在第一章中已经给出了这三项分析指标的具体计算方法，运用该章给出的计算公式可以分别计算出各个恐怖分子的三项指标。值得注意的是，为了能够进行更加精确地比较，需要将运用第一章中计算公式得出的结果乘以100，并保留小数点后3位。但是由于“9·11”事件涉及的恐怖组织成员较多，达到了25人，需要进行大量的数据计算，这就需要借助于现有的网络分析工具。运用社会网络分析辅助工具UCINET 6对“9·11”事件中涉及的恐怖分子相关数据进行计算，可以得出表2—7所示的数据：

表2—7 “9·11”事件中恐怖分子个体中心性分析指标

恐怖分子姓名	点度中心度	接近中心度	中介中心度
阿里·阿布杜尔·阿齐兹·阿里	70.833	77.419	21.295
穆罕默德·阿塔	62.500	72.727	10.285
马万·艾尔·谢西	54.167	66.667	6.575
阿哈迈德·艾尔·纳米	45.833	61.538	1.826
阿卜杜尔·阿齐兹·艾尔·奥马瑞	41.667	60.000	5.201
穆罕德·艾尔·谢瑞	41.667	60.000	1.367
阿哈迈德·艾尔·哥汉姆迪	41.667	60.000	4.464
韦尔·艾尔·谢瑞	37.500	58.537	0.606
塞伊德·艾尔·哥汉姆迪	37.500	57.143	1.737
阿哈迈德·艾尔·哈兹纳维	37.500	57.143	0.765
哈姆扎·艾尔·哥汉姆迪	37.500	57.143	0.529
瓦利德·艾尔·谢瑞	33.333	57.143	0.243
哈尼·哈居尔	33.333	60.000	4.039
纳瓦夫·艾尔·哈兹米	33.333	57.143	2.026
费耶兹·巴尼汉姆德	29.167	54.545	0.727
哈利德·谢赫·穆罕默德	25.000	57.143	9.101
拉姆兹·宾勒斯伯	25.000	53.333	8.031
萨塔姆·艾尔·苏卡米	25.000	54.545	0.122

续表

恐怖分子姓名	点度中心度	接近中心度	中介中心度
迈杰德·默克得	25.000	53.333	0.535
塞尔姆·艾尔·哈兹米	25.000	48.980	0.876
吉亚德·亚拉赫	25.000	55.814	1.182
穆斯塔法·艾尔·豪萨维	25.000	57.143	3.788
哈利德·艾尔·米赫德哈	20.833	50.000	0.188
本·拉登	12.500	40.000	0.000
穆罕默德·阿提夫	12.500	40.000	0.000

从表中可以看出，阿里·阿布杜尔·阿齐兹·阿里和穆罕默德·阿塔的三个指标数值在所有人之中都是最高的，马万·艾尔·谢西的点度中心度和接近中心度仅次于上述两人。由此可见，这三个人在制造“9·11”事件的恐怖组织关系网络中处于非常重要的地位。事实上也正是如此，阿里·阿布杜尔·阿齐兹·阿里为劫机者直接提供了资金支持，而穆罕默德·阿塔不仅是劫机者中的飞行员，而且是“基地”组织选择的发动“9·11”恐怖袭击的直接负责人，马万·艾尔·谢西既是飞行员，也是穆罕默德·阿塔在美国的重要助手。在表中中介中心性这一项指标中，哈利德·谢赫·穆罕默德与拉姆兹·宾勒斯伯的指标数值也很高，这是由于两人是“基地”组织最高层与“9·11”恐怖袭击执行者之间的协调人员，哈利德·谢赫·穆罕默德在宏观上进行调度，而拉姆兹·宾勒斯伯则主要负责与“9·11”恐怖袭击执行者进行联络。

在该表中，“基地”组织领导人本·拉登及其高级顾问穆罕默德·阿提夫各项指标均为最低，这并不意味着两者在“9·11”恐怖袭击中处于无关紧要的位置。相反，正是这两个人策划了“9·11”事件，并亲自选择了袭击目标。两者的各项指标数值处于最低，主要是因为本文是以恐怖分子之间的直接联系为标准进行社会网络分析，两人作为“9·11”事件的策划者，与具体执行者之间并没有直接联系，主要是通过哈利德·谢赫·穆罕默德与拉姆兹·宾勒斯伯等人对其进行指挥。

其次，进行“9·11”事件中恐怖组织凝聚子群分析。

在社会网络分析中，凝聚子群是分析网络组织结构的重要指标。在对恐怖组织进行研究时，为了深入了解恐怖组织的具体组织结构，需要对恐怖组织进行凝聚子群分析。图2—8是运用UCINET 6对“9·11”事件中涉及的恐怖分子进行凝聚子群分析的结果。

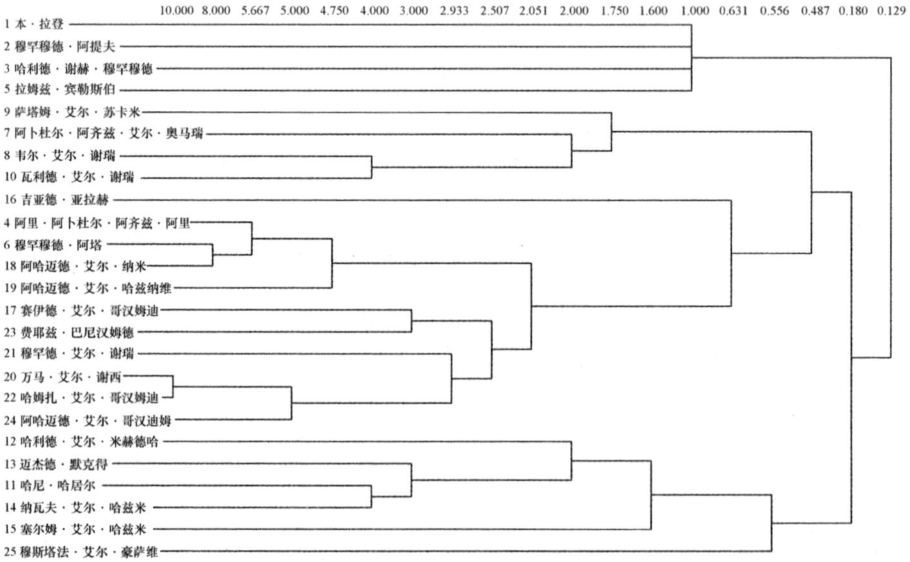

图2—8　“9·11”事件恐怖组织中的凝聚子群

从图2—8可以看出，“9·11”事件中涉及的恐怖分子可以分为两大子群，一是以本·拉登、穆罕默德·阿提夫、哈利德·谢赫·穆罕默德等人为主的策划者与支持者子群，二是以默罕默德·阿塔等为核心的19名劫机执行者子群。在执行者子群中，又可以明显看出四个次级子群，这分别对应了被劫持的4架客机上的劫机者。这样，“9·11”事件中恐怖组织的网络化组织结构也就一目了然了。

再次，进行“9·11”事件恐怖分子角色与地位分析。

社会网络分析对角色和地位的研究，主要是根据结构相似性或对等性对行动者进行分组，即把占有相同网络位置、跟其他成员具有相似角色的行动者看作是等同的，并分析这些行动者的关系模式。在对恐怖分子的角色与地位进行分析时，主要是找出在恐怖组织网络中占有相同网络位置、跟组织中其他成员具有相似角色的行动者。图2—9是运用UCINET 6对“9·11”事件中恐怖分子的角色与地位进行分析的结果。

Structural Equivalence Matrix

	1	2	3	4	5	6	7	8	9	10	11	12	13	14	15	16	17	18	19	20	21	22	23	24	25
1	0.00	0.00	2.45	6.00	2.45	5.57	5.00	4.90	4.24	4.69	4.24	4.00	4.12	4.69	4.24	3.74	4.90	5.29	4.90	5.29	5.10	4.90	4.36	5.00	3.61
2	0.00	0.00	2.45	6.00	2.45	5.57	5.00	4.90	4.24	4.69	4.24	4.00	4.12	4.69	4.24	3.74	4.90	5.29	4.90	5.29	5.10	4.90	4.36	5.00	3.61
3	2.45	2.45	0.00	5.83	3.46	5.74	5.00	5.10	4.47	4.90	4.47	3.74	3.87	4.47	4.00	4.00	5.10	5.48	5.10	5.48	5.29	5.10	4.58	4.80	3.87
4	6.00	6.00	5.83	0.00	5.48	4.36	4.36	4.47	5.10	4.69	5.10	5.29	5.20	5.10	5.10	5.48	4.47	4.47	4.47	4.47	4.69	4.90	5.00	4.80	6.08
5	2.45	2.45	3.46	5.48	0.00	5.39	5.20	4.69	4.00	4.47	4.90	4.69	4.80	4.90	4.90	4.00	4.24	4.69	4.24	5.48	4.90	4.69	4.36	5.20	4.36
6	5.57	5.57	5.74	4.36	5.39	0.00	4.47	3.32	4.12	3.61	5.74	5.57	5.66	5.74	5.74	4.12	4.58	2.65	3.87	3.00	3.87	4.12	4.90	4.24	5.29
7	5.00	5.00	5.00	4.36	5.20	4.47	0.00	3.61	3.87	3.32	4.80	4.12	4.24	4.36	4.12	4.80	5.20	4.58	5.00	4.58	4.36	5.00	4.90	5.10	4.90
8	4.90	4.90	5.10	4.47	4.69	3.32	3.61	0.00	2.45	1.41	5.10	4.90	5.00	4.69	5.10	3.74	4.47	2.83	4.00	3.46	3.16	3.46	4.58	4.58	4.80
9	4.24	4.24	4.47	5.10	4.00	4.12	3.87	2.45	0.00	2.00	4.47	4.24	4.36	4.00	4.47	4.00	4.69	3.16	3.74	4.24	2.83	4.24	4.36	4.80	4.12
10	4.69	4.69	4.90	4.69	4.47	3.61	3.32	1.41	2.00	0.00	4.90	4.69	4.80	4.47	4.90	4.00	4.69	3.16	3.74	3.74	2.83	3.74	4.36	4.80	4.58
11	4.24	4.24	4.47	5.10	4.90	5.74	4.80	5.10	4.47	4.90	0.00	2.45	2.24	2.00	2.83	4.90	5.48	5.48	5.10	5.83	4.90	5.10	5.00	4.58	3.61
12	4.00	4.00	3.74	5.29	4.69	5.57	4.12	4.90	4.24	4.69	2.45	0.00	1.00	2.45	2.45	4.24	5.29	5.29	4.90	5.66	5.10	4.90	4.80	3.87	3.61
13	4.12	4.12	3.87	5.20	4.80	5.66	4.24	5.00	4.36	4.80	2.24	1.00	0.00	2.24	2.65	4.36	5.20	5.39	4.80	5.57	5.00	4.80	4.69	4.00	3.74
14	4.69	4.69	4.47	5.10	4.90	5.74	4.36	4.69	4.00	4.47	2.00	2.45	2.24	0.00	2.83	4.47	5.10	5.10	4.69	5.48	4.47	4.69	4.80	4.58	4.12
15	4.24	4.24	4.00	5.10	4.90	5.74	4.12	5.10	4.47	4.90	2.83	2.45	2.65	2.83	0.00	4.90	5.10	5.48	5.48	6.16	5.29	5.48	4.58	4.58	4.12
16	3.74	3.74	4.00	5.48	4.00	4.12	4.80	3.74	4.00	4.00	4.90	4.24	4.36	4.47	4.90	0.00	3.74	3.74	3.16	3.74	4.47	3.16	4.36	4.36	3.87
17	4.90	4.90	5.10	4.47	4.24	4.58	5.20	4.47	4.69	4.69	5.48	5.29	5.20	5.10	5.10	3.74	0.00	4.00	2.83	4.00	3.74	2.83	3.00	4.12	4.58
18	5.29	5.29	5.48	4.47	4.69	2.65	4.58	2.83	3.16	3.16	5.48	5.29	5.39	5.10	5.48	3.74	4.00	0.00	2.83	3.46	3.16	3.46	4.12	4.12	4.80
19	4.90	4.90	5.10	4.47	4.24	3.87	5.00	4.00	3.74	3.74	5.10	4.90	4.80	4.69	5.48	3.16	2.83	2.83	0.00	3.46	3.16	2.83	3.61	4.12	4.58
20	5.29	5.29	5.48	4.47	5.48	3.00	4.58	3.46	4.24	3.74	5.83	5.66	5.57	5.48	6.16	3.74	4.00	3.46	3.46	0.00	3.16	2.83	4.12	4.12	5.00
21	5.10	5.10	5.29	4.69	4.90	3.87	4.36	3.16	2.83	2.83	4.90	5.10	5.00	4.47	5.29	4.47	3.74	3.16	3.16	3.16	0.00	3.16	3.87	4.36	4.58
22	4.90	4.90	5.10	4.90	4.69	4.12	5.00	3.46	4.24	3.74	5.10	4.90	4.80	4.69	5.48	3.16	2.83	3.46	2.83	2.83	3.16	0.00	3.00	3.00	4.12
23	4.36	4.36	4.58	5.00	4.36	4.90	4.90	4.58	4.36	4.36	5.00	4.80	4.69	4.80	4.58	4.36	3.00	4.12	3.61	4.12	3.87	3.00	0.00	3.46	4.00
24	5.00	5.00	4.80	4.80	5.20	4.24	5.10	4.58	4.80	4.80	4.58	3.87	4.00	4.58	4.58	4.36	4.12	4.12	4.12	4.12	4.36	3.00	3.46	0.00	4.24
25	3.61	3.61	3.87	6.08	4.36	5.29	4.90	4.80	4.12	4.58	3.61	3.61	3.74	4.12	4.12	3.87	4.58	4.80	4.58	5.00	4.58	4.12	4.00	4.24	0.00

HIERARCHICAL CLUSTERING OF EQUIVALENCE MATRIX

```
             1     1 2 1 2 1 1 2 2 2         1 1 1 1 1 2
Level  4 7 6 8 9 8 0 1 6 0 7 9 2 3 4 2 1 3 5 2 3 1 4 5 5
-----  - - - - - - - - - - - - - - - - - - - - - - - - -
0.000  . . . . . . . . . . . . . . . XXX . . . . . . . .
1.000  . . . . . . . . . . . . . . . XXX . . XXX . . . .
1.414  . . . . . XXX . . . . . . . . XXX . . XXX . . . .
2.000  . . . . . XXX . . . . . . . . XXX . . XXX XXX . .
2.150  . . . . XXXXX . . . . . . . . XXX . . XXX XXX . .
2.307  . . . . XXXXX . . . . . . . . XXX . . XXXXXXX . .
2.449  . . . . XXXXX . . . . . . . . XXXXX . XXXXXXX . .
2.646  . . XXX XXXXX . . . . . . . . XXXXX . XXXXXXX . .
2.746  . . XXX XXXXX . . . . . . . . XXXXX . XXXXXXXXX .
2.828  . . XXX XXXXX . . . XXXXX . . XXXXX . XXXXXXXXX .
2.912  . . XXX XXXXXXX . . XXXXX . . XXXXX . XXXXXXXXX .
3.058  . . XXX XXXXXXX . . XXXXX . . XXXXXXX XXXXXXXXX .
3.154  . . XXX XXXXXXX . XXXXXXX . . XXXXXXX XXXXXXXXX .
3.340  . . XXX XXXXXXX XXXXXXXXX . . XXXXXXX XXXXXXXXX .
3.345  . . XXXXXXXXXXX XXXXXXXXX . . XXXXXXX XXXXXXXXX .
3.464  . . XXXXXXXXXXX XXXXXXXXX XXX XXXXXXX XXXXXXXXX .
3.625  . . XXXXXXXXXXXXXXXXXXXXX XXX XXXXXXX XXXXXXXXX .
3.895  . . XXXXXXXXXXXXXXXXXXXXXXXXX XXXXXXX XXXXXXXXX .
4.009  . . XXXXXXXXXXXXXXXXXXXXXXXXX XXXXXXX XXXXXXXXXXX
4.323  . . XXXXXXXXXXXXXXXXXXXXXXXXX XXXXXXXXXXXXXXXXXXX
4.359  XXX XXXXXXXXXXXXXXXXXXXXXXXXX XXXXXXXXXXXXXXXXXXX
4.622  XXX XXXXXXXXXXXXXXXXXXXXXXXXXXXXXXXXXXXXXXXXXXXXX
4.973  XXXXXXXXXXXXXXXXXXXXXXXXXXXXXXXXXXXXXXXXXXXXXXXXX
```

1 本·拉登
2 穆罕默德·阿提夫
3 哈利德·谢赫·穆罕默德
4 阿里·阿布杜尔·阿齐兹·阿里
5 拉姆兹·宾勒斯伯
6 穆罕默德·阿塔
7 阿卜杜尔·阿齐兹·艾尔·奥马瑞
8 韦尔·艾尔·谢瑞
9 萨塔姆·艾尔·苏卡米
10 瓦利德·艾尔·谢瑞
11 哈尼·哈居尔
12 哈利德·艾尔·米赫德哈
13 迈杰德·默克得
14 纳瓦夫·艾尔·哈兹米
15 塞尔姆·艾尔·哈兹米
16 吉亚德·亚拉赫
17 塞伊德·艾尔·哥汉姆迪
18 阿哈迈德·艾尔·纳米
19 阿哈迈德·艾尔·哈兹纳维
20 马万·艾尔·谢西
21 穆罕德·艾尔·谢瑞
22 哈姆扎·艾尔·哥汉姆迪
23 费耶兹·巴尼汉姆德
24 阿哈迈德·艾尔·哥汉姆迪
25 穆斯塔法·艾尔·豪萨维

图2—9　“9·11”事件中的恐怖分子结构对等性矩阵

图中，矩阵中的数字代表各个节点间的欧式距离，数值越小，表明两者之间的欧式距离越近，则两者之间在结构上的相似程度越高。从图中的矩阵可以看出，在欧式距离为“0.000”时，“1”和

"2"分别代表的本·拉登和穆罕默德之间具有结构相似性。以此类推，在欧式距离为"1.000"时，"12"和"13"即哈利德·艾尔·米赫德哈和迈杰德·默克得具有结构相似性。随着欧式距离的增大，具有结构性相似性的节点增多，但此时的相似性存在一定的误差，欧式距离越大，误差也就越大。

四、定量分析方法特点总结

（一）定量情报分析理论基于研究对象（包括事物和现象）可以被量化的内容、形式以及关系进行分析

定量分析主要依靠数理逻辑，通过对数据的转化、衡量、计算和整合，以达到对研究对象性质与特点较为精确的把握。在分析思路、推导工具、依循过程等多方面与常规的定性分析具有显著不同，二者的具体区别如表2—8所示：

表2—8　定量分析与定性分析的对比

对比项目	定量分析	定性分析
分析的问题	可以用数学方法明确描述	不易被数学方法明确描述
分析的框架	统计、计算、推导的公式	既有思维模式、观点和立场
分析的工具	数学方法、计算工具	知识、经验、直觉
分析的过程	稳定、可重复检验	可变、不易重复检验
分析的学科基础	自然科学为主	人文科学为主
分析结论的形式	抽象、直观、精确	形象、非直观、模糊

（二）定量分析总是以定性分析为依托，情报分析领域不存在绝对的定量分析理论

首先，定性分析是定量分析的基本出发点，如果不能判明研究问题的性质，就无法进行量的转化和分析；其次，定量分析的全过程都离不开定性分析，比如定量分析中非常重要的先验概率、客观概率等，往往都是由分析人员依循定性分析方法得出的主观判断，

情报分析所使用的数据不可能全部是完全客观的；再次，定量分析的结论转化还要依靠定性分析，定量分析得出的概率数据只是对结论的一种概括性描述，要让用户全面理解数据的含义还要做出充分的说明，这实际上又是将量化的结论转化为定性的判断。因此，定量分析并不能改变情报分析总体上是一种盖然性研究的本质属性。

（三）定量分析往往需要借助外部软硬件条件完成统计和计算任务

为了保证定量分析的准确性，就必须使用大量的数据信息，以量的积累实现质的飞跃。只有这样才能保证结论是依据充足、全面、可靠的证据推导出来的，并避免偶然、随机数据的误差对结论的影响。但是，人工处理海量数据的效率太低，根本不足以完成任务，必须有效利用计算机硬件、软件系统的运算和处理能力，特别是在“信息爆炸”愈演愈烈的时代，先进的智能计算工具是完成模型建构、数据库分析等大型、综合定量分析任务的必然选择。

（四）定量分析在实践应用时应注意限制因素，着重解决软性指标的量化问题

比如，军心、士气的判定就很难统一标准，不同国家的国民素质、民主意识也更难用统一的衡量单位来比较。另外，定量分析要求把分析中常见的表示主观判断的词语（如“可能”、“肯定”）转化为概率百分比（如36%、98%）的形式。虽然谢尔曼·肯特等研究者曾经订立过转化的对照标准，但是不同的分析人员对这种标准的理解也不一样，他们受各自经验背景、教育程度、专业特长等因素的影响，所给出的概率数值或许会相差很大。所以，分析数据本身很难精确定量，而转化的过程还有可能产生或放大误差，特别是主观逻辑判断中认为“没有可能”是对应概率中的“0”，可是“0”是不能出现在定量分析方程的分母部分，所以在实际操作中要把“0”换成一个很小的数字，但这就非常难以定量了，因为小数点位置的差异会使计算结果相差成百上千倍。

第三节 团队分析方法专题

情报分析在更多时候表现为一种团队工作：复杂的评估任务会超出个体分析人员的能力范围，必须通过集体合作来完成，而重要的问题通常也会交给按地区划分的科室或者按议题划分的任务组来完成，这就产生了分析团队如何有效进行合作的现实需求。一方面，研究者试图建立更加合理的组织、程序、方法和理念，有效地集中团队的智慧和经验，取得比个体分析更加准确完善的结论；另一方面，研究者注重考察现有团队分析工作制度、模式、技术与环境如何影响个体分析人员的思考过程与专业判断，揭示制约其专业表现的各种心理因素，从而探索趋利避害的做法以改进和创新团队分析的方法。

一、团队分析方法综述

（一）发展概述

真正意义上的团队分析方法研究可以追溯到美国战略情报局时期的战略情报研究模式，即采取专家集体负责制，集中资源和人力，并对集体工作的过程保持严密的监督，这种做法与学术研究中课题组集体攻关的模式非常相似。中央情报局初建不久，以华盛顿·普拉特为代表的专家就开始对情报分析的梯队配置和分级审核制度进行反思，提出了“普拉特法则”等理论问题，准确剖析了当时团队分析制度与程序存在的弊端。随着外部学术界对团队分析的模式与方法进行研究与创新，以专家调查法、“头脑风暴”法、“德尔菲”法为代表的先进研究方法也在20世纪60年代从兰德公司等智库被陆续引入到情报分析领域。到70年代中期，美国情报界开始尝试研究增加“竞争性分析”来改进团队分析模式，乔治·赫伯特·沃克·布什任中央情报局局长时，还在美国最高级别的情报分析工作

——国家情报评估中开展过“A队B队”竞争分析的实验，以检验相关理论的应用效果。大约在同一时期，以埃尔文·杰尼斯为代表的研究者也开始从另一侧面研究团队分析中的“集团思维”问题，着重从理论上解析既有工作模式存在的局限性以及对情报分析过程和结论的负面影响，相关的个案研究伴随着对情报分析失误的理论检讨甚至一直延续至今。冷战后，在历次情报体制调整、改革的强力推动下，以“红队”、“故意唱反调”为代表的理论研究兴起并在实践领域推广应用，掀起了团队分析方法研究的一轮新高潮。2005年，以国家情报总监办公室成立为标志的美国情报界新体制基本确立，研究者开始尝试从信息技术革新的角度改良当前的团队分析工作模式。在增进“信息共享与合作”的大趋势下，官方也大力支持并推动整合和优化情报界的全部分析力量的研究，正在蓬勃发展的“分析空间”、[①]“结构化分析技巧”等就是最佳的例证。

（二）内容简介

1. 分析思路

团队分析方法的应用与情报分析工作所依托的体制密不可分。自从有组织、专业化的情报分析部门建立以来，“情报分析更多是团队或组织努力而不是个体分析人员的工作产品。……因此，团队工作流程的成败对于情报产品的质量至关重要”。[②]

团队分析必须借助一定的方式进行组织和实施，常见的专家调查、专题会议讨论的形式是比较简单的集中团队智力资源的形式，而无论何种方式都离不开对于分析组织程序的设计和对于分析工具与方法的选取。因此，团队分析方法的总体思路是通过建立合理的分析组织，遵循特定的程序和方法，借助相关技术手段，集中团队的智慧和经验，取得比个体分析更加准确完善的结论。

---

① Mike Wertheimer, *A-Space: The Intelligence Community's Common Analytic Workspace*, Office of the Deputy Director of National Intelligence for Analysis, October 27, 2008.

② Stephen Marrin, *Improving Intelligence Analysis: Bridging the Gap between Scholarship and Practice*, London and New York: Routledge, 2011, p. 53.

2. 主要类型

团队分析方法大体上可以分为改进合作以及增加竞争两个大类的程序与方法，分别对应改进团队分析质量的两种可行路径。

从改进合作的程序与方法角度看，分析部门大量的基础性工作先是由个体的分析人员依靠自身的知识和经验完成，然后再通过一定的组织形式进行整合，因此从个体效益向整体效益发展、汇总的过程就大有文章可做。以中央情报局的分析部门为例，“在团队里组织他们的方式就是让每个分析人员平行独立工作，然后在上报结果时把各自的成果简单整合在一起”。[①] 然而，这种做法在处理复杂或高级别的分析任务时往往就行不通。一方面，虽然分析科室或者按照苏联、中东、东亚等地区方向划分，或者按照政治、经济、军事等学科领域区分，但总是存在不易简单划分并且能够直接对应到现有部门的问题，比如“共产主义势力在东南亚的目标、能力和意图”等；[②] 另一方面，一些重要的高级别评估问题，如“苏联远程轰炸机的发展前景：1958－1962”等，[③] 则超出了个体分析人员的权责和能力所限，必须集合跨部门或者跨机构的专家共同商讨完成。为了应对上述问题，分析部门通常采取定期或者不定期召开咨询会议的方式召集专家商讨完成。会议模式虽然便于组织，但是从技术和效果上却不易控制，比如分析专家参与的热情、部门利益竞争导致的争论、分散观点和分歧意见如何处理等。所以，需要创造出既能够达到集思广益目的，又能够提高合作效率的科学程序与方法。于是，“头脑风暴”法和“德尔菲”法便得到了应用的机会，而这些方法在被引入到情报分析领域后进行了必要的转化和改造，以便适应情

① Richard Hackman, *What Makes for a Great Analytic Team? Individual versus Team Approaches to Intelligence Analysis*, Intelligence Science Board Task Force Report, Washington, D. C.: Office of Director of Central Intelligence Agency, February 2005, pp. 1－17.

② Special National Intelligence Estimate: *Communist Objectives, Capabilities, and Intentions in Southeast Asia*, No: 10－62, 21 February, 1962.

③ Special National Intelligence Estimate: *Possible Soviet Long Range Bomber Development: 1958－1962*, No: 11－58, 4 March, 1962.

报分析工作的特殊性。

从增加竞争的程序与方法角度看，除了采用更加优化的组织程序和研究方法改进合作模式，也可以采取逆向思维去提升团队分析的效率，即在情报分析中引入“竞争性”的机制。研究者发现，不同的分析人员或部门，可能因为理解素材、基本观点和研究方法的不同对同一问题得出相异甚至是矛盾的初步假设。在得到最终结论前，这些持有异议的分析人员或部门往往很难展开有效合作。遇到这种情况，与其通过组织行为或行政手段强求一致，倒不如把观点相异的分析人员和部门分开组成团队，各自进行分析，然后再将结论同时上报，由分析部门的领导从中选优或做最后权衡。这种引入竞争机制的分析方法，能够改变情报分析部门总是“一个声音说话”的僵化形式，不仅能使用户或者分析管理者看到不同的结论，而且还能够理解得出不同结论的过程，以及造成分歧的主要原因。同时，引入竞争的做法不仅能在出现意见分歧时使用，也可以作为一种挑战主流观点的主动行为从分析伊始就实施，帮助分析团队更加注意自己的分析过程是否适当、证据是否充足以及结论是否完整。于是，团队分析方法研究在这个领域也实现了较大创新。

3. 使用技巧

团队分析虽然能够消除个体分析的一些缺陷，完成超越个体能力和权责的工作，但同时也会产生新的问题。比如，分析团队的成员为了取得一致性的结论，可能会主动或者被动地牺牲客观和理性，这就是所谓的“集团思维”问题。“集团思维”的现象在决策领域长期存在，情报分析与政策制定存在天然的联系，也经常会受到这种现象的负面影响，甚至与决策者一起成为其受害者。耶鲁大学情报问题研究专家艾文·詹尼斯在1972年出版的《集团思维的受害者：政策制定和挫败的心理研究（*Victims of Groupthink*：*Psychological Studies of Policy Decisions and Fiascoes*）》一书中为“集团思维”下了明确定义：“集团思维就是当人们长期身处凝聚力很强的团队中时，为了努力达成团队一致性而未能客观评价备选结论的一种思维模式”。[①]这本专著是他在仔细研究了珍珠港事件、朝鲜战争、“猪湾”事件、越南战争和“水门”事件中的“集团思维”问题后，全面阐释了团队内部的集体压力对团队成员的思维功效、客观态度和心理判断的不利影响。[②] 比如，中央情报局的分析部门对朝鲜战争爆发和中国入朝参战的误判，就是与决策者一同陷入了“集团思维”的误区。[③] 此后，情报部门因此问题造成失误的案例也不在少数，比如谢尔曼·肯特就曾指出，在对苏联不会将中程导弹部署到古巴的评估失误中，至少有1000名情报人员对误判产生了直接或间接的影响。[④]

必须注意的是，诸如“集团思维”此类的问题，与团队分析方法创新本身并无关联，但是对于各种方法的使用则会产生潜移默化的影响，团队分析方法的设计效果能否发挥，往往取决于阻碍方法正确、合理施行的条件是否具备。团队分析方法研究做出的创新在现实体制中是否能够实施，怎样实施，实施到什么程度、可以达到什么效果都是不易控制和预估的。因此，团队分析方法想要取得更大发展，还要依托于情报工作机制的优化与顺畅。

二、“头脑风暴”法

（一）基本理念

经典的“头脑风暴”法是由现代创造学奠基人阿莱克斯·奥斯

---

① Irving L Janis, *Victims of Groupthink: Psychological Studies of Policy Decisions and Fiascoes*, Boston: Houghton Mifflin, 1972, p. 7.

② 这本书在1982年重新出版，书名改为《集团思维：政策制定和挫败的心理研究》，参见：Irving L Janis, *Groupthink: Psychological Studies of Policy Decisions and Fiascoes*, Boston: Houghton Mifflin, 1982, Preface, p. viii.

③ P. K. Rose, *Two Strategic Intelligence Mistakes in Korea, 1950*, in *Studies in Intelligence*, Fall - Winter 2001, p. 59. See: https://www.cia.gov/library/center-for-the-study-of-intelligence/csi-publications/csi-studies/studies/fall_winter_2001/article06.html.

④ Jack Davis, Why Bad Things Happen to Good Analysts, in Roger Z. George, James Bruce, eds., *Analyzing Intelligence: Origins, Obstacles and Innovations*, Washington, D. C.: Georgetown University Press, 2008, p. 163.

本在 1939 年提出。[①] 这种方法以提升集体研讨的创造力为主要目的，要求把全体成员集合在一起，而每个人都要对问题无所顾忌地发表自己的观点，既不能怕别人的批评和反驳，也不用担心自己的观点是否准确和完善，努力形成能够激发所有成员灵感和创造力的研讨氛围，通过参与成员的相互启发、相互刺激和相互影响来诱发最理想的结论。[②] 完成这个过程还需要借助一定的技术手段与方法，比如把较大的问题拆分成较小的问题，逐一进行讨论；将讨论中产生的连锁性思路和观点全部记录下来，并让所有参与成员观察到研讨的全部过程，还要安排专人记录和整合结论。

“头脑风暴”法旨在最大程度提高思考过程中的创新性，促使分析人员走出其思维定式，终止他们对某类观点或方法所持有的良好感觉。同时，该方法还可以帮助分析人员看到一系列与主题相关的因素，审查出逻辑牵强、来源不可靠、未切中问题实质的观点，使思维更具开放性和创造性，尤其是能激发新观点，确保全面的分析某个问题，突破局限及避免在单一假设下得出不成熟结论。

（二）使用时机

“头脑风暴”法是一种旨在产生新观点和概念的、无束缚的团队分析方法。“头脑风暴”法被广泛运用于激发新思考，同时该法基本上可以作为其他分析方法的辅助。分析人员在启动一项分析任务时可以运用头脑风暴，以便以最有效的方式得出问题的相关假设。

“头脑风暴”法包括一系列讨论某挑战的分析专家会议。在一次分析任务的关键点或起始阶段投入适当的时间使用该方法，可以利用不同的视角帮助解构问题。在“头脑风暴”法会议上，这种团队分析程序允许其他人在某个成员提出的初始观点上延伸思考。

分析人员也可以独立运用“头脑风暴”法，甚至可以比一个团

---

① Alex F. Osborn, *Applied Imagination*: *Principles and Procedures of Creative Problem Solving*, *3rd Revised Edition*, New York: Charles Scribner's Sons, 1963, p. 1.

② 【美】杰森·R·瑞奇著，《头脑风暴》，黄蓓蓓，孟涛译，北京：金城出版社，2005 年版，第 3 页。

队得出更多、更广泛的观点，且不用关注他人的自我感受、观点或目标。但是，个人独立使用这一方法将不能利用他人视角使自己观点更加完善。另外，若没有一个人员多样化的分析团队，个人可能很难摆脱自身的认知偏见。

（三）主要步骤

“头脑风暴”方法提供一个更加系统化的流程帮助分析人员打破思维定式，产生新的见解。这个流程包括两个阶段：一是产生和收集新观点的发散思考阶段；二是围绕核心概念汇聚观点的聚焦思考阶段。

1. 发散思考阶段

第一，根据需要组织合适数目的分析人员，一般小型问题需要5—6 名分析人员，大型问题则需要 10—12 名分析人员，并给每人提供独立发表和展示意见的辅助工具；

第二，组织者提出核心问题，将其用一句话概括并展示在白板上；

第三，要求参与的分析人员各自独立用关键词写下对该问题的最初反应和基本思考；

第四，将所有分析人员的观点在白板或屏幕上展示给大家，注意提醒大家要平等对待每一个观点，先不要发表意见；

第五，当原始的新观点不再出现时，说明分析团队已经基本穷尽其常规思考方式，鼓励参与者在随后努力做出新的、发散式观点；

第六，重复上一步骤 2—3 次后，则可以结束该阶段工作，将所有观点合并同类项，但不要否定任何分歧，也不要随意丢弃细节上的差异。

2. 聚焦思考阶段

第一，要求参与者作为一个整体依据其观点的共性或类似概念，重新排列组合白板或屏幕上的观点（这一过程中不允许相互之间进行讨论交流），随着观点逐步被归纳分类，部分观点可能会被移除，重复某些观点也是允许的，以便观点能够被包含在不同的组里；

第二，一旦所有的观点均被归纳完毕，为每个类别选定一个适当的描述词；

第三，确认所有不适宜划分至任何一类，考虑它们是无用的“噪音”式观点，还是需要进一步的观察的有意义观点；

第四，评估哪些类别是需要进一步通过“头脑风暴”方法考察的新观点、新概念或新视角；

第五，组织参与者选择一个或多个需要进一步关注的类别，将其投票制成表格；

第六，基于参与者的投票整合阐释“头脑风暴”团队得出的结论，提供给全体成员考察，并决定分析人员的下一步工作以改进结论。

（四）使用技巧

“头脑风暴”法在应用时有四个准则需要遵守：第一是重在提出思路或观点的数量，而不需过多考虑其质量；第二是不批评别人和自己，只从正面表达观点；第三是鼓励参与者大胆地想象并无拘束地表达不同的观点；第四是要能够沿着他人提出的思路和观点进行外推、延伸和整合，不断改进观点。

为保证使用效果，组织者一定要确保任何人都不要否定其他人的任何观点，无论这一观点是多么不符合常规，而且还要鼓励参与者找出是什么促发了这种观点，因为这可能暗含主题与未明确假设之间的重要联系。

组织者还要花费充足时间设定相关规则，使分析人员感觉可以自由自在地发表自己看法，穷尽分析问题的常规观点。只有这样，真正的创新观点才开始逐步涌现，而这些新观点才是最有价值的。

另外，在使用该方法时至少应该安排一名“局外人”参与，他与分析团队大部分成员有着不一样的教育背景、文化、技术知识和思维方式，但又与需要分析的主题有相关联系，这对于整体讨论过程非常有帮助。

（五）特点评价

在情报分析中应用“头脑风暴”法的确可以增强集体研讨的活力，并激发出创造性。从形式上看，相互启发可以帮助分析人员提出尽可能多数量的假设，并让偏于保守和偏于激进的观点形成碰撞，从而消除某些分析人员不愿表达不成熟观点的顾虑，避免个体思考存在的狭隘和偏见。但是，因为分析人员还是要进行面对面的交流与表达，他们之间仍有可能受到微妙而复杂的心理影响，比如在场人员职位的高低、相互熟悉的程度、以及代表的部门利益等，都会干扰参与者的思考和表达。另外，在特别要求时效性的情报分析领域，只有得出明确的观点才算是最终完成任务，而过多地鼓励无拘束、发散性的思维必然会影响讨论的效率，而且这种方法对分歧观点的处理并没有提出非常好的解决办法。因此，“头脑风暴”法是否能够发挥有效作用，还要受到议题的复杂性、任务的时限、意见统一方式等更多因素的制约。

（六）应用经验

美国情报界“结构化”分析技巧手册中曾经介绍了这种分析技巧的应用经验，包括以下几点：[①]

首先，将等级观念抛在门外，秉持一种民主的观念。专家、高级官员和监督者的想法当然是有价值的、受欢迎的，但是他们不能利用其资历中断讨论。事实上，年轻的分析人员和那些未曾直接关注讨论话题的资格较老的官员是同样有用的。在头脑风暴会议中，一些最具创新意义的观点通常来自两类人：一是相对年轻的工作人员，他们能以新的视角看待问题；二是在讨论话题上并不是专家的老资格分析人员。

第二，确保没有权威的分析路径。新思想最大的阻碍之一就是，

---

① U. S. Government，*A Tradecraft Primer*：*Structured Analytic Techniques for Improving Intelligence Analysis*，March 2009，pp. 17 – 18. See：http：//www. cia. gov/library/center – for – the – study – of – intelligence/csi – publications/ books – and – mongraphs/tradecraft% 20primer – apr09. pdf.

分析人员，甚至任务管理者长期使用并不愿改变某一固定分析路径。分析人员应该自由自在地任证据和假设带领他们去任何地方，而不是尝试将观点嵌入“我们之前说过”的框架。对于建立在历史先例或直觉上而不是具体信息上的貌似合理的观点，他们应该很自然地予以否定。一名协助者会审慎地提出与已接受的结论明显不同的可选择性结论，或者提出思考问题的相反的方式，这将很好地促进“头脑风暴”活动。

第三，不要允许“那不会起作用”、“那不会发生”等武断的句子出现。有效的“头脑风暴”始于各种观点和可能性，而不是实例和对新视角的出现强加障碍。要求团队成员尽可能地增强有关讨论主题的观点的丰富性。在某一时刻，一些观点将被挑选出来并接受有效性测试，但这不在头脑风暴过程中，而在之后。

第四，“头脑风暴”会议不要超过 90 分钟。虽然对“头脑风暴”的时间没有硬性规定，但是在持续 60—90 分钟后，大家的观点将会“干涸”，开始重复他们的观点，以玩笑代替创新性想法。

第五，以可见的方式将“头脑风暴”中的观点记录下来。大部分人都出于不同的目的在头脑风暴会议中做记录，这是非常有用的。我们意识到，要求某人将张贴在墙上的观点摘抄下来是很有价值的：可使“头脑风暴”会议参与者更早地对产生的观点做出反应；若参与者看到他们的观点被记录下来，他们将以更大的热情投入到“头脑风暴”活动中；这份记录将在“头脑风暴”报告中起到作用；在某一报告中未采用的观点总是在以后被使用。

三、“德尔菲”法

（一）基本理念

“德尔菲”法于 20 世纪 50 年代后期由兰德公司研究员诺曼·达尔奇、奥拉·海默和尼古拉斯·莱斯彻发明，最初应用于军事领域的研究项目，[1] 后来在学术研究领域大为推广并不断改进。“德尔菲”法以专家为索取信息的对象，组织多名来自各个领域的专家参与精心设计的问卷调查，让专家对问题进行独立评估，通过可以量化的形式表达研究结论。

（二）使用时机

“德尔菲”法在情报分析领域的适用条件主要有三点：一是当分析议题的内容专业复合程度很高，必须调用不同领域的专家集智攻关时；二是对分析结论的时效性要求不高，且具备充足实力组织相应的咨询过程时；三是在对重要问题的分析结论进行检验和复查时，用来提供一种综合性、独立性的参考意见。

（三）主要步骤

“德尔菲”法的基本征询过程一般由四个步骤所构成：[2]

第一，根据需要分析的议题召集足够数目且具有代表性的专家，分析组织者根据专家们提出的初步意见，认真设计研究问题的调查问卷。问卷的内容要能够涵盖所有专家提出的假设，而问卷的形式一般要确保结论能够进行量化（比如百分比概率）统计。第二，分别向专家发送匿名函件调查，[3] 让专家在设计好的问卷上做出选择（如排序、差额保留等）并补充建议。因为专家提交的结论只有分析组织者能够看到，各位专家可以无所顾忌地对所分析的问题发表看法。第三，分析组织者将所有专家反馈的结论汇总，从中整理出相对一致的意见，去掉孤立的观点，依据缩小范围的观点重新制作成第二轮调查问卷，然后反馈给专家，让他们从中再次做出选择。重复进行多轮匿名问卷

---

① Olaf Helmer, Nicholas Rescher, On the Epistemology of the Inexact Science, in *Management Science*, *No. 6*, 1959, p. 25.

② Norman C. Dalkey, Analyses from a Group Opinion Study, in *Futures*, *Vol. 2*, *No. 12*, 1969, pp. 541 – 551.

③ 最初的“德尔菲”法发明时主要采用传统邮件形式，在通信工具高度发达的信息时代，计算机网络系统早已替代了纸质邮件，还有专门的分析软件用于“德尔菲”法的问卷生成，信息采集与汇总、多轮反馈、整合结论等等。

调查的过程，具体次数由组织者根据反馈观点的聚集情况而定，最终使各位专家的意见逐步由离散趋于一致。第四，经过专家多轮分析后，预测结论应该高度集中，分析组织者可以确定最终的结论。

（四）使用技巧

首先，“德尔菲”法的理念，非常适合利益竞争激烈以及职位高低有别的情报分析机构，通过匿名方式巧妙地完成“少数服从多数”的过程，在这种情况下，“德尔菲”法的优点可以被充分释放。其次，“德尔菲”法对分析组织者提出了很高要求，除了具备强大的号召力，能够组织相当数量、具有代表性的专家之外，分析组织者必须根据分析议题恰当而巧妙地设计调查问卷，以便汇总每一轮反馈所获得的专家意见。如果在现实中进行了多轮征询后，专家之间的意见仍旧难以整合，分析议题的表述或者调查问卷的设计就很有可能存在问题，需要分析组织者认真反思。再次，“德尔菲”法为集中观点就必须进行多轮咨询，这必然会延长得出结论的时间，增加分析的人力和成本，所以，分析组织者必须要认真权衡时效性的问题。

（五）特点评价

相比较传统的专家调查法，“德尔菲”法则在调查的程序和方式上进行了有益创新，它具有三个重要优点。首先，匿名机制确保了只有分析的组织者了解参与者的情况，帮助参与者规避了现场交流中容易受各种心理因素影响的缺陷，比一般会议讨论、“头脑风暴”法都更加有利于无拘束地表达观点；其次，设计了科学、合理的反馈程序，通过多轮问卷调查逐渐使原本分散的意见趋于集中；再次，问卷调查的结论能够通过概率形式进行量化表达，便于从操作层面实现观点的有效聚合，提高合作的效率。

四、“故意唱反调”方法

（一）基本理念

“故意唱反调”方法通过建立一种最佳的其他可能观点来提供可

选择的解释，以挑战单一存在的、因为各种原因获得强烈拥护的观点。分析部门要在分析团队内部专门安排分析人员寻找证据，挑战现行的主流观点或一致性看法，提供可供选择的其他解释。因为分析团队经常将全部人员的注意力集中于论证一种思路，得出的结论看似合理，但是旁观者或许会发现分析中使用的相同证据可能也会同时支持相反的观点。所以，在处理重要的情报议题或者挑战分析团队内的多数意见时，这种方法可以发挥特殊而有效的作用。

（二）使用时机

当分析团队处理某些重大情报问题时，选取唯一的分析路径或提出唯一的关键假设的选择并不总是在拥有充足自信的条件下做出的，而往往一些不甚明了的异议或质疑会因为时效性、维护团结或资料缺失而被人为掩盖或者忽略。此时，“故意唱反调”方法就会有用武之地。通过使用“故意唱反调”方法仔细审查目前的分析路径或关键假设可以提高分析团队所拥有的自信心以及得出结论的可信度。某个情报分析人员如果怀疑某一广泛接受的观点，其可以扮演“故意唱反调”的角色；或者一个任务负责人专门指派一个敢于挑错的分析人员去挑战团队的一致性意见，以检验团队对其判断的信心。在具体应用时，一个分析人员或团队在他们工作过程中，可以使用“故意唱反调”的方法检验重要论断的关键假设，或者通过排列支持相反假设的所有观点和证据产生了另一种分析结论。尽管该方法需要耗费一定的时间，但是当分析人员长时间专注于某个问题时可能会形成某种思维定式，采用“故意唱反调”可以很好地克服这点。

（三）主要步骤

实施“故意唱反调”方法的具体步骤包括以下步骤：

第一，分析团队根据所分析的问题概括出主要判断的提纲和关键假设，以及支持这些现行假设的证据，对其加以分类；第二，分析团队根据情况选取一个或者多个存在某些争议的假设，特别是那些看上去比较容易质疑的假设来进行挑战，挑战的形式既可以在分析团队内部安排专人，也可以安排专门的小组；第三，回顾并检查是否可能存在欺骗性或者缺失性的信息，以确保挑战现行假设的方向，不至于偏颇；第四，突出标明也能够支持其他假设或者与现行思考相矛盾的证据，由对其做重点考察；第五，向团队报告所发现的问题，展示有缺陷的假设、薄弱的证据或敌方可能实施的欺骗；第六，如果上述回顾过程没有揭示主流分析的缺陷，尝试起草一份观点相反的报告，列举出能够支持不同分析结论的论据；第七，确保所有得出的结论既符合常规的分析智慧，又经受了“故意唱反调”过程的检验，做整体衡量，否则，情报用户可能还是会对当前官方的观点持有疑惑。[①]

（四）使用技巧

情报分析人员必须了解其分析判断的脆弱性，并对可能面临同行的挑战持开放态度。因此，“故意唱反调”方法使用的过程将突出现行分析判断的脆弱性，同时也可以帮助重新肯定一个广泛接受的判断。

在使用“故意唱反调”方法时，被安排挑战现行观点的分析人员尤其应该关注以下问题：一是去质疑某些关键假设是否在某些背景下可能将不再成立；二是找出任何可能会否定现行分析判断的逻辑错误或相关证据；三是要努力展示可以解释现有素材信息的其他可供选择的观点（假设）。

（五）特点评价

“故意唱反调”方法是帮助分析人员或团队检查思维模式的有力工具。即使是最优秀的分析人员，若其长期跟踪某个问题并坚定地认为只有一种思考方式，久而久之也会形成一个主导性的思维模式。这种思维模式会导致分析人员忽略或不平等对待与结论相矛盾的证

① U. S. Government, *A Tradecraft Primer*: *Structured Analytic Techniques for Improving Intelligence Analysis*, March 2009, pp. 17 – 18. See: http: //www. cia. gov/library/center – for – the – study – of – intelligence/csi – publications/ books – and – mongraphs/tradecraft%20primer – apr09. pdf.

据。若有一个工具或方法可以突出这种证据并提供思考问题的另一方式，将使假设清晰地显现，同时强迫分析人员以怀疑精神检查其结论所依据的信息。分析人员使用该方法后将更加确定以下问题：当前的分析路径之前是合理的，而在情况有变时是否依然合理？即使现行结论依然是最具说服力的，但是是否有些部分仍需要进一步分析？如果通过“故意唱反调“发现了一些逻辑上存在严重缺陷的相关证据，那么分析路径是否需要修改或至少应做更清楚的阐释？

总之，“故意唱反调”方法的目的不在于一定要驳倒现有结论，但是现行分析的过程和结论如果经过反复、故意的辩驳都依然成立，那么其可信性就会大大加强，所以，这种方法也可以视为附加到团队分析过程中的一种严格的监督机制。

五、“A 队 B 队”方法

（一）基本理念

如果团队内部对所分析的问题存在较大争议，比如有两种（或以上）互相排斥的观点或互相竞争的假设，此时可以让支持不同观点或假设的分析人员组成团队，分别进行分析，最后再综合考察结论或者把结论同时报给决策人。如果说“故意唱反调”是为了挑战一种具有主导性的集体思维定式，那么“A 队 B 队”方法就是为了挑战可能同时存在的两种（或几种）具有主导性的集体思维定式。

在一些重要政策议题上，不仅情报分析部门可能存在互相抵触的看法，可能政策制定者内部的意见也是针锋相对的，这时候应用“A 队 B 队”方法来解决内部争议就成为非常公平和合理的做法。分析部门的管理者发现，当团队内部因为争论激烈而造成分析人员之间的关系出现摩擦或裂痕时，应用“A 队 B 队”方法不仅不会加剧分歧，反而能够帮助分析人员更加认真、仔细地思考对方观点的价值和优点，最终减少摩擦甚至缩小异议。

（二）使用时机

“A 队 B 队”主要是挑战单一的主导性思维方式。在分析团队或决策层对某问题出现两种竞争性观点，分析人员宜使用“A 队 B 队”方法。建立一个成熟的“A 队 B 队”方法需要保证拥有一定分析时间和资源，所以应该考虑需要解决的问题是否值得如此关注。

分析人员可以使用“A 队 B 队”方法的具体时机包括：一是对长期政策问题进行评估，现行分析存在比较严重的分歧，而双方均缺乏驳倒对方的明确证据或充足信心；二是需要依据情报做出具有深远影响的关键决定，如果面临“二选一”情形，则必须慎重做出结论；三是针对必须合作才能完成的议题，不同情报分析部门或人员对初步结论存在严重分歧，如果放任矛盾发展将会阻碍情报分析机构间合作。

（三）主要步骤

1. 分析准备阶段

在一个重要问题上实施“A 队 B 队”方法，首先要明确分歧的实质，在此基础上形成可辩论的观点，再并行展开分析，具体的使用步骤包括以下五个方面：

第一，要确定两个或以上的竞争性假设或观点；第二，要形成不同的团队或个人，分别完成符合各自假设最优的论证分析；第三，检查所有相关证据信息，考察它们是否支持各自观点，进行分类整理；第四，确认可以支持假设的缺失信息，考虑到那里搜集进行弥补或采取其他应对办法；第五，构建论点，内容应包括明确的关键假设、关键证据、仔细论证的分析逻辑。

2. 相互讨论阶段

为了有益于其他分析人员，可以组织持有不同观点的分析团队展开口头陈述和分组辩论，具体的使用步骤包括以下四个方面：

第一，留出时间组织实施各种备选结论的口头陈述，这可以是一次非正式的“头脑风暴”会议，或者一次正式的正反双方辩论；第二，任何人都可以对各方口头陈述的观点做出评论，并准备就假设、证据和逻辑等方面提问和质疑；第三，允许每组人员展示其分析成果，自由质疑对方结论和反驳对方的批评；第四，让一名公证人（通常为情报分析管理者或组织者）评判各方的强弱，并就进一步分析和搜集工作提出建议。

3. 结论上报阶段

结论的上报有三种形式可供选择：

一是将“A 队”和“B 队”的结论与论证过程形成报告分别上报情报用户，不附带任何倾向性说明；二是将“A 队”和“B 队”的结论再次整合成一份分析报告后上报，对于重大、最终也无法调和的分歧在报告中以合适的形式注明，并汇报分析部门的选择倾向；三是选择“A 队”和“B 队”竞争之后明显获得分析团队内部大多数人认可的结论上报，但是将“二选一”的过程也同时汇报给情报用户。

（四）特点评价

从美国情报界实施“A 队 B 队”方法的经验总结来看，当分析团队出现竞争性观点时，使用这种方法可帮助专家觉察到反对方分析视角的优点，如果相异立场已经形成，甚至可以将相异立场的分析人员互换位置，使其为之前不认可的观点辩护，可以使他们更加注意到自身的思维定式。实施该方法，表现上承认了分析过程中的竞争，最终却有助于减少分歧双方的摩擦和差异，至少，它使持反对意见的分析人员感觉到他们的观点得到了同等的关注，从而对结果达成一致产生正面作用。

对情报用户或分析结论最终决策者来说，这种方法采取不回避的方式，有意突出并暴露分析团队之间的分歧。相比较一个掩盖大量差异勉强去寻求一致性的结论，或者迫于压力“任性”达成拥有低水平共识的分析结论，情报分析管理者可以通过权衡充分争论的相异观点中收获更多。通过使关键假设和信息更加清晰，情报用户也可以判断不同观点的价值，向分析人员提出疑惑，并基于最有说服力的观点上做出判断。另外，可选择性观点还能帮助情报搜集人员注意到，他们需要搜集可以证实或证伪一系列假设的新信息。

（五）分析示例

“A队B队”方法在美国国家情报评估领域的应用是这种方法在实践中加以检验的经典范例。1975年，美国和苏联之间正在就限制战略武器开展谈判，而美国国会和舆论界都质疑情报机构对苏联战略力量的评估结论，总统对外情报资源委员会也认为当时的国家情报评估报告低估了苏联的军事威胁，并建议进行竞争性分析。[①] 于是，美国情报界在1976年生产国家情报评估时，正式采取了“A队B队”方法。当时，国家情报评估部门准备对苏联未来10年的战略进攻与防御力量进行综合评估，由官方情报评估人员组成“A队”，由情报界外的资深专家组成“B队”，[②] 两组专家在互不干涉的条件下对相同问题进行分析，最终收到了令用户满意的效果。这次尝试后，竞争性分析模式也在官方情报界开始推广，并收到了良好的现实效益。

以下是美国情报界“结构化”分析技巧手册中提供的一个关于中国军事实力的“A队B队”分析方法示例，主要提供了双方的主要观点与证据。

“A队B队”考察：中国的军事实力[③]	
A：中国空虚的军事实力 ——基尔·贝特和迈克尔·翰龙	B：关于中国军事实力的另一种观点 ——詹姆斯·利雷和卡尔·福特

① 【美】约翰·兰尼拉格：《中央情报局》，潘世强等译，北京：中国社会科学出版社，1990年版，第756页。

② “B队”主席是哈佛大学教授理查德·派普斯（Richard Pipes），成员包括前任国防情报局主任丹尼尔·格雷厄姆（Denial Graham）、前任空军副参谋长约翰·沃尔特（John Vogt）、空军系统分析主管加斯伯·韦尔奇（Jasper Welch）、军备控制与裁军署的保罗·沃尔福威茨（Paul Wolfowitz）、以及政府官员保罗·尼采（Paul Nitze）等。参见：Uri Bar－Joseph, The Politicization of Intelligence：A Comparative Study, in *International Journal of Intelligence and CounterIntelligence*, *Vol. 26*, *No. 2*, Summer 2013, p. 351.

③ U. S. Government, *A Tradecraft Primer*：*Structured Analytic Techniques for Improving Intelligence Analysis*, March 2009, pp. 17－18. See：http：//www. cia. gov/library/center－for－the－study－of－intelligence/csi－publications/books－and－mongraphs/tradecraft%20primer－apr09. pdf.

续表

我们认为最近关于中国战略野心的舆论是过度渲染。大多与美国利益冲突的中国目标并不是全球性的或意识形态上的，而是自然领土方面且主要针对中国南部和东南部岛屿或水道。 中国的军事实力和其野心有着极大的差距。中国武装力量水平并不高且更新速度不快。无论中国的关注和意图是什么，它们对美国利益构成挑战的行为是有限的，这种状况还将持续很多年。 中国的投送能力也存在极大的缺点，尤其是受限于航空燃料，电子战，指挥和控制系统，两栖和空中攻击武器。在顶级武器装备方面，中国不如日本、英国等中等军事力量国家，甚至不如意大利、韩国和挪威等军事力量更弱的国家。中国在武器现代化上投入的资源类似于每年国防开支为100—200亿美元的国家。	我们认为他们的观点部分正确。中国不是军事超级大国并且在很多年后都不会获得此地位。但是，以威胁美国在东亚的关键盟友的能力来看，中国的军事实力以指数级方式增长。 通过直接比较中美国防实力，A队制造了一个人为的和迷惑性的概念。种种迹象表明中国政府正在追求足够大的军事影响力，以达成其在亚洲的目标。短期来看，中国希望保持对台湾的足够威慑，以便按照北京的方式实现两岸统一。 中国对军队的投入只意味着一件事情：中国决定提升解放军的战斗力。虽然大部分国家在后冷战时代开始削减国防开支，中国是为数不多的“反向而行”的国家之一。全面地看，解放军正加大投入，以更新武器装备和提高行动能力。根据五角大楼的消息，上述投入已增强中国投送军事力量的能力。

六、团队分析方法总结

（一）团队分析方法是从组织层面提升情报生产效益的有效途径

团队分析方法专门考察情报机构或分析单位层次的相关问题。这一研究层次出现的问题，往往是个体分析人员无力解决的，而放在情报机构整体视角考虑又过于具体，所以在相当长的时间里并没有得到研究者的特别关注。但是，团队分析方法研究成果一经问世，却发挥了很好的衔接作用，因为这些方法往往既可以指导基层分析部门的日常工作，也有助于提升各个层级分析机构的工作效率，又能最终改进情报机构整体表现。所以，从某种意义上说，团队分析方法很好地弥补了传统情报分析方法研究在分析部门这一研究层次上成果比较薄弱的空缺，起到了很好的承上启下的作用。

（二）团队分析方法立足于现有体制进行分析工作的组织程序和方法创新

虽然情报分析部门有精细的分工和严密的组织，但是让成百上千的分析人员既能各司其职又能发挥合力并不是一件容易的事。传统的自由放任的做法既不能有效地集中合力，也很难处理分歧意见。由于现有的工作体制不会轻易变更，所以研究者只能立足既有分析工作的基本条件和环境，从模式和程序上尝试进行改进，并相应地创新思路与方法。无论是优化合作的模式，还是增加竞争的模式，在提高团队工作的效率方面，二者本质上是殊途同归。

（三）团队分析方法的使用效果取决于现行体制和工作模式运转的顺畅程度

团队分析方法虽然在改进分析工作的模式与程序方面做出了积极尝试，但是这些手段与方法只能在特定的范围和领域适用。很多团队分析方法所致力于解决的问题，与情报界机构设置、工作机制以及政府的政策制定过程紧密相关。一方面，改进团队工作模式的方法为现实工作中整合分析结论提供了更加科学、可行的操作方法，在实践领域发挥了积极作用；另一方面，个体分析人员的能力、心理与表现可能会因为集体环境的复杂因素而改变，从而影响到参与使用团队分析方法时的状态和素质。所以，工欲善其事，除了利其器之外，还得优先规划平台与环境的问题。

第四节　“结构化”分析方法专题

冷战的结束使情报分析工作面临着比“两极”对抗时期更加复杂的挑战：大规模杀伤性武器扩散、恐怖主义、网络信息安全、跨境犯罪等非传统威胁都成为情报部门的关注重点。虽然情报界努力适应时代变迁和信息技术革命所带来的变化，但是其表现并不理想，情报分析失误一如既往地出现。美国众议院常设特别情报委员会在报告中批评美国情报界的分析力量是“一支基本上没有经验的队伍，缺乏分析的广度和深度，也缺少追踪全球政治、军事及经济发展的专业知识”。① 这种批评的措辞可能有些言过其实，但是却客观地反映了世纪之交的各国情报分析工作都面临前所未有的困境。在巨大的现实压力面前，情报分析方法研究也进入了一个积极探索和谋求创新的新阶段。研究者试图在有机整合既有研究成果的基础上，发展适应信息时代的情报分析方法，为实践工作提供新动力，实现情报分析方法研究的创新。

一、“结构化”分析方法综述

（一）发展概述

冷战的结束改变了情报部门想要分析的内容，但更多的是改变了分析的方式。同样的道理，此时的情报分析方法研究也必须从冷战时期形成的强大历史惯性中摆脱出来，创建适应信息时代情报分析实践需求的新方法。因此，研究者首先需要重新从宏观上思考和探索情报分析“是什么”和“怎么做”的基础理论问题，然后再从分析方法和工具层面进行再创作。典型的研究往往是伴随着对冷战时期研究方法的归纳和总结开始，然后有意识地将“冷战后”与“冷战时期”的情报分析工作进行全面、细致的对比，然后提出分析方法在总体或某些具体方面的改进建议。经过一轮密集而又热烈的研讨之后，在“反思最佳实践（Reflect on Best Practices）”的总体思路下，研究者开始尝试对传统情报分析方法进行改造升级，将原有方法研究所取得的各种成果进行了重新阐释和有机整合，归纳或形

---

① Bruce D. Berkowitz，Allan E. Goodman，*Best Truth*：*Intelligence in the Information Age*，New Heaven，CT：Yale University Press，2000，p. 161.

成了“可选择分析”等理论，并在实践中形成了冷战后情报分析方法创新的第一次高峰。

“9 · 11”恐怖袭击事件为美国冷战后不温不火的情报改革提供了强劲动力，也为情报分析方法创新带来了机遇。以情报分析认知理论流派为代表的研究者，普遍认同单一分析方法已经无法应对冷战后分析领域出现的多样化挑战，必须在原有各种分析方法的基础上，整合、改造既有方法，并创新指导理念来改进方法使用的方式。比如，杰佛里 · 库伯对影响情报分析的种种症结问题进行了深入分析，建议综合使用新方法去“治疗”现实工作中存在的“痼疾”；戴维 · 摩尔等专家对于“批判性思维”在情报分析中意义和作用，做了详细、深入的阐释；理查兹 · 休尔、兰多夫 · 佛森以及丽莎 · 克里扎等专家对情报分析的应用方法进行了综合改进，提出了系统的“结构化”分析理论。这些研究共同推进了“结构化”分析方法发展成型，并带来了情报分析方法创新第二次高峰。2009 年 3 月，美国情报界发布了《技艺入门：结构化分析技巧》，其中收录了 3 类共 12 种最主要的“结构化分析技巧”；理查兹 · 休尔和兰多夫 · 佛森在 2011 年出版的《情报分析的结构化分析技巧》专著中则全面收录和介绍了多达 50 种技巧与方法。[①] 实际上，很多“结构化”分析方法在学术研究和分析实践领域早已存在，还有一些是在原有分析技巧的基础上改革而来。这种“结构化”整合的研究思路得到了理论研究者和官方的共同支持，而“结构化分析技巧（Structured Analytic Techniques）”作为“结构化”分析方法的代表性成果，也成为了美国情报界情报分析人才培训的必修课。

（二）内容简介

1. 分析思路

“结构化”分析方法是将有助于减少认知局限和思维缺陷对分析

① 参见：Richards J. Heuer，Randolph H. Pherson，*Structured Analytic Techniques for Intelligence Analysis*，Washington，D. C.：CQ Press，2010.

造成负面影响的全部分析方法和技巧的总称，其创始人美国情报界也使用了“结构化分析技巧”来指代，这两个概念在下文中可以互通。“结构化”分析通过提供操作性很强的方法和原则帮助情报分析人员改进思维模式，特别是导致分析人员陷入思维误区的知觉和认知偏见（如表2—9所示），具体的分析思路包括：使情报分析人员有意识地使用科学方法，尤其是掌握并运用更多的“结构化”分析方法；通过清晰的表述和质疑关键假设等步骤，使分析结论更加清楚；努力激发更多的创新性分析，通过跳出既有思考框架以及充分考虑可选择的结果，来验证是否有证据支持更多的可能结论；通过构建指标明确变化的征兆，关注引发突发事件的因素，降低分析部门被“突袭”的概率；通过整合改进分析产品，方便情报用户了解分析人员如何确认关键假设，如何评估情报素材缺失带来的不确定性，如何处理不同意见，以及如何分析各种对策建议的风险和代价。

表2—9　普遍的知觉和认知偏见①

普遍的知觉和认知偏见（Common Perceptual and Cognitive Biases）	
知觉偏见	评价证据时的偏见
期望：我们趋向于接收我们期望接收的信息。当认识一个未期望事物时，则需要更多的信息。 拒绝：即使面对新证据，我们的观点也常常拒绝改变。 模棱两可：起先接触的矛盾或模糊刺激将阻碍精确认识的形成，即使获得了更多、更好的信息，这种情况依然存在。	连贯性：相比较从大量不连贯数据得出的结论，分析人员对从少量但连贯数据得出的结论更有信心。 缺乏证据：即使知道“缺乏证据”，分析人员也很少意识到“缺乏证据”这件事本身的潜在价值。 被否定证据：即使在证据的可信度被彻底否定后，所造成的印象仍然持续存在。

① U. S. Government, *A Tradecraft Primer*: *Structured Analytic Techniques for Improving Intelligence Analysis*, March 2009, p. 5. See: http://www.cia.gov/library/center-for-the-study-of-intelligence/csi-publications/books-and-mongraphs/tradecraft@20primer-apr09.pdf.

续表

评估可能性时的偏见	评估因果关系时的偏见
可用性：人们在判断某事件发生的可能性时，通常受其想象一个相关事件或回忆类似事例的难易程度影响。 锚定：只有遇到新的信息或进一步分析时，人们才会逐步对初步的估计做出调整。 过分自信：在将确定的感觉转化为一项可能性评估时，人们经常过于自信，尤其是在有足够专家参与的情况下。	偏好因果：事件的发生被断定为是合理有序、有原因的。在解释或观察事件时，随机、偶然和意外常常被忽视。例如，他人或别国致力于连贯、合理和目标最大化政策的倾向经常被过高的估计。 行为的内因和外因：人们倾向于将他人或政府的行为归因于他们自身特质，而将自身行为几乎完全归结为自身所处形势的影响。

2. 主要类型

根据运用分析方法的理念差异，可以将“结构化”分析方法分为“诊断性”（Diagnostic）技巧、“逆向思维”（Contrarian）技巧和“想象力思考”（Imaginative Thinking）技巧3种大的类型，① 每种类型中还包含更加具体的使用方法与技巧。以美国情报界官方发布的《技艺入门：结构化分析技巧》为例，主要的“结构化”分析方法”包括：

表2—10 主要的“结构化分析技巧”分类

“诊断性”技巧 Diagnostic	“逆向思维”技巧 Contrarian	“想象力思考” Imaginative Thinking
检验关键假设 Key Assumptions Check	故意唱反调 Devil's Advocacy	头脑风暴 Brainstorming

① U. S. Government, *A Tradecraft Primer: Structured Analytic Techniques for Improving Intelligence Analysis*, March 2009, p. 5. See: http://www.cia.gov/library/center-for-the-study-of-intelligence/csi-publications/books-and-mongraphs/tradecraft%20primer-apr09.pdf.

续表

检验信息质量 Quality of Information Check	A 队 B 队 Team A/Team B	由外向内思考 Outside – In Thinking
指标或标志变化 Indicators or Signposts of Change	高影响/低可能分析 High – Impact/Low – Probability Analysis	红队分析 Red Team Analysis
竞争性假设分析 Analysis of Competing Hypotheses	假定分析 “What If?” Analysis	可选择的未来分析 Alternative Futures Analysis

3. 使用技巧

“结构化”分析方法旨在提供一种贯穿分析流程始终的整体性解决方案，既包括综合使用这些方法的对象、步骤和经验，也包括使用的时机、条件和注意事项的说明。所以，无论是分析人员单独或者合作使用，各种“结构化”分析方法应该以恰当的排列组合方式综合使用于分析的起始、中间和结尾阶段。比如，在分析伊始，分析人员可以考虑采取“头脑风暴”和检验关键假设的技巧来确保所有重要因素都未被遗漏并给予了恰当处置；在分析的中间过程，可以选择“A 队 B 队”或者“红队”分析等方法来处理观点分歧；在得出初步分析结论后，分析人员可以选择“故意唱反调”或者“可选择的未来”等技巧来复查结论的可靠性。总之，“结构化”分析方法强调根据特定的任务去全盘考虑如何选择最佳的分析方法组合，使它们的功能和优势能够互补和整合。研究者为指导分析人员更好地理解使用这些技巧的时机和方式，专门设计了“结构化”分析方法应用时间线（如图 2—10 所示），有助于分析人员和分析团队挑选合适的技巧或技巧组合来应对复杂的问题。

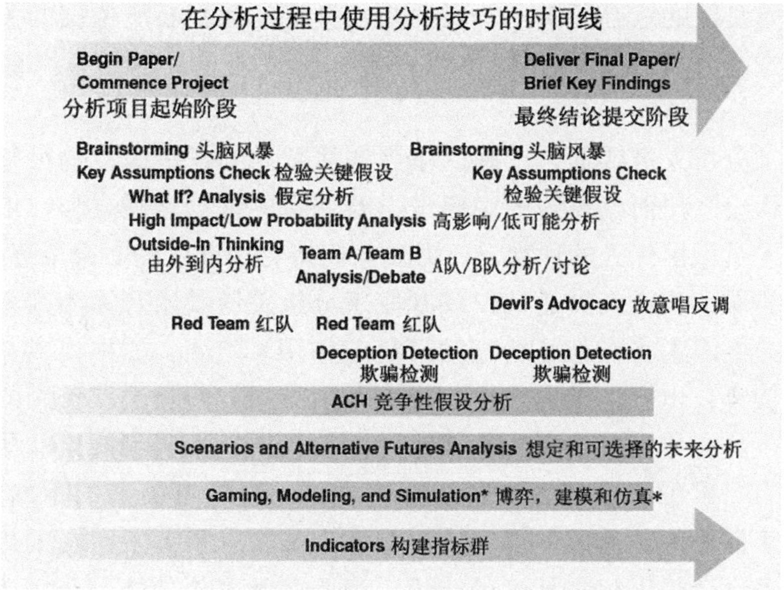

图 2—10　“结构化”分析方法使用时间线①

“结构化”分析方法在应用策略方面的另一亮点是已经充分融合了信息技术革新成果，很多分析方法已经发行软件版本，初步实现了计算机辅助分析和网络化在线分析。这些举措不但提升了分析人员处理大量素材的效率和质量，而且使很多需要组成分析团队才能更好地发挥作用的分析技巧有了更大的施展空间。

下文将选取“结构化”分析方法中的几种典型、基础性方法进行评介。

二、检验关键假设方法

（一）基本理念

检验关键假设方法旨在帮助情报分析人员高质量地完成情报分

① U. S. Government, *A Tradecraft Primer: Structured Analytic Techniques for Improving Intelligence Analysis*, March 2009, p. 38. See: http: //www. cia. gov/library/center – for – the – study – of – intelligence/csi – publications/

析初始阶段的核心任务——列举并检查基础性判断所依据的关键假设，这是分析任务展开的首要一步，也往往是最容易留下隐患的一步。

被分析人员认定为正确、作为评估基础的任一假设均可被称为关键假设，然而，找到关键假设需要完备的证据素材支撑，依赖于分析人员做出优秀的预判，还需要他们持有足够的信心来最终确认。例如，军事分析人员通常仅仅专注于分析关键技术和军事变量，并认为这些因素将在某些特定的环境起作用。然而，如果换成其他条件或假设，也会在很大程度上影响评估结果。历史上，美国的情报分析人员在分析华沙集团针对北约的行动时，不得不假定非华沙集团具有一定的稳定性。在这个案例中，结论具有极高的不确定性，依赖于假设何种程度的稳定性，分析人员在分析苏联潜在的进攻行为时通常会得出相去甚远的结论。当经济学家评估外国经济改革前景时，他们可能有意识或无意识认为未来这些国家和地区将保持（或不能保持）政治稳定性。同样，当政治分析家预测发展中国家国内稳定性时，可能会无意识的假设稳定的油价，然而这个经济表现的决定性因素以及社会稳定的潜在因素可能会波动。上述例子证明分析人员依靠特定的或非特定的假设指导其分析活动。“关键假设检查方法的核心指导原则不是让分析人员轻易否定或放弃既有的关键假设，而是使关键假设更加清晰，明确那些信息和论证需要重新思考。

（二）使用时机

在开展一项情报分析任务之初，情报分析人员或团队会花上1—2个小时用于评估和检查关键假设。反复检验假设在做出最终结论之前都非常有价值，可确保分析结论不是建立在飘忽不定的前提上。找出不明显的假设可能是情报分析人员遇到的最大挑战。这些假设经常在情报人员潜意识中被认为是正确的，因此很少被检查也从未被质疑过。

（三）主要步骤

检验关键假设具体包括以下四个步骤：

第一，分析人员仔细检查目前确立的分析路径，并将其记录下来；

第二，在情报产品中经常存在确定的或未经确定的前提，这些前提通常被默认视为正确，从而使分析路径也看起来顺理成章；所以，分析人员要再次仔细审查所有的前提；

第三，质疑每条假设，试问它为什么是正确的、是否在所有条件下都成立；

第四，使关键假设列表上只包含一定正确的假设，以保证分析路径的正确性，并考虑在何种条件下或遇到哪些信息，这些假定将不再成立。

在完成上述步骤时还要随时关注以下问题：对此假设持何种程度的肯定？对此假设持该种程度肯定的原因？什么条件或信息将推翻该假设？关键假设是否更像是一个关键的不确定性或关键因素？此假设会不会过去是成立的，但目前却不太可靠？如果该假设是错误的，会不会极大地改变分析路径？怎么改变？是否提出了需要进一步分析的新要素？

（四）特点评价

检验关键假设方法只是一种小型分析方法，虽然只解决提出初始假设的问题，但是却非常有助于解释分析论证的逻辑过程，暴露错误的逻辑。同时，这种方法对于分析人员理解形成问题的关键因素，揭示关键要素间的潜在关系具有重要的提示功能。有时，分析人员既不真正了解形成假设的原因，也不真正了解放弃初始假设的原因，只是依循长久形成的工作习惯而完成例行任务，很难关注到意料之外的情况，而检验关键假设则努力帮助甚至“强迫”分析人员有意识地做出深思熟虑后再推进后续的分析工作。

（五）使用示例

检验关键假设：2002 年华盛顿特区狙击手案①

2002 年 10 月发生的华盛顿特区枪击案可帮助我们理解如何运用该方法。在系列枪击案发生后，执法人员迅速提出了关键假设，此案应该是一个驾驶白色货车，受过军事训练的白人所为。如果执法人员进行了检验关键假设，他们就能将此假设分解为几个关键要素，并否定每条结论 。

关键假设	评估
狙击手是男性	考虑到之前的连环杀手案例，这点非常有可能（但不确定）。我们排除女性作案的可能是可靠的。
狙击手是单独行动	考虑到之前的案例，这点非常有可能（但不确定）。
狙击手是白种人	考虑到之前的案例，这点可能（但不确定）。把非白种人排除在外将冒一定的风险。
狙击手拥有军事训练/经历	可能，但没有足够的理由将没有军事背景的潜在嫌疑犯排除在外。
狙击手驾驶一辆白色小货车	考虑到一个可信证人提供了证词，这点是有可能的。但是，鉴于该区域白色货车的数量，这条假设仍需继续审查，而且有其他证人提供了不一样的证词。

检验关键假设可以帮助执法人员：

避免轻易得出没有仔细审查的结论。通过仔细审查每条假设，工作人员将避免简单地缩小嫌疑犯的范围。事实上，此案工作人员起初假设的范围并未将嫌疑犯包括在内。同理，他们应该对嫌疑人驾驶白色车这一假设持谨慎态度。

更加善于接纳新线索和市民提示，例如，曾有目击证人称阻击手驾驶一款特别款的雪弗兰逃离现场。

更加严肃地对待与关键假设相矛盾的证据。如果工作人员清楚的知道其将嫌疑人单独作案视为假设，他们可能会对与此关键假设相左的证据保持警惕。如果分析人员未能深刻地意识到其所做出的假设，这些与关键假设相左的证据通常会“淹没在噪音中”。

① 2002 年 10 月，约翰·艾伦·默罕默德与其养子马尔沃在华盛顿地区使用狙击步枪制造了骇人听闻的连环枪击案，致使 10 人死亡、3 人受伤。这一系列枪击案发生在“9·11”事件一周年后不久，在华盛顿地区引起极大的恐慌。

三、高影响/低可能分析（High - Impact/Low - Probability Analysis）方法

（一）基本理念

高影响/低可能分析方法旨在题型分析人员关注一个看似不可能、但一旦发生将会造成极其严重后果的事件，是一种典型的逆向思考技巧。虽然情报分析的功能在于努力将不确定性降低到最低程度，但是素材缺失、敌方的欺骗以及思维定势都可以导致分析人员对不确定性本身的理解不到位，从而导致失误，这种方法就是帮助分析人员对看似不可能、但一旦发生将严重损害国家利益的事件保持敏感。

（二）使用时机

当分析人员和决策者认为一个事件不太可能发生，且没有对其发生所产生后果给予足够的关注时，就适宜使用高影响/低可能分析。事实上，这种方法也是对分析人员和决策者的一种建议。例如伊朗革命、苏联解体和德国统一，这些事件曾经一度被认为不太可能发生，然而分析人员在事前觉得意料之外的事件在事后看来似乎也都在情理之中。所以，在一些关键时刻，分析人员可以从有意识地考虑高影响/低可能事件后果及其发生的原因和方式中获益。

（三）主要步骤

假如分析人员认为某事件不可能发生的观点非常明确，那么假定与其相反的情况是比较容易的，分析人员要做的就是无论自我感觉多么不可能，也要认真地思考出截然相反的结论，并考察其真实发生的条件是否具备，而其一旦发生又将带来何种影响。具体的使用步骤包括以下六个步骤：

第一，清晰地描述高影响/低可能事件的后果。这一步骤对证明多数分析人员所认为不可能的事件是非常重要的；

第二，构思一种或多种可行的假设或分析路径来降低突发事件的机率，这一步骤应尽可能精确，因为它可以帮助确定下一步需要监视的证据或指标；

第三，加入考虑特定的导致突发情况产生的诱因和变化症候，包括自然灾害、主要领导人突发疾病、新的政治或经济危机等等；

第四，组织经验丰富的分析人员开展“头脑风暴”，思考出事件发展过程中未预期的突变诱因；

第五，为事件的每条发展路径都确定一系列“可观察”的指标，帮助分析人员预测事件是否偏离了其发展轨迹；

第六，确定将促使事件转向不利结果或有利结果的因素，最后整合结论。

（四）特点评价

高影响/低可能分析方法帮助分析人员合理勾勒出一个不太可能发生，但存在合理性的事件过程，能够揭示隐藏在关键证据和假设间的关系，并提醒分析人员从相反角度监控主流分析进程。此外，检查不太可能发生的事件能帮分析人员建立可以提供反映形势变化的早期预警指标。通过周期性检查这些指标，分析人员将更容易破除处理高影响/低可能事件的思维定式。

（五）使用示例

1. 高影响/低可能事件：珍珠港①
到目前为止，衡量美国和日本的直接关系，美国今天不应比一周前更担心与日本交战。如果这是一个赌注，双方将给出 5 比 1 的赔率赌美日将不会交战或者至少在 12 月 15 日之前不会；给出 3 比 1 的赔率赌美日将不会交战或者至少在 1 月 15 日之前不会；甚至赌现金美日将不会交战或者至少在 3 月 1 日之前不会。 ——国务院特别报告，1941 年 11 月 27 日。

① U. S. Government, *A Tradecraft Primer: Structured Analytic Techniques for Improving Intelligence Analysis*, March 2009, p. 38. See: http://www.cia.gov/library/center-for-the-study-of-intelligence/csipublications/books-and-mongraphs/tradecraft%20primer-apr09.pdf.

续表

2. 关于“9·11”事件的高影响/低概率分析①
“9·11”调查委员会报告包括了对推测性分析的检查，事实显示该分析向高级决策者强调了存在发生低概率但高影响事件的可能。这些在 2001 年 8 月 6 日的总统简报中有所体现： “基地”组织成员（包括一些美国公民）已经居住或滞留美国数年，该组织明显在支持恐怖袭击。其中，2 名参与策划炸弹袭击美国驻东非使馆的成员是美国公民，有一名“埃及伊斯兰圣战组织”高级成员自 90 年代中期就居住在加里利福利亚。 ·秘密来源情报显示，自 1998 年，在纽约的“基地”组织就在招募年轻的美国穆斯林参与恐怖袭击。 我们无法证实一些更加敏感的威胁报告，如一家机构 1998 年报告称，本·拉登企图劫机以换取美国抓捕的极端主义者和“基地”组织领导成员。 ——“9·11”调查委员会报告，2004 年 4 月 10 日解密并被批准公开。

四、红队分析（Red Team Analysis）方法

（一）主要理念

红队分析旨在模仿被分析对象的个人或集体的行为，试图复制敌方在思考某个问题时会怎么做。在预测外国领导人或决策层的行为时，分析人员经常遭受“镜像思维”的困扰。传统的分析假定分析对象——外国领导人或决策机构的所有行为都是理性的，遇到威胁或机会时与本国的分析人员的反应是一样的。历史证明，由于不同的文化、组织或个人经历，外国领导人或决策机构对事件的反应往往是存在很大差异的，这就需要在分析过程中安排专人扮演敌方的角色，从而开展模拟分析。

① U. S. Government, *A Tradecraft Primer: Structured Analytic Techniques for Improving Intelligence Analysis*, March 2009, p. 38. See: http://www.cia.gov/library/center－for－the－study－of－intelligence/csipublications/books－and－mongraphs/tradecraft%20primer－apr09.pdf.

（二）使用时机

红队分析旨在有意识的将分析人员置于目标所处的文化、组织和个人背景之下。分析人员平常都是与“蓝队”友军共同工作，扮演“红队”的分析人员则是在敌对力量所处环境下工作。

（三）主要步骤

在某个问题上使用红队分析法时，组织者需要一批对作战环境、目标个性和思维深入了解的专家。这个团队不应该仅仅接纳那些熟悉分析对象语言的人，还应欢迎与分析对象有相同经历、文化和种族背景且熟悉目标作战环境的人。红队分析法的主要步骤应该包括：

第一，将自己置于敌人所处的时空背景下，并像敌人一样做出反应。

第二，真正做好角色扮演，整个陈述部分的分析过程使用第一人称形式，尤其要从敌人角度出发，建立一系列“第一人称”问题，例如“我将如何处理得到的信息；我的关注点在哪；我会向谁征询意见”等等，回答问题的同时也要关注分析对象的家族关系、经济和军事压力等因素。比如，红队参与者可能会自问“我的同事、家庭或族群希望我怎么做”，还可以向同事提出疑问“我们是怎么感知外部威胁和机遇的”，总之要主动考虑到个人权利和地位对分析对象的影响。

第三，起草一份政策文件，主要内容包括敌方领导层会做出的特定决策、提出的建议及其行动过程。这份文件越能反映分析对象的文化和个人准则，它就越能给分析问题提供一个不同的视角，同时要避免使用警告、限制和假定，使情报用户知道这份报告旨在激发思考，挑战有关敌人思维模式的常规分析。

第四，与己方的分析人员共同检验换位思考的效果，并帮助己方的分析人员完成分析任务，但是要注意红队分析法并不试图追求在某问题上达成一致意见，红队分析报告是基于分析对象个人、组织或文化的特殊性给出一个预测，而不会描绘出对方行动的所有可能的过程。

（四）特点评价

红队分析法旨在帮助分析人员摆脱长期形成的一套思维定式，也就是其习惯从自身的理性认识、文化和价值观出发看待问题。分析人员一般是作为敌方行为的“观众”，红队分析法则将分析人员转变为敌方文化和政治背景下的“演员”。由于分析目标往往与分析人员的行为或动机不同，当需要设想敌方领导层、恐怖分子或者非西方国家的思维模式时，这种角色扮演形式是非常有用的。

真正有效实施红队分析法可能并不容易，需要大量时间建立可以像敌方一样思考的分析专家团队。这个团队必须与常规分析方法拉开距离，像生活在分析对象的世界一样工作。如果不能深刻理解对方文化、作战环境和个人经历，分析人员将无法像敌人一样行动或思维。最具挑战的是，分析人员绝不可能真正地撇开自身经历和思维方式，但是，红队分析法至少可以阻止他们无意识地陷入“镜像思维”。

（五）使用示例

红队视角下的伊朗对美国军事战略①
“……美国和以色列可能正在考虑对伊朗实施军事行动，正如近来媒体报道的，为期一周时间的地空联合演习涵盖了伊朗南北部五个省。观察员将此次演习描述成一个拥有大量高科技武器和机动行动的壮观场景，包括直升机中队、导弹、数百辆坦克和成千上万携带实弹的士兵。 根据伊拉克战争、两伊战争及 1987—1988 年伊朗在波斯湾与美国对峙的经验教训，伊朗人开始重视灵活和复杂的防御战略，企图利用强大美军力量的某些弱点的同时，最大化其为数不多的优势领域。如，地面力量数量上的优势、游击战术和地理优势等。 任何美国对伊朗的袭击都会导致伊朗第一时间的反击，伊朗的导弹将吞没波斯湾南部部署有美军的基地或国家，如阿塞拜疆、伊拉克和土耳其等。这个战略的核心是提前警告伊朗的邻国如果与侵略伊朗的国家为伍，将遭到毁灭性打击并使其经济受到长时间衰退。

① U. S. Government, *A Tradecraft Primer*: *Structured Analytic Techniques for Improving Intelligence Analysis*, March 2009, p. 38. See: http: //www. cia. gov/library/center – for – the – study – of – intelligence/csipublications/books – and – mongraphs/tradecraft%20primer – apr09. pdf.

续表

该战略另一关键因素是在伊朗有一定影响力的国家和地区“升级危机”，如阿富汗和伊拉克，以逐步消除美军在地区的立足点。伊朗希望通过此举在其国内产生“反多米诺效应”，美国实际上将由于削减军力或过度的军事扩张会逐渐失去其势力范围。 伊朗的反心理战，即利用那些美国士兵的“怕死”心理，他们对不是为保卫美国本土的战争而缺乏坚定的信念。毫无疑问，对伊朗的战争需要在美国筹划，如果没有它将无法保护阿富汗和伊拉克这两翼。 考虑到美国通过在伊拉克、土耳其、阿塞拜疆、乌兹别克斯坦、塔吉克斯坦、吉尔吉斯斯坦、科威特、沙特、卡塔尔、法琳、阿曼和迭戈加西亚岛的军事基地不断栓紧“安全带”，伊朗产生了一种国家安全被包围的感觉。从伊朗方面的视角来看，美国赢得冷战后变成了一头“脱缰的怪兽”，可以操控和颠覆国际规则并免受联合国惩罚。正因为如此，伊朗需要一项复杂的防御战略，用伊朗官方媒体的话来说，包括拥有核武器……” ——德黑兰大学卡夫·阿法拉赛阿比的《伊朗将如何反击》摘录，引用自亚洲时报在线，2004 年。

五、竞争性假设分析法

（一）基本理念

竞争性假设分析法是一种基于认知心理和决策科学的应用方法，它通过一系列缜密、完整的分析流程，反复核实假设与证据之间的关系，帮助分析人员克服或者最大限度地减少认知局限对于分析的不利影响，得出更为合理的结论。

这种方法的基本思想如下：首先，分析人员极容易受“第一印象”的影响，这种印象建立在不完整的数据、固定的思维模式或者看似合理的最佳解释之上。为了改变分析人员为简化问题而采取凭经验、直觉确立单一假设的惯常做法，这种方法要求分析人员从一开始就要提出所有合理的假设，并给各种假设公平的对待。其次，通过精心设计的“矩阵”，把使用证据验证假设的过程有机分解，确保能够使用相同的证据去评估多个假设，使假设之间展开相互竞争。再次，分析人员倾向于寻找支持他们中意的假设的证据，但这些证据有可能也支持其他假设。这种方法强调考察“证据的诊断性”(Diagnosticity of Evidence)，[①]“诊断性”可以区分出不同证据在验证假设时的效果——如果某项证据与所有的假设都相符，那么这项证据根本就没有诊断性；而如果某项证据在证实某项假设的同时，能够反驳其他的假设，那么这份证据就具有“诊断性”——所以“诊断性”主要通过证伪的方法加以验证。

（二）使用时机

竞争性假设分析法一般用于处理相对复杂的情报分析任务，特别是分析任务涉及的证据素材数量比较大、类型比较多而且质量参差不齐时。尽管单独的分析人员也可以使用竞争性假设分析，但是分析团队的成员相互挑战各自的观点时使用该法更加有效。在遇到有争议的问题时，分析人员往往希望清晰地记录他们依据的理论和做出分析判断的方式，竞争性假设分析此时就特别适用。建立矩阵可以方便分析人员检查他们的分析，明确有分歧的部分；还可以系统地检查证据，有效地思考敌人采取欺骗和反保密措施的可能性。

竞争性假设分析法比逻辑经验分析方法要更加费时费力，制作一个中型竞争性假设矩阵并将收集的证据放入矩阵将花费接近一天的时间。如果在分析中做出调整，比如将证据重新排列，还要花费一些额外的时间。因此，对此方法熟练掌握的分析人员可以指导初次接触该方法的分析人员共同使用，以提高效率。

（三）主要步骤

竞争性假设分析法的主要实施步骤可以分为八步：

第一步，召集持不同看法的分析人员集体讨论并确定所有可能的假设。通过合理的机制和方法列举出所有值得仔细调查的假设，

---

① Richard Heuer, Jr., *Psychology of Intelligence Analysis*, Washington, D. C.: Center for the Study of Intelligence, CIA, 1999, p. 45.

不轻易抛弃未经证实的假设，因为一旦如此分析人员很可能不会再去收集支持该假设的证据；也不轻易认为某些假设可能性不大或者是错误的。具体需要考虑多少数量的假设应根据所分析问题的性质而定。通常，不确定性因素越多，得出的结论对政策的影响越大，则需要考虑的假设也越多。但是，如果超过 7 个假设则很难处理，此时最好将其归并分组然后再进行分析。

第二步，列出支持和反对每种假设的重要证据。对于证据应该采取广义的理解，指的是所有影响判断假设的因素，不仅应包括动态情报报告中的可靠证据，还应该包括分析人员对其他国家、机构以及个人的意图和行动做出的想定和合乎逻辑的推断。分析人员应首先列出对所有假设都适用的一般性证据，然后再单独考虑每一个假设，详细列出能够支持或者反驳它的证据，并在这个过程中思考是否存在缺失的信息。

第三步，制作矩阵图，考察并识别证据的诊断价值。首先，以假设为横行，以证据为竖列，分别把在第一步得到的假设和在第二步得到的证据填入矩阵图。其次，分析每一项证据与每个假设的关系。传统分析方法每次只考虑一种假设，现在分析人员则要考察每一项证据与所有假设的一致程度。为了区别证据对假设的支持程度，在填写矩阵图时可以将证据与假设的关系如一致、不一致或不相关等，分别使用相应的符号在图中表示。符号可以选择“＋、－、?”号，也可以使用“C、I、N/A（分别代表一致、不一致、不适用）”。总之，只要能简洁地表示证据与假设的关系就可以。再次，分析人员应逐条考察每个证据与假设的关系，并将结果填入矩阵图。理查兹·休尔在演示“竞争性假设分析”法时，使用了一个虚拟案例：假设 1993 年美军轰炸了伊拉克情报中心后，情报分析部门需要判断伊拉克会否采取报复行动。通过对这个问题进行分析的矩阵图，可以清楚地了解如何完成这个步骤（如表 2—11 所示）。

表 2—11 评估伊拉克会否采取报复行动的矩阵①

	假设一	假设二	假设三
证据一	+	+	+
证据二	+	+	−
证据三	+	+	−
证据四	−	+	+
证据五	−	+	+
证据六	− −	+	+

假设一：伊拉克不会报复。
假设二：伊拉克将为一次小型恐怖活动提供赞助。
假设三：伊拉克正策划一起或多起针对中央情报局设施的大规模恐怖行动。
证据一：萨达姆公开声明不会进行报复。
证据二：1991 年的海湾战争中未发生恐怖袭击事件。
证据三：假定伊拉克不想招惹美国对其再次实施打击。
证据四：监控中的伊拉克情报机构无线电通信频繁、持续时间长。
证据五：伊拉克使馆接到加强安全防范的指示。
证据六：假定报复失败，则萨达姆的面子无法挽回。

这种矩阵图非常有助于分析人员权衡每种证据的“诊断”价值。比如表 2—11 中，反映伊拉克意图的证据一与所有假设都一致，也就证明这条证据没有“诊断”价值；而证据四则具有诊断价值，因为它能够在支持假设二和假设三的同时，反驳假设一，从而需要分析人员特别重视。

矩阵图的形式设计也可以进行变化，基本的统计原则不变，但是加入了证据的来源，从而附加了对证据可信度的价值衡量，再逐项比较证据与假设的关系，做出结论。比如在对东京沙林毒气恐怖袭击事件的实施方进行分析时，分析人员将嫌疑组织奥姆真理教初

① Richard Heuer, Jr., *Psychology of Intelligence Analysis*, Washington, D. C.: Center for the Study of Intelligence, CIA, 1999, p. 101.

步认定为“宗教狂热”、“恐怖组织”、“政治运动”和“犯罪集团”四种性质，然后通过制作的竞争性假设分析矩阵就采取了这种形式，如表2—12所示。

表2—12　奥姆真理教对东京的恐怖主义袭击

		衡量	H1	H4	H2	H3
			宗教狂热	恐怖组织	政治运动	犯罪集团
	不一致得分		-1.0	-1.0	-2.0	-3.0
E3	针对记者的袭击	中等	I	N	I	I
E2	宗教附庸	中等	C	I	I	I
E4	既有党派	中等	N	N	C	I
E1	盲眼领导人麻元扎晃	中等	C	C	C	C

奥姆真理教对东京恐怖袭击的竞争性假设分析矩阵。1995年3月，一个大型未知组织使用高致命性沙林毒气袭击了东京地铁站。竞争性假设分析法提供了仔细检查所有证据和观点来理解哪种组织对此事负责的途径。通过最简化的形式，上面的矩阵把每项证据在垂直方向排列起来，逐一评估它们与四项针对东京恐怖袭击事件提出的可能假设的一致性（水平方向）。分析人员使用一致（C）、不一致（I）、中立（N）标注各项假设。这个过程使分析人员能够看清某些证据与多个假设相一致，而对于反驳某一假设缺少价值。

第四步，完善矩阵图，重新考虑以前的假设，删除没有“诊断”价值的证据。分析人员应考虑是否还要添加新的假设，是否需要重新界定重要假设之间的区别，以及是否可以把某些比较接近的假设予以合并。同时，分析人员还要反思是否遗漏了某些有用的证据，并剔除没有任何“诊断”价值的证据。

第五步，对每种假设的可能性做出暂时性的结论，继续尝试证伪而非证实每一种假设。分析人员应该把矩阵图作为思考和分析的辅助性工具，使分析人员能够更加周全地把握证据与假设之间的相互关系，并找到那些会真正影响分析判断的少数关键性证据。尤其重要的是：得到证据支持最多的假设成立的可能性不一定最大，因为分析人员往往可以轻易地举出许多与某种假设相一致的证据，关键在于发现那种明显与某种假设不一致的确凿证据。

第六步，分析初步结论对于少数重要证据的依赖程度，思考假如这些证据是错误的、误导性的或可以做出不同解读，会对分析带来何种影响。这个步骤是一个回顾和复查的过程，分析人员应特别注意考虑对手是否有欺骗等问题，重新审视那些对得出的判断影响最大的证据。如果发现之前的分析未能质疑一些关键性假定的合理性，那么分析人员就应该弥补这个过程。所以，进一步研究以核实关键性判断是否成立是非常必要的。

第七步，上报结论，阐述所有假设的相对可能性，而不只是上报可能性最大的假设。分析人员应在分析报告中让决策者知晓各种可能情况发生的机率，这么做的主要目的是当一种可能性原本不高的情况在现实中真的发生了，决策者也可以对其基本情况有所准备，并便于采取应急和补救性的方案。

第八步，确定观察事态未来发展所应注意的关键指标性事件，这些指标性事件可能会导致事件朝着意想不到的方向发展。分析人员不应将结论视为一成不变，而应该以开放的心态关注变化，并相应灵活地修正原有的评估结论。

（四）使用技巧

在完成竞争性假设分析法的基本步骤时，还应该着重注意以下问题：

第一，产生初始假设时，可以将具有不同视角的分析人员组织起来采用“头脑风暴”法讨论并确定各种可能的假设。

第二，矩阵图不是一次性就可以完成的，应该适时被调整改进，完善矩阵图之后还需要重新考察假设，因为分析人员可能会加入表述更加合理的新假设和重新检查信息的可用性。

第三，关键之处在于分析初步结论对少数重要证据的依赖程度，反复考虑如果该证据是错误的、理解上出现偏差或欺骗性的会造成的后果，以及考虑是否有证据还未发现，但对于某种假设成立时是必要的，是否存在欺骗的可能性。

（五）特点评价

竞争性假设分析法与传统分析方法存在明显区别：首先，此方法开始于讨论各种可能性，而不是试图去证明可能性最大的一种假设，保证了各种假设均受到同等对待；[①] 其次，此方法在判断各种假设的可能性时，重视少数具有“诊断”价值、可以证伪假设的证据，传统方法则极少考虑许多证据可能同时支持所有假设的事实；最后，此方法要求寻找证据驳倒假设，最有可能的假设不是支持它的证据最多，而是反驳它的证据最少。[②] 总之，这种方法在很大程度上克服了惯常的简化认知策略所具有的缺点，能够帮助分析人员对思考过程进行有效的人为干预，时刻提防认知局限的消极影响。

竞争性假设分析法形成了从认知视角观察、解释、解决情报分析问题所使用的一套完整概念、方法和原则，尝试建立科学、合理的分析程序和方法，以此训练分析人员的思维，最终改进情报分析的质量。这种研究范式传承了传统研究范式采取科学方法论、秉持客观中立、依循严谨逻辑过程的基本特点，又实现了由“数据驱动”分析向“观念驱动”分析的研究思路转变。

除此之外，竞争性假设分析法还具有简单易学，便于操作的优点，因而适用范围较为广泛。如今的分析理论专家采用计算机辅助进行“竞争性假设分析”，并设计开发了专门的软件系统以提高证据评估和假设验证的效率和精确性。因为软件系统能够调用存储海量信息的数据库，对证据的要素进行自动化比对和鉴别，对假设的可能性进行赋值计算，以百分比数据替代简单的是非判断，进一步提高了分析结论的准确性和可信度。总之，情报分析研究专家正在努力发掘和提升”竞争性假设分析”法的应用价值，以期待其在实践

① Richard Heuer, Jr., *Psychology of Intelligence Analysis*, Washington, D. C.: Center for the Study of Intelligence, CIA, 1999, p. 108.

② Ibid., p. 108.

中发挥更大的作用。

六、“结构化”分析方法总结

（一）“结构化”分析方法与“分析转型”同步推进

“结构化”分析方法研究针对“分析转型”中急需解决的问题积极进行探索与创新，为宏观层面的战略设计做了更加细致、完善的补充性研究，较好地保障了在具体实践层面推进“分析转型”所面临的创新问题，为“分析转型”在基层情报分析部门落地提供了最直接的证明。

（二）“结构化”分析方法是向科学研究方法的理性回归

纵观情报分析方法的发展应用历史，从相关学科移植成熟的研究方法，在分析工作中加以改进和应用是一种惯用方式。然而，尽管理论研究者从未停止呼吁使用科学分析方法，但是一些优秀的研究成果更多时候会停留在课堂和书本中，很难真正融入压力沉重的现实工作。“分析转型”开始实施之后，影响科学方法使用的体制、环境、条件都因为改革措施的逐步落实而出现改善，再加上官方大力推广分析专业技能和科学方法培训，所以，情报分析研究再次出现了向科学方法回归的趋势，还表现出了积极的变化，即分析人员有意识地将传统经验加直觉方法与“结构化”分析方法相结合使用。

（三）“结构化”分析方法与信息技术变革积极融合

正如技术水平决定战术运用一样，信息技术变革以不可逆转的冲击力改变了情报工作的各个方面，如果分析方法研究不能及时把握趋势变化的方向，则必然滞后于分析工作现实需求，牵引和指导实践更无从谈起。在促进共享和合作的政策导向下，“以技术促转型”成为了将先进方法更好地应用于实践领域的有力支撑。因此，无论是采用计算机辅助分析软件，还是构建“分析空间”等智能化情报分析平台，情报分析方法的技术含量已经得到了较大幅度的提升，而未来的新方法还会完全脱胎于更加先进的技术环境。

第三章　情报分析模拟案例

本书所精选的案例均以真实事件为背景情境编写，案例能够集中反映情报分析过程中可能遇到的各种问题、障碍与矛盾。完成这些模拟案例的分析，分析人员必须秉持清晰的思路，正确合理地应用分析方法，严谨细致地研究证据素材，默契高效地达成合作。因此，这些案例对于情报分析人员来说，是检验自身专业素质的短板，是训练和提升情报分析人员思维和技能水平的最佳模拟素材。

本章分析案例的撰写思路是：从公开资料中搜集和遴选分析案例素材，以情报分析意识和方法训练为目的，从分析团队或分析人员的视角梳理案例事件发生的背景情况，剖析所掌握的原始素材，进行合理的推演，最终使用合适的分析方法得出结论。因为本章所选取的案例大多来源于具有典型意义的热点事件，它们既是研究的基础素材，又是演练方法的最佳载体。通过将分析案例与研究方法形成恰当组合的方式，使演练这些案例的人能够切实理解和掌握情报分析的基础方法的精髓，并以最设身处地的方式思考和汲取经典案例中所包含的经验教训。

本章主要包括 4 个情报分析经典案例，相应示范 4 类情报分析基础方法。因为任何单一的分析方法在解决分析问题时一般发挥主导性载体的作用，所以案例中有意设计并鼓励分析人员兼容使用其他方法解决部分或细节的分析问题，因此，每个案例实际对应的分析方法是 2—3 种，保证了 4 个案例可以涵盖课题所论述的全部分析方法，但是在使用上又不会简单重复。具体的案例编排设计如下：

1. 逻辑经验分析模拟案例

主要使用历史经验分析法研判朝鲜发射“光明星 3 号”人造卫星事件，配合使用定量分析方法、指标与征候分析方法、“故意唱反调”方法等。

2. 定量分析方法模拟案例

主要使用贝叶斯分析方法预测穆巴拉克是否会因埃及革命而下台，配合使用历史经验分析方法、高影响/低可能分析方法等。

3. 团队分析方法模拟案例

主要使用“头脑风暴”分析法评估美国 X－37B 无人空天飞机的作战用途，配合使用经验加直觉分析方法、“红队”分析方法等。

4. “结构化”分析方法模拟案例

主要使用竞争性假设分析方法研判土耳其击落苏－24 飞机后俄罗斯会做出何种反应，配合使用经验加直觉分析方法、“检验关键假设”分析方法、“A 队 B 队”分析方法、“德尔菲”法等。

本书为情报分析实战模拟训练为目标编写上述案例，为每个案例均拟制了标题，明确了训练目的，规定了训练方式，提示了分析思路，撰写案例正文，提出了思考问题，提供了丰富和必要的分析素材。

在案例编写的过程中，本书着重解决了以下问题：首先，从分析人员实际可用的层面全面衡量案例中分析方法的适用范围、使用条件、基本步骤以及值得注意的关键问题；其次，因为多数经典案例的结果均已经得到后见之明的验证，所以在编写案例时进行合理了的想定和推演，能够模拟、还原历史研究资料中未记录的分析环节，使之更好地适用于分析训练活动，从而锻炼训练人员的反应能力；再次，无论是方法研究还是案例训练，通过建议的分析思路进行必要的指引，又努力保留最大限度的开放性和灵活性，帮助训练人员能够触类旁通，达成举一反三的效果。

第一节　逻辑经验分析方法模拟案例

案例：使用历史经验分析法研判朝鲜发射“光明星3号”人造卫星事件

（一）案例说明

1. 训练目的

使用历史经验分析方法对朝鲜发射“光明星3号”人造卫星事件的全过程进行研判，此案例共分为发射前和发射后两个阶段。发射前阶段的分析主要实践历史经验分析所采用的搜集和梳理证据素材、提出和发展假设、表述观点和结论的过程与方法，掌握形成分析思路、比对印证证据和反复检验假设的技巧；发射后阶段主要通过复盘检讨理解历史经验分析方法在定性分析和趋势研判方面的特点，思考规避其使用局限的技巧，并探索改进历史经验分析方法的措施。

2. 训练方式

由训练人员独立完成，也可2—3名训练人员组成一个分析小组合作完成。模拟监控朝鲜半岛局势发展的基层情报分析人员，搜集整理各类相关通报素材，对朝鲜发射“光明星3号”人造卫星事件进行完整的事前预判、进展跟踪和事后研判分析。发射前阶段的分析主要针对朝鲜发射“光明星3号”的意图进行判断，对当时朝鲜运载火箭和人造卫星发射水平进行评估，对发射之后的意义和影响做出分析。发射后阶段的分析主要针对朝鲜发射“光明星3号”人造卫星事件的波折过程进行复盘检讨，研判朝鲜方面是否事先制订了欺骗计划，是否已经具备了运载火箭发射应急处置能力，还是有其他可能？完成两个阶段的分析后，思考如何改进历史经验分析方法的使用技巧，以及如何通过训练提升分析人员思考问题的洞察力。

（二）案例摘要

朝鲜在发展中远程弹道导弹方面一直表现出雄心壮志，并以此作为维护其国家安全，反制外部力量干涉的强力后盾。然而，从维护朝鲜半岛和平稳定出发，中、美、俄、日、韩都不愿意朝鲜在中远程弹道导弹领域看突破性进展，特别是考虑到朝鲜还宣称拥有核武器。以美国为首的美日韩联盟多年来一直对朝鲜实施制裁以求限制其实力的发展，联合国安理会也多次通过决议谴责或同意制裁朝鲜在影响地区和平稳定局势方面的激进行为。然而，朝鲜三代领导人都坚守“先军政策”，并投入了巨大资源不断从事中远程弹道导弹研究，而通过发射运载火箭发射卫星的方式则是一种巧妙的掩护做法。因为，试验成功的运载火箭技术完全可以应用于中远程弹道导弹制造，而又规避了（至少弱化了）国际法和国际道义的谴责。朝鲜于 1998 年 8 月宣布成功发射了首颗人造卫星“光明星 1 号”，2009 年 4 月又宣布成功发射了“光明星 2 号”试验通信卫星，2012 年 4 月朝鲜使用自己力量和技术制造的“光明星 3 号”卫星却发射失败，而这次失败对朝鲜原本不断提升的运载火箭技术来说是一次非常沉重的打击。朝鲜在背负国际制裁的压力下受此重挫，不但没有暂停或延缓其所谓的“宇宙开发与和平利用”项目，反而在 12 月 1 日通过朝中社发布信息，宣称将于 12 月 10 日至 22 日之间发射“光明星 3 号”2 期实用卫星，引起世界一片哗然。这种激进的做法对于联合国安理会来说也是非常有挑战性的，而朝鲜这种愈挫愈勇、敢于挑衅的做法更加突显其在国际上特立独行的“麻烦制造者”形象。朝鲜通过实验运载火箭的掩护方式改进提升其中远程弹道导弹技术已经是不争的事实。使用历史经验分析方法对 2012 年 12 月朝鲜发射“光明星 3 号”人造卫星事件的全过程进行研判，是训练情报分析人员基本分析素养，检验其情报意识和应变能力的良好素材。此案例共分为发射前和发射后两个分析阶段。发射前阶段的分析旨在针对朝鲜发射“光明星 3 号”的意图进行判断，对当时朝鲜运载火箭和人造卫星发射水平进行评估，对发射之后的意义和影响做出分析，主要实践历史经验分析所采用的搜集和梳理证据素材、提出和发展假设、表述观点和结论的过程与方法，掌握形成分析思路、比对印证证据和反复检验假设的技巧；发射后阶段的分析旨在研判朝鲜方面是否事先制订了欺骗计划，是否已经具备了运载火箭发射应急处置能力，以及存在有其他可能，主要通过复盘检讨理解历史经验分析方法在定性分析和趋势研判方面的特点，思考规避其使用局限的技巧，并探索改进历史经验分析方法的措施。

（三）案例正文

一波三折的“光明星 3 号”发射

发射前阶段

朝鲜于 1998 年 8 月宣布成功发射了首颗人造卫星“光明星 1 号”，2009 年 4 月又宣布成功发射了“光明星 2 号”试验通信卫星，2012 年 4 月朝鲜使用自己力量和技术制造的“光明星 3 号”卫星却发射失败，而这次失败对朝鲜原本不断提升的运载火箭技术来说是一次非常沉重的打击。朝鲜在国际制裁的压力下受此重挫，不但没有暂停或延缓其所谓的“宇宙开发与和平利用”项目，反而继续愈挫愈勇。2012 年 12 月 1 日，朝鲜宇宙空间技术委员会发言人通过朝中社宣布，朝鲜将于 12 月 10 日至 22 日之间使用“银河 3 号”运载火箭从朝鲜平安北道铁山郡的西海卫星发射场向南发射“光明星 3 号”2 期极地轨道地球观测实验卫星。

发射后阶段

2012 年 12 月 12 日，朝鲜当地时间上午 11 点 23 分，朝鲜中央通讯社宣布：“在平安北道铁山郡西海卫星发射场，通过‘银河 3 号’运载火箭成功发射了‘光明星 3 号’二期卫星。卫星已经进入预定轨道。”然而，就在不久之前，全世界多家媒体和研究智库还在津津有味地解读和评论朝鲜于 10 日发布的因为火箭发动机故障，发射将推迟的消息，甚至发布了朝鲜卫星发射场发射架上空空如也的即时卫星照片，颇有幸灾乐祸的感觉，而现在的突发情况却让很多人大跌眼镜。

思考题：

1. 从历史经验角度分析，朝鲜为什么要全力发展中远程弹道导弹，其运载火箭技术在案例发生时究竟处于何种水平？朝鲜方面是否事先制订了欺骗计划，是否已经具备了运载火箭发射应急处置能力，还是有其他可能？

2. 朝鲜历次人造卫星发射的过程，有哪些共同点？这次发射又具有哪些新特点？

3. 对于朝鲜运载火箭发射能力的判断是否会影响到对其发射意图的判断？二者在具体分析的过程中应分别注意哪些问题？

4. 此案例中，发射前达成先见之明的可能性有多大？如果可以达成先见之明，预测结论的内容和形式是什么？

5. 假设发射前没有达成先见之明，通过后见之明的复盘检讨，哪些关键性证据的缺失导致了预判失误？哪些获取的证据没有被关注或者被正确解读？解读的标准是否在发射前后发生了变化？

6. 以历史经验分析方法为代表的逻辑经验分析方法有哪些局限性，这些局限性在实施分析的具体过程中如何去规避或克服？

（四）分析思路

1. 对于朝鲜运载火箭技术水平的评估是一种线性评估，总体上有章可循，而对于此次使用火箭发射卫星的决心和策略则是一种非线性的意图分析，很难有参照标准，在分析过程中应该将二者相结合考虑，在衡量整体发展变化的一般性趋势基础上推断其在具体时间点的特殊表现。

2. 理性原则是历史经验分析方法的一种基本出发点，但是对于理性的认知，分析者与分析对象却很有可能存在不同的意见，甚至是完全相左的判断，这本来就是有不少先例的。因此在分析的具体阶段，可以采用“故意唱反调”、“红队分析”的方法去挑战主流的现行观点，从而合理拓展分析的想象力，考虑到各种可能性。

3. 朝鲜方面是否有主动施加欺骗的可能？如果有，其实施欺骗的目的是什么？实施欺骗的主要方式和途径可能有哪些？实施欺骗过程中可能会有哪些破绽？哪些因素会影响到分析人员忽视这些破绽？

（五）素材资料

本模拟案例所使用的素材来源包括美国、日本、韩国公开媒体报道资料，以及维基百科等互联网资料。

1. 此次“光明星 3 号”发射的总体情况

据朝中社 12 月 1 日报道，朝鲜将于 12 月 10 日至 22 日之间发射使用自己力量和技术制造的“光明星 3 号”2 期实用卫星。朝鲜宇宙空间技术委员会发言人当天发表谈话称，朝鲜将发射的“光明星 3 号”2 期实用卫星，同上次一样是按照极地轨道运行的地球观测卫星，将于 12 月 10 日至 22 日之间使用“银河 3 号”运载火箭从朝鲜平安北道铁山郡的西海卫星发射场向南发射。

作为《关于登记射入外层空间物体公约》的缔约国，朝鲜已向联合国提交了为 2012 年 12 月发射的“光明星 3 号”二期卫星进行登记的相关文件。有报道称，联合国外太空事务所已完成了联合国正式文件（ST/SG/SER. E/662）的撰写，并在网络卫星登记部和电子文件库中刊载了有关“光明星 3”号二期的正式文件。根据相关国际法，朝鲜卫星登记已按合法程序圆满结束。朝方此前介绍，“光明星 3 号”是太阳同步轨道卫星，入轨后将播放《金日成将军之歌》和《金正日将军之歌》。

12 月 8 日，朝鲜方面突然宣布“由于发现一系列问题，正在慎重考虑调整发射日期”。12 月 10 日朝鲜宇宙空间技术委员会的发言人宣布，因为运载火箭第一级出现问题，“光明星 3 号”的发射窗口期将延长至 12 月 29 日以前。2012 年 12 月 11 日，韩联社在其报道中援用军方人士的话说，“最新的卫星图像分析结果显示，朝鲜技术人员已经从发射平台上完全拆除了‘光明星 3 号’的三级火箭，将其运送到附近的一个组装设施内，有可能经过修理后再次安装。”专门研究朝鲜半岛事务的美国智库机构“北纬 38 度”（38North）在得知朝方准备推迟发射的消息后，撰文分析窗口期延长后，朝鲜至少需要10天才能实施发射。文章写道，10日所拍摄卫星图片显示，西海卫星发射场工作人员可能正从发射塔架上移除火箭，以便维修。文章推测，朝鲜可能会在12日或者13日完成移除火箭，再花费一个多星期加以修理，意味着不大可能在21日、22日以前发射。

朝鲜当地时间上午11点23分，朝鲜中央通讯社宣布："在平安北道铁山郡西海卫星发射场，通过'银河3号'运载火箭成功发射了'光明星3号'二期卫星。卫星已经进入预定轨道。"报道说，"银河3号"运载火箭于当地时间12日9时49分46秒从平安北道铁山郡的西海卫星发射场发射升空，9点52分，一级火箭和二级火箭成功分离，并于9点53分通过韩国北部白翎岛上空，9点58分左右，火箭通过日本冲绳西侧，并于9时59分13秒将第二颗"光明星3号"卫星准确送入预定轨道，10点05分左右，火箭通过菲律宾上空。目前，"光明星3号"卫星以97.4度的轨道倾角，在近地点高度499.7公里、远地点高度584.18公里的轨道上运行，运行周期为95分29秒。报道说，作为科技卫星的"光明星3号"卫星搭载了地球观测所需的观测器材和通信器材。这是朝鲜自1998年以来，第五次发射火箭，也是2012年的第二次发射。与前四次国际社会的先知先觉相比，这次发射也最为"神秘"。但是，考虑到12月17日是朝鲜前领导人金正日逝世一周年的纪念日，而拥有自己的卫星和火箭是金正日的遗训，此次发射的时机也耐人寻味。此前，一直有分析人士根据朝鲜这次发射卫星时间，认为其背后的目的之一就是在金正日逝世一周年之际，以足以吸引眼球的重大成就来凝聚国民的民心，稳固对新领导人的忠诚，朝中社的相关评论从侧面印证了这种分析。

韩国总统李明博在得知朝鲜发射卫星之后紧急召集国家安全会议，会后告诉韩国联合通讯社记者："韩国和美国军方正核查朝鲜火箭是否准确进入轨道，我方雷达已经核实（火箭的）第二级分离。"韩国政府正等待相关机构对火箭第三级的数据分析结果，以验证朝鲜关于火箭把一颗卫星成功送入轨道的说法。相比之下，韩国"罗老号”的第三次发射则刚刚被取消。韩联社援引韩国专家的看法称，韩国比朝鲜的火箭发射技术落后 5—7 年。

日本政府宣布，朝鲜火箭当地时间 10 时 01 分许飞过冲绳岛上空。按日方说法，9 时 58 分许，火箭第一级落入朝鲜半岛以西大约 200 千米的黄海海域；9 时 59 分，第二级落入朝鲜半岛西南大约 300 千米的海域；10 时 05 分许，第三级落入菲律宾以东大约 300 千米的太平洋海域。

美国北美防空司令部发表声明说，美方导弹预警系统初步监测结果显示，朝鲜火箭第一级坠落黄海，第二级落入菲律宾海，朝方发射物似乎进入预定轨道。

为了让更多的人知道卫星发射成功，朝鲜动用了最大的宣传攻势，甚至第一次动用了朝鲜中央广播电视台等针对朝鲜全境的传播渠道。在平壤朝鲜高丽饭店的咖啡厅中，当朝鲜电视台女播音员用慷慨激昂的声音播出了朝中社的消息，在平壤市中心，一辆安装有扩音喇叭的车辆也在沿途以最大分贝播放着朝鲜“卫星”发射成功的消息。

朝鲜外务省发言人 12 日就成功发射第二颗“光明星 3 号”卫星一事回答朝中社记者提问。发言人说，不管别人说什么，朝鲜将继续行使合法的发射卫星权利，征服宇宙，为建设国家经济和改善人民生活做出积极贡献。发言人说，朝鲜此次成功发射卫星，是金正日的遗训，是根据旨在推动经济建设和改善民生的科技发展计划进行的和平事业。敌对势力对朝鲜和平卫星发射说什么“违反联合国安理会决议”，表现出想以此无理取闹的不正当企图。发言人说，和平利用宇宙的权力是反映国际社会一致意志的普遍国际法所公认的，不是联合国安理会所能擅自违背、说三道四的问题。只把朝鲜卫星发射视为军事目的的远程导弹发射、“挑衅”、紧张局势的因素，这是出于敌视朝鲜的观点。发言人说，美国在 2012 年 4 月也曾做出敌对的过度反应，使朝鲜不得不重新全面考虑核问题。敌对观念对谁也毫无帮助，对抗解决不了任何问题。朝鲜希望有关各方保持理智和冷静，以免事态事与愿违地朝着谁都不愿看到的方向发展。

作为六方会谈的其余三方，中、俄、美也分别对朝鲜的火箭发射表达了各自的看法。中俄均对朝鲜发射火箭行为表示“遗憾”。美国白宫国家安全会议发言人托米·维尔特则发表声明认为，朝鲜的行为是一种“严重的挑衅”。在国际社会的普遍关切之下，朝鲜的“特立独行”除引发国际社会对它的“遗憾”之外，还有可能遭遇到来自联合国的进一步制裁。

2. 外界对朝鲜发射“光明星 3 号”的监控情况

美国和日本的情报机构对此事态保持了密切的跟踪，美日官方均确认了朝鲜技术人员将火箭从发射架上移除的情报；还发现原本前往观摩的朝鲜高级军官离开了西海发射场。

2012 年 12 月 12 日，日本当地时间 9 点 57 分，日本民众收到了来自日本官方的第一条信息，告知朝鲜已经在 9 点 49 分进行了火箭发射。随后，日本布防在周边海面上的舰艇传回的信息显示，朝鲜发射火箭的第一个碎片于上午 9 时 58 分坠落在韩半岛西侧，而第 2 个和第 3 个碎片分别于上午的 9 点 59 分，10 点 5 分坠落在韩半岛西南方的中国东海和菲律宾以东 150 海里的太平洋上。在朝鲜发射火箭的全程中，日本政府除通过新闻媒体向全国民众传达消息外，在火箭发射途经的冲绳县内，还动用了“全国瞬时报警系统”向其民众先后发布了 10 次短信通知。第一条信息发布于 9 点 56 分 14 秒，最后一条的发布时间为 10 点 32 分 17 秒。由于没有发现火箭碎片有坠落在日本本土的情况，日本自卫队并没有采取击落行动。在朝鲜发射火箭半小时后，日本官房长官藤村修召开了紧急记者会，日本也成为了第一个就朝鲜发射火箭做出表态的国家。藤村修在介绍了关于导弹发射的情况后表示，对于朝鲜发射火箭的行为“极其遗憾，无法容忍”。并表示日方将提出抗议。

韩国国防部发言人金珉奭 12 日下午宣布，韩国部分地区的警备级别从三级调整到了二级。金珉奭称，此前，韩国军方为应对朝鲜发射卫星在黄海和济州岛南方海域部署了三艘宙斯盾舰，这三艘宙斯盾舰均探测到了朝鲜发射火箭，其中“世宗大王”号宙斯盾舰首先监测到朝鲜发射火箭，并监测到火箭分离。在火箭通过日本冲绳西部地区上空后，从宙斯盾舰雷达上消失。金珉奭表示，韩国军方已经开始搜集朝鲜火箭残骸。

北美防空司令部已经表示，朝鲜的此次发射可能获得了成功。“初步迹象表明，导弹携带的物体似乎被送入了轨道，这枚导弹及其残骸自始至终并没有对北美洲构成威胁。”

美国朝鲜半岛问题研究智库的相关人士曾在事后透露一些线索信息：原本前来观摩发射的朝鲜高官确实撤离了发射场，但是朝鲜并没有宣布终止发射任务，实际上，没有证据显示西海卫星发射场的运转完全停滞，相反，卫星照片显示虽然火箭已经下架，但某些现场仍有疑似技术人员活动的迹象。

3. 外界对朝鲜研制和发射人造卫星的反应

朝鲜此次卫星发射令国际社会倍感意外。第一个意外是没有想到朝鲜此次发射如此成功。朝鲜方面曾三次尝试发射卫星，但皆告失败，而这一次，日本、韩国和美国在获知发射后，都迅速追踪监控了朝鲜运载火箭和卫星的运行轨迹，发现火箭的一级火箭、整流罩、二级火箭的降落区跟之前朝鲜向国际海事部门通报的地点基本一致，卫星也被送入了预定轨道，朝鲜此次火箭发射可以说是非常成功的。此外，朝鲜最近一次卫星发射失败距离此次成功发射仅仅8个月时间，朝鲜方面在如此短的时间里找出纰漏并加以改正，这是颇让外界感到意外的。另外一个意外是这一次的时间点，朝鲜方面10日说，因为运载火箭第一级出现问题，“光明星3号”的发射窗口期将延长至12月29日以前。韩国媒体11日通过卫星图片分析，朝鲜已经将运载火箭从发射塔架上拆除，可能是要更换装置解决之前出现的技术问题。但谁也没想到，朝鲜卫星在12日早晨突然就升空了，整个安装和加注燃料的过程在仅仅一个晚上的时间完成，并且未被外界发现，此举反映了朝鲜的反侦察能力。

韩日在判断朝鲜火箭发射方面均出现了偏差，而美国也没有例外。就在朝鲜火箭发射前1—2个小时，在华盛顿日本大使官邸，参加假日招待会的美日官员还一起讨论了朝鲜问题，他当时仍认为朝鲜遭遇了可能需要数周才能解决的技术问题。国际社会对朝鲜发射火箭的时间点误判并非来自单方面的情报渠道，朝鲜方面的官方也给出了一些消息来“配合”外界的推测。12月10日，朝鲜中央通讯社报道称，朝鲜宇宙空间技术委员会发言人宣布将原定于10日至22日间的“卫星”发射窗口期延长7天至29日。在研究过朝鲜方面的消息，并对所掌握的资料进行研究后，12日，韩国在当日早间的相关报道中给出了关于朝鲜火箭发射时间窗口的最新推测为22日至29日之间。

韩国总统李明博就朝鲜发射远程火箭紧急召开国家安全保障会议，韩国总理金滉植、外交通商部长官金星焕、国防部长官金宽镇等参加，商讨应对措施。韩国外交通商部长官金星焕12日说，朝鲜发射卫星违反了安理会有关决议，是对朝鲜半岛及国际社会的和平和安全的挑战和威胁。针对朝鲜无视国际社会多次警告和取消发射的要求，强行发射卫星的这一行为，韩国将与国际社会一道予以强烈谴责。他说，按照今年4月通过的安理会主席声明，朝鲜理应受到严厉制裁。

日本政府12日宣布，朝鲜当天上午发射的火箭飞经日本冲绳县上空，日本自卫队没有对朝鲜火箭采取拦截的破坏措施。日本外相玄叶光一郎表示，日本考虑要求联合国安理会通过新决议，对朝鲜采取严厉措施。日本防卫省说，朝鲜发射的火箭全部落入朝鲜公告的预定区域。日本国土交通省表示，目前尚未接到朝鲜火箭对日本境内飞机和船舶等造成损害的报告。与今年4月份朝鲜发射火箭时不同，日本政府利用全国紧急警报系统，用短信向冲绳的民众发布了朝鲜发射卫星的信息。日本各大电视台在火箭发射之后，全部取消了正常节目，而改播朝鲜发射火箭的消息。

俄罗斯外交部权威人士12日对国际文传电讯社说，俄方认为，朝鲜发射一枚携带卫星的火箭违反了联合国安理会相关决议。这位人士表示，俄罗斯曾多次提醒朝鲜不要忽视明确禁止朝鲜利用弹道导弹技术发射卫星的安理会决议，朝鲜作为联合国会员国应该无条件地执行安理会决定。

美国白宫国家安全委员会发言人汤米·维托 11 日晚发表声明，称朝鲜发射卫星是“极具挑衅性的行动”，危及地区安全。声明说，朝鲜的举动直接违反安理会有关决议，违背朝鲜的国际义务，破坏全球核不扩散体系。在今后一段时期内，美国将与朝核问题六方会谈有关国家、安理会和其他联合国会员国开展合作，采取适当行动。

中国外交部发言人洪磊 12 日在例行记者会上说，中方注意到关于朝鲜发射卫星的有关报道，也注意到有关各方的反应。我们对朝方在国际社会普遍表明关切的情况下实施发射表示遗憾。洪磊说，中方一贯主张通过对话协商找到实现半岛和平稳定和长治久安的根本办法，希望有关各方冷静对待，共同维护半岛和平稳定大局。朝鲜有和平利用外空的权利，但这一权利目前受到安理会有关决议等的限制。朝鲜作为联合国会员国，有义务遵守安理会有关决议规定。中方认为，安理会有关反应需慎重、适度，应有利于维护半岛和平稳定大局，避免局势轮番升级。

联合国秘书长潘基文 12 日凌晨通过其发言人发表声明，对朝鲜发射卫星表示遗憾，并对此举可能带来的消极后果表示关切。潘基文在声明中说，他对朝鲜的卫星发射活动表示遗憾，但更为遗憾的是朝鲜无视国际社会一致而强有力的呼声。他说，朝鲜发射卫星的行为显然违反了联合国安理会第 1874 号决议，该决议要求朝鲜不要进行任何使用弹道导弹技术的发射活动。潘基文说，他对朝鲜这一“挑衅行为”可能给地区和平与稳定带来的消极后果表示关切。据悉，联合国安理会定于美国东部时间 12 日就朝鲜发射卫星一事进行紧急磋商。

4. 朝鲜之前历次发射人造卫星情况简介

第一次发射

1998 年 8 月 31 日，朝鲜在舞水端里发射场用一枚多级运载火箭发射了首颗人造地球卫星“光明星 1 号”。朝鲜宣布发射成功。美国承认朝鲜发射的是一颗人造卫星，但认为卫星没有进入轨道。这是美国第一次正式承认朝鲜发射人造卫星。

第二次发射

2009 年 4 月 5 日，朝鲜在东海卫星发射场用“银河 2 号”三级运载火箭成功发射“光明星 2 号”试验通信卫星。朝鲜宣布发射成功。韩国国防部当天说，发射物没有进入预定轨道。美国军方认为，朝鲜当天发射的“导弹”已坠入海中。

第三次发射

2012 年 4 月 13 日，朝鲜从平安北道铁山郡的西海卫星发射场发射了首颗应用卫星“光明星 3 号”。卫星没有进入预定轨道。朝鲜宇宙空间技术委员会于 2012 年 4 月 19 日发表谈话。谈话指出，朝鲜科技工作者已经查明“光明星 3 号”未能进入轨道的原因，这次所获得的一切科技资料及珍贵的经验，将是今后宇宙开发的无比宝贵的资本、进一步的成功的可靠保证。朝鲜将继续发射国家经济发展所必需的实用卫星。朝鲜宇宙空间技术委员会发表了以下原则立场：第一，为按照知识经济时代的要求，发展民族的宇宙科技水平。第二，为使宇宙科技进入正常轨道，在科技领域里也要粉碎敌对势力的种种阻挠活动，一定要彻底维护国家的自主权。以坚决捍卫民族的尊严和国家的自主权，来争取宇宙科技的平等发展，是朝鲜宇宙空间技术委员会坚定不移的立场。第三，朝鲜军民将沿着先军的道路，为和平利用宇宙而更加奋勇前进。朝鲜有综合性的国家宇宙开发计划，包括根据高新科技的要求加强和扩大宇宙开发机构、继续发射国家经济发展所必须的实用卫星。

对朝鲜此次发射失败，美国广播公司称火箭发射 81 秒时，观测到了出乎意料的巨大火焰，发射 10 分钟后，火箭从雷达屏幕上消失；韩国国防部认为“朝鲜的火箭在发射数分钟后即碎成数片并坠毁”；日本防卫大臣田中直纪说“朝鲜当天发射的飞行物飞行一分钟后在海上坠落”。按照俄罗斯媒体引述韩国方面的消息：韩国“世宗大王号”驱逐舰上的相控阵雷达参与了追踪，在发射 135 秒时，雷达发现目标一分为二，疑似发生了爆炸。根据 4 月 26 日韩国《东亚日报》报道，“世宗大王”号驱逐舰探测到“发射后过了 2 分钟，运载火箭在一级火箭与二级火箭未分离的状态下解体，分解成 20 多个碎片，并坠落至全罗北道群山市以西近海，最终从雷达上消失。”韩国“世宗大王号”驱逐舰探测到残骸坠入了韩国平泽 – 群山以西 100 公里至 150 公里的宽阔海域，韩国海军正在残骸坠落海域展开搜索工作。有中国火箭弹道设计专家认为，银河 3 号没能通过最大动压段的考验。韩国航空大学教授张泳根则认为，很可能是零部件质量不过关出现泄漏，从而导致火箭爆炸。

5. 相关背景知识资料

（1）朝鲜人造卫星研制情况

“光明星 1 号”是朝鲜首颗人造卫星。朝鲜宣布于 1998 年 8 月 31 日使用自行研制的白头山 1 号（大浦洞 – 1）运载火箭成功发射“光明星 1 号”卫星。朝鲜中央通讯社宣称载荷“光明星 1 号”试验通讯卫星成功围绕地球 2 圈并播放金正日、金日成将军歌。但是美国负责监控太空的北美防空司令部认为“光明星 1 号”卫星发射失败，火箭在飞越日本后，第三级固体火箭爆炸，连同卫星坠入日本青森县驻日美军三泽基地东北约 580 千米处的太平洋中，根本没有入轨。日本政府甚至认为这次卫星发射只是朝鲜测试其大浦洞 – 1 导弹的发射实验。“光明星 1 号”和东方红一号极为相似“光明星 1 号”卫星与中国第一颗卫星“东方红 1 号”非常相似，但“光明星 1 号”要小得多，重量仅为 42 千克。朝鲜称“光明星 1 号”是一颗“以和平利用外层空间为目的的科学试验卫星”，星载探测仪器用来进行与和平利用外层空间有关的科学研究；同时这颗卫星将为将来发射实用型卫星奠定基础，卫星入轨后以 27 兆赫的频率不断播放“金日成将军之歌”和“金正日将军之歌”，并发出莫尔斯电码“自主朝鲜”。

“光明星 2 号”是朝鲜研制的一枚试验性通讯卫星。卫星于当地时间2009年4月5日11时20分00秒由“银河2号”搭载发射。发射9分2秒后准确进入轨道。这次发射使朝鲜成为继苏、美、法、日、中、英、印、以和伊朗后的第十个自行发射人造卫星的国家。联合国安理会随后通过主席声明，谴责朝鲜的发射活动违背安理会第1718号决议，要求朝鲜停止进行进一步的发射活动。许多国家也认为发射不会成功。

“光明星3号”卫星，是朝鲜自行研发的按照极地轨道运行的地球观测卫星，计划于2012年4月份用“银河3号”运载火箭从朝鲜平安北道铁山郡的西海卫星发射场向南发射。朝鲜于北京时间2012年4月13日6时38分，首次将“光明星3号”一期卫星发射升空，同日，朝鲜官方正式宣布卫星发射失败。据朝中社2012年3月16日报道，朝鲜将于2012年使用自己力量和技术制造的“光明星3号”实用卫星，以迎接金日成主席诞辰100周年。2012年4月发射的“光明星3号”是在极地轨道上运行的地球观测卫星。朝鲜在平安北道铁山郡西海卫星发射场，用运载火箭“银河3号”向南方向发射卫星。朝鲜已设定了安全的飞行轨道，以免卫星发射时产生的运载火箭残片给周边国家带来影响。朝鲜方面承诺，关于发射和平的科技卫星，朝鲜将严格遵守有关国际规定和惯例，最大限度地保证透明度，为在宇宙科学研究和卫星发射领域里增进国际信任和加强合作做出贡献。

（2）“光明星3号”卫星简介

朝鲜方面在卫星控制综合指挥所所展出的“光明星3号”对地遥感卫星是一个立方体，四个侧面装有体装式太阳能电池片，卫星顶部有疑似CCD相机的载荷以及一些天线。但“相机”的安装方式很原始，并没有整合进卫星平台，而是用几个抱匝将“相机”部件固定在卫星顶部，一根引线穿过卫星壳体连接该部件。卫星应该会采用三轴稳定定位而不是原始的自旋定位方式，否则固定在卫星平台上的“相机”将无法对地定位，更遑论正常运行了。另外从其成正交方向配置两台“相机”来看，朝方对卫星姿控系统并无信心。

鉴于采用自旋稳定的“光明星 1 号”发射失败性能都未得到验证，“光明星 3 号”也在 2012 年 4 月 13 日的首次发射中折戟沉沙，其定位方式及其他性能都已成为未知数。

朝鲜宇宙空间技术委员会宇宙开发局副局长刘金哲称其为“科研卫星”，并指其“传回的图像和数据将主要用于朝鲜的气象观测”；朝中社亦发布消息称其为“气象卫星”，并称这是“朝鲜经济部门预报研究工作的历史性事件”。朝鲜官方网站“Naenara”将其描述为“环绕极轨道运行，观测国家的森林资源分布情况、自然灾害程度和粮食预计产量等，收集气象预报和资源堪探所需资料的地球观测卫星”。

（3）朝鲜西海卫星发射场

西海卫星发射场又称东仓里导弹基地，位于朝鲜平安北道铁山郡东昌里，发射场主要有发射区、试验区和发射观察区。朝鲜 2012 年 3 月 16 日宣布卫星发射计划，于 2012 年 4 月在“西海航天中心”发射“光明星 3 号”卫星。2012 年 4 月 8 日，朝鲜对外国媒体开放该发射场，允许参观“光明星 3 号”卫星发射综合指挥所和发射塔。

西海卫星发射场地理坐标为北纬 39°39′36″，东经 124°42′20″，距离中朝边境仅有不到 50 千米，距离丹东市也只有 60 千米。因其位于朝鲜平安北道铁山郡东仓里而得名。据韩美情报当局透露，该基地始建于 2000 年初。2006 年，西方媒体开始报道朝鲜正在西北部地区修建第二个远程导弹试验基地。2008 年 11 月，韩国国防部长李相熹在国会作证时称，东仓里导弹基地建设已完成了 80% 左右。2009 年 6 月，韩国媒体再次曝光了东仓里发射场的卫星照片。朝鲜在那年 4 月 5 日进行了第二次失败的卫星发射。经过 12 年断断续续的建设，朝鲜终于初步建成了东仓里基地，规模是东海岸的咸镜北道花台郡舞水端里基地的两倍，包括一座高 10 层的火箭、导弹发射塔架，可以发射朝鲜各种远程弹道导弹、运载火箭。面积仅有 22 万平方千米的朝鲜半岛有 3 个航天发射场，堪称地球上航天发射场密度最高的地方。

从卫星照片上看，发射场有几个入口。主入口大门两侧有很长的围墙。门口有供停车检查的场地。距离发射塔架约 2 千米。从大门进来不远路两侧有两组建筑。西侧是一栋比较大的建筑，可能是办公楼。东侧是一组未完工的建筑。铁路专线站台用于向基地运输各种物资，包括火箭分段。铁路线旁是长约 280 米的站台，货物从这里通过卡车或拖车转运到基地内各处。连接平壤和东仓里基地的铁路专线于 2011 年底竣工。火箭总装测试厂房（按照国内的术语，叫作“技术阵地”），位于铁路专线站台南侧，是基地内最大的建筑，周围有围墙。在东海岸的舞水端里发射基地也有类似的建筑。厂房全长近 100 米，估计可以同时总装测试多枚火箭、导弹。总装测试后的火箭、导弹从南侧出口被拖车运至发射场。技术阵地的院内出现了一部移动式蝶形天线，可能是用于遥测的。发射指挥所是一座带围墙的建筑，院子里的地面被铺成了深色。发射阵地的发射塔架高约 10 层（约 40 米），比舞水端里的发射架（约 30 米）高不少。由于银河二号的长度（约 30 米）已经达到舞水端里现有发射架的高度上限。如果要发射比银河二号更长的火箭（比如用于发射地球同步转移轨道的更大的三级液体火箭），只能在东仓里基地发射，或者在舞水端里基地修建更大的发射架。若只是发射洲际导弹则不需要这么高的发射塔架，世界各国的洲际导弹最多也只有长约 30 米。发射架前有长约 150 米的轨道，可用于放置移动式发射台。发射架底部有排焰道。左上侧的水池可能是用于在发射前向排焰道内注水的。发射塔架高 10 层，推测为钢结构建筑。与南侧的四个燃料、氧化剂贮存、动力厂房有管道相连。移动发射台下还有一块平板覆盖排焰道，在发射前将会被移除。燃料库旁若干个小罐一字排开，一辆卡车载着燃料罐停在路中间。氧化剂库旁也有小罐和车辆。发射观测台位于发射架射向背面的小山上，距离约 1 千米。选择的位置既便于观测，又相对安全。上山的小路尚未完全竣工，门前的空地推测是停车场。发射场的最西端的一群建筑，可能是发射场官员、科技人员、士兵的生活区，距离发射场核心区较远。发动机试车台，位于发射场南端，是一座发动机试车台（缺少可移动发射台），有与发射架类似的排焰道。旁边有两座类似于发射架旁的矩形建筑，推测用于燃料、氧化剂的存贮和供给。据美国政府的情报，2008年5月至6月期间这里曾进行过远程导弹用的火箭发动机测试。观测、遥测设施，位于发射架射向对面的小山顶上。距离发射架很近（约0.5千米）的一组建筑，推测是建筑工人、工程兵临时办公、居住的房屋，旁边还有两处工程兵驻地。

朝鲜在西海岸建设第二个导弹、火箭发射场的理由包括：

东仓里导弹发射基地接近中朝边境，美韩日除了使用卫星侦察外，不便从海上和空中进行侦察监控。

东仓里基地距离朝鲜核设施集中的宁边地区仅有100千米，距离平壤郊区的山阴洞兵工厂（朝鲜导弹研究制造基地）也仅有150千米，且有专用铁路线相连，便于导弹和核弹头的快速运输。

弹道导弹能力的提高需要跟踪遥测能力的提高。而朝鲜目前尚无海上航天测控能力，日本海由于地理位置敏感未来也不便部署海上观测船。若从东仓里基地向东发射，导弹飞行路线将穿过朝鲜腹地，有利于对导弹试验的跟踪遥测。

新基地发射位置更优越。若向东北（美国）或向东（日本）发射导弹，若导弹能在朝鲜领空上爬升到SM－3导弹的最高射界以上，则可以避开美日在日本海的宙斯盾SM－3导弹拦截。

朝鲜也确实可以用这个新基地试验远程弹道导弹，但是新基地的选址有可能主要还是出于航天发射的考虑。从设向上来说，由于朝鲜国土狭小，无论向哪个方向发射，火箭都有可能经过别国（尤其是敌对国家）的领空。若要向东发射（近地轨道和地球同步转移轨道），从本国安全考虑，舞水端里倒是一个不错的选择，但是测控确实不便。而如果要从舞水端里向南发射（太阳同步轨道），以及火箭残骸不可避免地要落在韩国领土或近海，这就近乎战争挑衅行为了。而从西海岸的东仓里基地发射，尽管存在火箭上升段发射失败的危险，但是无论向东还是向南发射，一、二级残骸落区都在公海海域，相对安全。从东仓里基地向南发射太阳同步轨道卫星时，可以选择黄海、东海、台湾以东和菲律宾以东海域的狭长走廊。

（4）朝鲜中远程弹道导弹技术相关资料

朝鲜自二战后独立以来坚持以“主体思想”为指导的独立自主的国防战略，很早就开展核武器和弹道导弹的研究。朝鲜的核武器研制甚至可以追溯到20世纪50年代，而弹道导弹的研制也可以上溯到20世纪60年代。金正日执政后，实行了“先军政治”战略，弹道导弹的研究与开发被放到了突出位置。2012年12月12日朝鲜成功发射了搭载“光明星3号”卫星的“银河3号”运载火箭，标志着朝鲜已经基本掌握了洲际弹道导弹技术。

朝鲜弹道导弹技术发展大事记：

1960年代：苏联向朝鲜提供“蛙”火箭、地空导弹和反舰导弹成为朝鲜弹道导弹发展的基础。

1965年：朝鲜开始组建自己的导弹部队，同时也努力寻求苏联的装备和技术帮助。

1972年：苏联向朝提供约20枚“飞毛腿”B导弹，并一直供应到1980年代。此后，朝鲜又从埃及获得更先进“飞毛腿”B导弹的改进型，朝鲜对这些导弹尽心仿制，成功生产“火星5”。

1984年：朝鲜成功研制“火星5”，开始大批量生产。

1987年：朝鲜开始发展射程更远的“火星6”（“飞毛腿”C）导弹。

1988年：朝鲜借鉴伊拉克“阿尔侯赛因”导弹的经验，加长燃料箱提升射程，开始研制“劳动”导弹。

1992年：苏联解体后，俄国马卡耶夫设计局科研人员开始帮助朝鲜开发新型导弹技术。

1995年2月：经过两次飞行试验之后，朝鲜正式部署第一枚“劳动”导弹。

1996年：朝鲜开始部署从90年代开始研发的“大浦洞1”导弹。

1998 年 8 月：朝鲜利用“大浦洞”导弹改装的运载火箭实验发射“光明星 1 号”卫星，虽发射失败但完成导弹的几乎所有测试，此后朝鲜开始发展射程更远的“大浦洞 2”导弹。

2006 年 7 月 5 日：朝鲜进行大规模导弹演习，试射 7 枚导弹，包括从舞水端里发射的“大浦洞 2”，该导弹正常飞行 40 秒后爆炸。

2006 年 10 月 14 日：联合国安理会通过第 1718 号决议，要求暂停导弹及核子测试，禁止供应与此设计有关物品和禁止供应其他武器。

2009 年 4 月 5 日：朝鲜再次从舞水端里发射用“大浦东 2”导弹改装的“银河 2”运载火箭发射“光明星 2”卫星。

2009 年 4 月 13 日：联合国安理会一致谴责朝鲜发射行动，并同意加紧对朝制裁，超前推出六方会谈以示抗议。

2009 年 6 月 12 日：联合国安理会通过 1874 号决议，就朝鲜核武器及弹道导弹计划实施更严厉制裁。

2009 年 7 月 4 日：朝鲜在其东部外海试射 7 枚弹道导弹。

2012 年 3 月 16 日：朝鲜宣布将在 4 月 12 日至 16 日，发射人造卫星“光明星 3 号”。

2012 年 4 月 13 日：朝鲜从西海卫星发射场发射首颗应用卫星“光明星 3 号”，但卫星没有进入预定轨道。

2012 年 12 月 12 日：朝鲜成功发射“光明星 3 号”卫星，搭载“银河 3 号”运载火箭从朝鲜平安北道铁山郡的西海卫星发射场向南发射，卫星进入预定轨道。

（5）朝鲜领导人金正恩基本信息

金正恩（1983 年 1 月 8 日—），现任朝鲜最高领导人，朝鲜民主主义人民共和国元帅，朝鲜劳动党第一书记、朝鲜劳动党中央军事委员会委员长，朝鲜民主主义人民共和国国防委员会第一委员长，朝鲜人民军最高司令官。金正恩是朝鲜第二代最高领导人金正日的幼子、第一代最高领导人金日成之孙。2012 年 7 月 25 日朝鲜官方媒体第一次在正式报道中提及了金正恩的夫人李雪主。金正恩和李雪主已于2010年产下一女。2014年9月25日晚，朝鲜中央电视台的一则消息中提及朝鲜最高领导人金正恩的身体状况，承认他身体不适，但没有具体说明。朝方曾于9月26日承认金正恩身体不适。10月14日早晨，金正恩在9月3日观看牡丹峰乐团新作音乐会之后，首次公开露面，期间他缺席了一系列重要活动。10月19日金正恩偕李雪主看望朝鲜亚运会代表团。11月1日，朝鲜平壤，朝鲜最高领导人金正恩拄拐视察平壤顺安国际机场收盘阶段工程。11月11日，金正恩视察种植园区时蹲下检查树苗种植情况，显示腿疾已无大碍。

金正恩出生于1983年1月8日，是金正日同夫人高英姬（2004年去世）所生的第二个儿子。1996年至2001年，金正恩和妹妹金汝贞分别化名为“朴银”及“郑顺”一同假扮为朝鲜驻瑞士大使馆职员的孩子于瑞士伯尔尼的一间国际学校就读，学习英文、德文及法文。金正恩在瑞士读书期间只往返于家和学校，而且每次外出都和朝鲜驻瑞士大使李哲同行。韩国媒体推测，也许是这个原因，金正恩具有强烈的保守倾向。据说，由于对金正恩的公开活动管理严厉，所以金正日委员长特地在瑞士的住宅里派驻了轻音乐团，创造了不亚于平壤的氛围。

2009年3月8日，金正恩成为朝鲜最高人民会议候选人，被认为是金正日对朝鲜政治权力移交作准备。而随后的人民代表名单中并没有金正恩的名字；但他随后就任国防委员会一个中层职位。有消息人士指出，从2009年5月6日起，平壤的几所小学在停止正常授课后向学生教授《金正恩将军之歌》是“等于是正式公布继任者”。韩国国家情报院掌握了金正恩被确立为接班人的情报，并予以证实；另根据北朝鲜放送网站于同月22日报道表示北朝鲜全国各地的大型工厂纷纷召开隆重集会，并通报现任朝鲜劳动党总书记金正日的指示：将北朝鲜国家领导人法定继任权规定为第三子金正恩。根据日本放送协会于2009年9月及韩国国家安全战略研究所所长南成旭在10月21日时透露，金正恩于2009年6月及7月时和金正日因军队编制问题而发生争执，因而令金正日决定暂停接班宣传计划，并把身为金正恩姑丈的朝鲜劳动党行政部部长张成泽排除在权力核心之外以减少金正恩在朝鲜的影响力。2010 年 1 月 7 日，朝鲜政府通过把金正恩生日（1 月 8 日）及当日下午定为“民族最大节日”，并通报由 2011 年起把金正恩生日定为国定假日，显出朝鲜政府确定金正日接班人为金正恩。金正日于 2010 年 8 月 26 日秘密访华时，金正日在中国吉林省长春出席中方而设的欢迎宴会上向中共中央总书记胡锦涛引见其三子金正恩；金正日当时表示“让我们的后代继承朝中友谊这一优良传统”而证明了金正恩的接班地位。

朝鲜人民军最高司令官金正日于 2010 年 9 月 27 日下达第 0051 号命令，任命金正恩为朝鲜人民军大将；而朝鲜劳动党代表会议于 2010 年 9 月 28 日的会议上，金正恩又被选为朝鲜劳动党中央军事委员会副委员长和朝鲜劳动党中央委员会委员；由于金正恩出任朝鲜劳动党中央军事委员会副委员长，军权仅次于金正日，因此被喻为“接班第一步”。2010 年 9 月 27 日，金正日任命三子金正恩为朝鲜人民军大将。金正恩还被选为朝鲜人民军党代表。2010 年 9 月 28 日，金正恩当选为朝鲜劳动党中央军事委员会副委员长。2010 年 9 月 28 日，金正恩在劳动党代表会议上被提升为中央军事委员会副委员长，从而正式成为了接班人。金正恩在金正日的监督下，正在对朝鲜军队进行改编，并已经在行使作战领域的实质指挥权。金正恩撤下了全部一线指挥官，替换成对自己忠诚的 30 岁至 40 岁的军官。2011 年 8 月，金正恩首次统筹率队在西海南浦市附近进行了大规模的占领岛屿演习。朝鲜中央电视台 2011 年 9 月 11 日晚播放了领导人金正日与金正恩 6 月到 7 月间视察多个综合部门的纪录片。画面显示，金正恩在视察中试用香水时动作专业、表情陶醉。2011 年 9 月 22 日，朝鲜领导人金正日的接班人、朝鲜劳动党中央军事委员会副委员长金正恩正在对朝军进行改编。同时，朝鲜居民家中也将会悬挂金正恩的肖像。

2011 年 12 月 30 日，朝鲜劳动党中央军事委员会副委员长金正恩被推举为朝鲜人民军最高司令官。金正恩于 2012 年 1 月 1 日访问了朝鲜人民军 105 坦克师团。据媒体称，这表明，金正恩根据父亲金正日的遗训，将会继续走上“先军”路线。金正恩在2012年4月6日发表的著作《拥戴伟大的金正日同志为我们党永远的总书记，光辉地完成主体革命事业》中，将朝鲜劳动党的指导思想定为金日成—金正日主义，宣布党的最高纲领是全社会的金日成—金正日主义化。2012年4月11日，朝鲜劳动党第4次代表会议决定，将金正恩推举为朝鲜劳动党中央政治局委员、常委和党中央军事委员会委员长。2012年4月13日朝鲜第12届最高人民会议第五次会议推举金正恩为朝鲜国防委员会第一委员长。会议一致通过最高人民会议法令《关于批准朝鲜民主主义人民共和国社会主义宪法修订案》。修订案规定，增设国防委员会第一委员长，并规定“国防委员会第一委员长为朝鲜民主主义人民共和国最高领导人”。2012年4月15日上午在首都平壤金日成广场举行阅兵式，纪念已故领导人金日成诞辰100周年。朝鲜最高领导人金正恩出席阅兵式，并首次发表公开讲话。2012年4月23日，金正恩向中共中央总书记、中国国家主席胡锦涛回复贺电，强调朝鲜将“毫不动摇地加强和发展朝中友谊”。2012年7月17日，朝鲜劳动党中央委员会、朝鲜劳动党中央军事委员会、朝鲜民主主义人民共和国国防委员会、朝鲜民主主义人民共和国最高人民会议常任委员会决定，授予朝鲜人民军最高司令官金正恩朝鲜民主主义人民共和国元帅称号。

第二节 定量分析方法模拟案例

案例：使用贝叶斯分析方法预测穆巴拉克是否会因埃及革命而下台

（一）案例说明

1. 训练目的

组建分析小组，搜集资料掌握埃及革命发生背景以及主要特点，收集整理从埃及革命爆发到穆巴拉克宣布下台前一天的大量事件素材，从中归类梳理出可用的证据资料，使用贝叶斯分析方法模拟评估穆巴拉克下台的概率。因为此次事件的结果已知，训练的目的不在于对结论的检验，而在于通过模拟分析体验定量分析的组织和实施过程，掌握贝叶斯分析方法的使用技巧，并探索改进相关定量分析方法在实践领域应用的思路。

2. 训练方式

训练的时间设定为北京时间2011年1月25日0时至2月10日24时，由1—3名训练人员组成一个分析团队，由1—2人主要负责证据事件的搜集、整理和归类；由1—2人主要负责贝叶斯分析的过程设计与结果计算；全部训练人员应共同对贝叶斯分析所得出的概率结论进行解释和整合，使之转化为可用的情报分析产品。在训练过程中，注意将贝叶斯分析与传统情报分析方法做详细对比，以深度体验定量分析方法的优点和不足，并提出改进建议。

（二）案例摘要

2011年1月25日，始于突尼斯的民众革命波及到阿拉伯世界影响力最大的国家埃及，开罗、亚历山大等主要城市有100多万人上街游行示威，反对穆巴拉克政权的统治。埃及穆巴拉克政府起初表现强硬，并动用军队、警察等暴力机关强力维持秩序，并关闭了国内的网络服务。埃及政府的行为激起了民众更加激烈的反抗，军队、警察部门的态度和行为也几经改变，而以巴拉迪、“穆斯林兄弟会”为代表的各类反对派势力表现活跃，不断组织民众掀起大规模反抗活动。美国等外部势力在应对埃及革命时的态度也明显发生了转变，从偏向于维持“独裁，但是亲美的”穆巴拉克政权迅速转变为偏向支持民众发扬民主权力推翻现政权，各种背景深厚的NGO组织也在埃及国内大行其道，通过社交软件如Facebook和Twitter鼓动和联络民众上街游行示威。最终在革命爆发18天后，在埃及执政长达近30年的穆巴拉克总统被迫宣布辞职下台。一场起初是由埃及“4月6日青年运动”发起的一场“没有明确的纲领、没有严密的组织、没有众望所归或一呼百应的领袖”的“三无”运动究竟是怎样演变为“1·25 革命”，而且在两周左右的时间里就使现政权倒台，非常值得研究。值得注意的是，从 1 月 25 日大规模示威活动爆发开始到 2 月 11 日穆巴拉克宣布下台前，每天都发生了大量具有相当影响力的事件，而且其中充满戏剧性的转折和变化，使得很多证据之间既相互印证又前后冲突。这些证据事件反映的情况为使用贝叶斯分析方法提供了非常良好的基础条件，也为分析人员学习使用定量分析方法提供了良好的训练机会。因此，本案例要求训练人员组建分析小组，收集整理从埃及革命爆发到穆巴拉克宣布下台前一天的大量事件素材，从中归类梳理出可用的证据资料，通过模拟分析体验定量分析的组织和实施过程，掌握贝叶斯分析方法的使用技巧，并探索改进相关定量分析方法在实践领域应用的思路。

（三）案例正文

2011 年 1 月 25 日，始于突尼斯的民众革命波及到阿拉伯世界影响力最大的国家埃及，开罗、亚历山大等主要城市有 100 多万人上街游行示威，要求穆巴拉克政府为国内糟糕的经济、民众生活水平严重下降和民众权利得不到保障负责，要求穆巴拉克结束专制统治下台。埃及近年来经济衰退严重，失业率居高不下，民生权利很难得到保障，而政府却几乎没有做出有效的改进，导致民心大失。然而，真正的导火索还是 1 个多月前在突尼斯爆发的革命，被西方称之为“茉莉花革命”的民众运动已经如火如荼地在中东阿拉伯世界国家蔓延，除了沙特、阿联酋这样原本稳定、富庶的国家，约旦、利比亚、阿曼、埃及等就像多米诺骨牌一样一个跟一个地爆发了国内民众反抗运动。埃及穆巴拉克政府起初表现强硬，并动用军队、警察等暴力机关强力维持秩序，并关闭了国内的网络服务。埃及政府的行为激起了民众更加激烈的反抗。同时，在民众上街示威游行的背后，又存在多支影响埃及未来发展走势的显性和隐性力量——埃及军队、警察部门的态度和行为也几经改变；以巴拉迪、“穆斯林兄弟会”为代表的各类反对派势力表现活跃；美国等外部势力对埃及革命的态度明显发生转变；各种背景深厚的 NGO 组织也在埃及国内的秘密活动……总之，在这场轰轰烈烈的革命中，每天都自然发生了大量具有相当影响力事件，其中充满戏剧性的转折和变化。

从 1 月初开始，各方势力在埃及国内政治舞台上粉墨登场，努力利用已经被激发起来的民众力量大做文章，以求达到自身的目的。在焦灼发展的形势中，以穆巴拉克为首的政府出境最为尴尬，已经成为千夫所指而又似乎无力回天；埃及军方作为能够作为国内局势的重要力量，其态度和行为又非常微妙，使得外界有颇多猜疑；而以巴拉迪、“穆斯林兄弟会”为代表的反对派内部也在相互争斗，却又同样希望穆巴拉克下台；还有美国等西方大国态度暧昧，反复变化令局势发展更为复杂。面对应接不暇的变化，外界很难对形势有一个清晰、完整的认识，更不用说准确地判断其发展方向。此时，能不能采取定量分析的方法，从纷繁复杂的变化中把握事件发展的趋势，从而对埃及政局的发展做出一种比较精确的预测呢？这样做不仅能够和同期进行的惯常分析判断取得的结论做出对比，而且能够有效检验定量分析方法的效能。

思考题：

1. 如果对穆巴拉克下台的概率进行贝叶斯分析，应该如何根据贝叶斯分析方法的应用特点设计分析的过程？分析任务的时间设定为北京时间 2011 年 1 月 25 日 0 时至 2 月 10 日 24 时。

2. 定量分析需要充足、准确和客观的素材资料进行支撑，从哪些渠道可以获得设定任务时间内的事件素材，如何把这些素材分门别类，形成贝叶斯分析可用的证据？这些证据素材与其他相关背景知识素材在使用上有什么区别？

3. 应该如何设计和表述贝叶斯分析的主要假设，怎么确定分析中需要使用的先验概率？

4. 思考对分析中各种素材反映的情况进行量化的方式，尤其是这些量化的标准如何统一并可以计算？思考如何处理可能导致误差的情况，比如素材证据的质量，先验概率的使用，以及证据权重的分配。

5. 如何把概率化的结论解释转化生成用户可用的结论？

（四）分析思路

1. 无论是对事件行为进行量化，还是提供先验概率，对背景知识全面、深入的掌握非常重要，所以在做定量分析之前，必须对事件发生的来龙去脉有足够清醒的认识，其中也必然涉及到以逻辑经验为主的定性分析。想要提高定量分析概率推算的准确性，就必须做好前期的定性分析工作。

2. 对于每天发生的大量事件，既会为分析提供相关佐证，也有可能会增加判断的复杂性，所以必须首先对分析中处理的各类证据素材进行分类标识，一般来说，可以将证据分为四种类型，分别是“肯定性证据”——能够证实事件证据，“否定性证据”——能够证伪事件的证据，“模棱两可的证据”——与事件相关但表达信息不明确的证据，以及“缺失性证据”——与事件相关但是未能获得的证据。对事件证据的筛选应从四类证据中按照一定的比例或规则进行采样，不能为了减少分歧而刻意挑选证据，否则误差将会被人为放大。

3. 一般来说，证据与假设的相关性以及证据来源的可靠性共同决定了证据的质量，也是分配证据权重的常见做法。在对于已经整理好的事件证据分配权重时，一定要对确立权重的规则进行充分思考，也可以采用简易的德尔菲法完成，这种做法在确立先验概率的数值时也可以采用。

4. 对于多轮贝叶斯分析，除了完成每步计算修正结论的概率外，还应该绘制出结论概率的发展变化图，尤其关注图上具有关键性转折趋势的拐点，然后再次考虑拐点证据是否经过深思熟虑，以避免失误发生。

（五）素材资料

本模拟案例所使用的素材来源包括美国、埃及、俄罗斯、英国、中国等公开媒体报道资料，以及维基百科等互联网资料。

1. 突尼斯革命简介

突尼斯革命是指发生于2010年末至2011年初的北非突尼斯反政府示威导致政权倒台的事件，因茉莉花是其国花，也被西方媒体称之为“茉莉花革命”。2010年12月17日，一名26岁的青年穆罕默德·布瓦吉吉因对警察的暴行不满而自焚身亡，触发境内大规模街头示威游行及争取民主活动。事件导致时任总统本·阿里政权倒台，成为阿拉伯国家中第一场因民众起义导致推翻现政权的革命。

（1）事件经过

2010年12月17日，突尼斯南部地区西迪布吉德一名26岁的街头小贩穆罕默德·布瓦吉吉遭到城市警察的粗暴对待，该青年大学研究生毕业，但因经济不景气无法找到工作，在家庭经济负担的重压下，无奈做起小贩。在遭到粗暴对待后，该青年自焚抗议，因伤势太重，不治身亡。这名青年的过世，在激起突尼斯人同情心的同时，也激起了突尼斯人长期以来潜藏的对失业率高涨、物价上涨以及政府腐败的怒火。

事后当地居民与突尼斯国民卫队发生冲突并蔓延全国，形成全国范围的大规模社会骚乱，并造成多人伤亡。最终，在小贩自焚后的第29天，总统本·阿里不得不放弃这个已经统治了23年的国家，在2011年1月14日深夜飞往沙特。

当日总理加努希宣布根据宪法接管总统职权并举行了就职宣誓，但戏剧性的是，2011年1月15日，突尼斯宪法委员会认为加努希总理继任共和国总统违反宪法，应由众议长福阿德·迈巴扎从15日起代行总统职权，并最迟在60天之内举行大选。

尽管过渡政府已经形成，但首都突尼斯市仍然充满着恐慌和不确定性，当地的人们开始囤积食物和其他日常生活用品，恐慌无处不在。突尼斯军队在街上维持秩序，街上行人稀少，市场等公共场所都已经关门，突尼斯民众似乎并不希望他们的革命止于本·阿里的流亡以及其23年独裁统治的崩溃。

（2）主要原因

本·阿里于1987年发动不流血政变推翻前总统哈比卜·布尔吉巴上台，并于1994年、1999年、2004年和2009年四次连任突尼斯总统。从1987年起的大约20年间，国内生产总值每年平均以接近5%的速度增长。然而2008年的金融海啸导致旅游业走下坡，失业率上升。在2010年的调查报告指出，突尼斯的经济增长率为3.8%，但失业率达14%，其中又有30%是年轻人，另有报道指青年失业率可能高达52%。此外，通货膨胀、政治腐败、言论缺乏自由及生活条件不佳也是造成此事件的主要原因之一。

除了民生问题之外，还有一些原因来自于互联网。之前维基解密揭露2009年6月的美国外交电文，内容为引述当时美国驻突尼斯大使Robert Godec的报告，指出本·阿里家族及其兄弟手足与掌管该国经济的一名黑道分子勾结，并指第一夫人勒伊拉泽鲁·本·阿里靠兴建贵族学校赚取利益。这起揭露事件加深了民众对政府的不满，也成为骚乱爆发的重要导火线之一。

政府腐化和经济危机是主因，1987年本·阿里和美国总统奥巴马一样，以“改变”为口号开始执政，此后，他四次连选连任突尼斯总统，执政至今。本·阿里已经执政了23年。

突尼斯这些年来政治体制僵化，2002年推动了所谓的宪法修正案，在他长期个人执政下，突尼斯的个人自由和新闻封锁也比较严重。在突尼斯，名义上允许反对党存在，但是实际上是本·阿里独家执政。他任人唯亲其女婿在国内的口碑就非常不好，在人民生活还很艰难的时候，他还经常大搞宴会，腐败严重。

突尼斯经济主要依靠鲜花、日用品和磷酸盐的出口，以及旅游业和侨汇。金融危机爆发后，由于这几项遭受的打击非常大，失业率很高，尤其是大学生等高学历人群的失业情况严重。根据突尼斯政府公布的数据，2009年突尼斯失业率高达14%。

（3）意义和影响

74岁的本·阿里离开突尼斯之前统治该国23年，他领导的政权突然垮台让人多少觉得有些吃惊，除了上述的经济因素外，维基解密网站更起到了推波助澜的作用。正是这个网站曝光了美国外交官有关这个国家政府腐败的电文，向民众展示了本·阿里及其家族的本来面目。

2009 年 6 月的一份电文形容本·阿里家族犹如黑手党，控制着整个国家经济的方方面面。另一份 2009 年的电文描述了在本·阿里女婿的豪宅里举办的一次宴会：罗马时期的文物随处可见；客人们享用着用私人飞机从法国南部小镇空运来的酸奶；一只宠物老虎在花园里漫游。还有一份电文题为《突尼斯的腐败：你的就是我的》，文中称，在突尼斯，只要是总统家族成员看上的，无论现金、土地、房屋甚至游艇，最终都得落入他们手中。

民众对于总统家族的腐败早有耳闻，不过这些曝光的电文却让人们知道高层腐败的细节，显然正是这些赤裸裸的细节再加上各种社会问题，最终导致人们走上街头。美国《外交政策》杂志称，维基解密网站曝光的电文是突尼斯这次革命的催化剂，这或许称得上是世界上第一场“维基革命”。

2. 穆巴拉克政权及其相关人物简介

（1）穆巴拉克个人简介

穆罕默德·胡斯尼·穆巴拉克（1928 年 5 月 4 日—），埃及前总统、民族民主党主席。穆巴拉克 1928 年 5 月 4 日生于曼努菲亚省的农家，1949 年和 1950 年先后毕业于埃及军事学院和空军学院，曾三次赴苏联学习。1967 年，穆巴拉克参加第三次中东战争并指挥空战，1972 年 4 月任空军司令，同年 5 月兼任国防部副部长，1972 年至 1975 年任武装部队总司令。1973 年 1 月，获阿拉伯国家联盟防御理事会任命，成为埃及、叙利亚和约旦三战线空军司令，同年，“十月战争”指挥有功，获共和国勋章。1975 年 4 月任埃及副总统，1978 年任埃及民族民主党副主席，1980 年 5 月兼任该党总书记，1981 年 10 月 6 日至 2011 年 2 月 11 日任埃及总统。1981 年 10 月，当选为埃及第四任总统，通过一系列改革，使埃及综合国力显著提升。2011 年 2 月 11 日，穆巴拉克辞职。

（2）穆巴拉克政权执政情况简介

1981 年 10 月，埃及总统萨达特不幸遇刺身亡后，时任副总统的穆巴拉克以 98.46% 的选票当选为埃及第四任总统，兼任武装部队最高统帅。穆巴拉克接任总统时，面临国内严峻、困难的局势。经济不景气，通货膨胀严重，债台高筑，贪污盛行，腐败成风，社会治安恶化，暴力事件不断，恐怖活动猖獗。为了稳定国内政局，在进行政治改革的同时，穆巴拉克把工作重心转移到国内经济建设上来。在政治方面，他强调法律的作用，要求所有人都应守法，同时又采取刚柔相济的方针，对大批政治犯和原教旨主义分子宽容处理，但对敌对分子尤其是伊斯兰原教旨主义极端分子则给予坚决打击。穆巴拉克采取的这些措施收到了一定效果，稳定了国内政局。进入 20 世纪 90 年代，他又采取一些民主化措施，坚决打击恐怖主义活动，解决了执政党与反对党之间的长期司法纠纷，国内的各种矛盾有所缓和。与此同时，他继续采取既积极又稳妥的方针，加大经济改革力度。他在财政、货币金融、汇率、商品价格、投资、改革国营企业及推进私有化等方面出台了许多新的举措，经济状况有所改观，取得了一定成绩。进入 21 世纪，穆巴拉克继续谨慎地推进经济改革，并已建立起开放型市场经济，私有化进程不断深入。埃及政府一再申明，鼓励埃及私人投资和外国投资，努力营造适合投资的安全赢利的环境，不断健全投资过程中的法制观念，简化行政手续，提供在埃及投资的资料、信息和机会。这是穆巴拉克执政时期一项极为重要的经济改革举措。

然而，埃及国内低迷的经济气氛令国民对经济改革的呼声越来越高。穆巴拉克在埃及执政党年会上讲话 2004 年埃及大选在即时，以总理奥贝德为首的大部分内阁人员宣布辞职。穆巴拉克任命新总理纳齐夫重整经济，在克服了严峻的经济形势后，新内阁取得了一定的成功：2004/2005 财政年度，埃及股市增幅位居所有新兴经济体增幅之首。不过，埃及居高不下的失业率令穆巴拉克饱受批评。同时，公众还认为，穆巴拉克只喜欢大企业以及对企业进行私有化，而对保护工人权益没什么兴趣。在埃及，私有化政策被广泛使用，大部分公共领域的公司股份都被出售了。在此种情况下，穆巴拉克仍参加了2005年新一任总统的竞选。实际上，在以往的四次选举中穆巴拉克都以压倒性多数票当选。由于国内外的双重压力，穆巴拉克在2005年2月26日要求埃及议会修改宪法，允许在2005年9月的选举中，举行有多名候选人存在的总统选举。然而，2005年9月7日的选举投票活动，被选举观察组织认为涉及大规模操纵选举。在上述组织的报告中，有观察表明穆巴拉克使用政府车辆运载公务员为他投票；同时还在贫困郊区和农村地区有给穆巴拉克投票的买票行为。厄尔尼诺－盖德党候选人努尔对选举结果提出异议，并要求重新选举，最终努尔被判有欺诈罪，获刑5年。

（3）埃及革命爆发前国内的经济状况简介

根据图示，在穆巴拉克执政期间，埃及的经济还是得到了较大的发展。2007年爆发的经济危机，使埃及的国民生产总值的增长率放缓。2009年，国际经济的衰退将埃及的GDP增长降低到了4.5%。据最新数据，2011/2012财年，埃及经济增长2.2%，好于上一财年的1.8%。

1990年至2010年，埃及的失业率一直在高位徘徊，但是从世界的角度来看，埃及的失业率并不算高。但是2011—2012年，失业率暴涨。根据埃及中央统计统计局的统计，2012年埃及失业人数达到330万，比2010年的230万增长了43%。

埃及总理希沙姆·甘迪勒5日在开罗表示，埃及政府希望通过解决失业问题，特别是较严重的青年人失业问题，帮助实现自由与社会公正。有数据表明，到2012年底，埃及的失业率可能超过13%，而其中的近九成为15—29岁的青年人。甘迪勒表示："失业考验着我们的政府，当然我们也正在谋求失业问题的解决之道。目前，埃及的青年失业率是30%，在埃及南部，这个比率就更高，而女性青年的失业率甚至达到了同龄男性的一倍。我想这个关于青年就业问题的研讨会的召开，有助于帮助埃及人民实现‘一·二五’革命’中关于自由和社会公正的目标。”

失业率的暴涨，特别是很多青年人的失业率急剧升高，引起社会的强烈不满。许多青年通过网络发泄不满。根据传播学的沉默的螺旋定理，当越来越多的人表达出这一想法，这类观点越发大胆地发表和扩散，而持有相反意见的人则越来越沉默，因此形成一方的声音越来越强大，另一方越来越沉默下去的螺旋发展过程。

根据埃及中央银行10日公布的数据显示，“埃及10月份消费价格指数（CPI）同比上涨6.7%，高于9月份的6.22%。”2011年以来，埃及的通货膨胀率很严重，而埃及的人均月收入约700—900埃镑，很难供养庞大的家庭。据笔者观察，埃及的牛肉约20—30人民币500克，而面粉等的价格也不低。但是埃及的家庭比较庞大，一个家庭会有2—3个孩子。这样自然加重了生活负担。

媒体报道埃及的腐败状况时曾经转印了以下数据：“前国家民主党的秘书长Ahmed Ezz垄断了埃及的钢铁工业并占据了市场份额的60%，其资产估计达180亿埃及镑；前住房部长Ahmed al - Maghraby的资产估计为110亿埃镑；前旅游部长Zuhair Garrana资产为130亿埃镑；前贸易与工业部长Rashid Mohamed Rashid资产为120亿埃镑；前内政部长Habib al - Adly资产为80亿埃镑；传记作家Aladdin Elaasar估计，穆巴拉克家族的总资产多达500到700亿美元。”

（4）埃及穆巴拉克政权的特点

埃及政体是总统共和制，它介于西方的总统制与议会制之间。1980年5月22日经公民投票修改宪法，规定政治制度“建立在多党制基础上”；“总统可多次连选连任”，并增加了“建立协商会议”的条款。埃及1952年“七月革命”后，逐渐建构起在中东具有代表性的威权主义政治统治模式。威权主义政体是现代化进程中出现的介于极权政体和民主政体之间的较温和的专制政体。威权政体出现于20世纪二三十年代的西南欧国家。及至五六十年代，包括东亚、拉美、中东等众多发展中国家大多走上了以威权主义推动现代化的发展道路，威权政治成为战后第三世界国家政治发展的主流趋势。由于这些政体与20世纪上半期的威权主义有明显差别，又被国际媒体称为“新威权主义”政体。穆罕默德·胡斯尼·穆巴拉克自1981年上任以来，历任4届埃及总统，执政近30年。

（5）穆巴拉克主要副手苏莱曼简介

奥马尔·苏莱曼（1936—2012），埃及政治家，原埃及副总统。苏莱曼1936年7月2日出生于埃及南部城市基纳，1954年进入埃及军事院校学习。他参加过1962年的也门战争，以及1967年和1973年对以色列进行的战争。1986年以来为埃及情报系统主管，1993年担任埃及情报局局长。2011年1月29日被穆巴拉克总统任命为埃及副总统，2月11日苏莱曼宣布穆巴拉克退位，他本人停止担任副总统职位，权力转移到埃及军方手中。2012年7月19日在美国病逝，终年76岁。

苏莱曼是穆巴拉克的亲信，是穆巴拉克政权的核心人物，深受穆巴拉克信任。1995年，穆巴拉克前往埃塞俄比亚的亚的斯亚贝巴访问前一天，苏莱曼强制性建议穆巴拉克改乘军用装甲车出访，外界不解。结果在那次出访途中，穆巴拉克险遭刺杀，装甲车司机遭枪击身亡，穆巴拉克安然无恙。此后，苏莱曼备受器重，他受命领导埃及国家情报总局与美国中央情报局等别国情报机构合作，展开跨国打击恐怖分子行动，在埃及国内和国外均有“斩获”。

在埃及政坛，苏莱曼是一位中间派人物，因反对宗教极端分子的恐怖主义行径而受到美国政府欢迎，被美国媒体喻为“埃及政府处理与美国、以色列关系的最佳人选”。苏莱曼在埃及外交和情报领域扮演重要角色，由于出面主持巴以和谈、巴勒斯坦内部和解对话而为外界瞩目。“维基解密”网站曝光的美国国务院外交密电也证明，讲一口流利英语的苏莱曼受到美国驻埃及大使玛格丽特·斯科比的青睐。斯科比2007年曾向国内汇报称，苏莱曼在埃及的执政阶层和普通民众中都具有影响力，曾被穆巴拉克的儿子贾迈勒视为政敌。

（6）主要反对者巴拉迪及其表现简介

穆罕默德·巴拉迪，埃及宪法党主席、“全国拯救阵线”代表、诺贝尔和平奖得主、北京清华大学名誉博士。巴拉迪1942年生于埃及。1962年获得开罗大学法律学士学位，1971年获得纽约大学国际法硕士学位，1974年获得纽约大学国际法博士学位。通晓阿拉伯语、英语和法语。有多个大学的各种荣誉学位，还获得过许多勋章，包括埃及国民最高勋章“尼罗河大金领勋章”，2005年获诺贝尔和平奖。

巴拉迪是埃及著名改革派，埃及于2011年1月爆发大规模反政府示威后，当时身在维也纳的埃尔巴拉迪立即响应，于1月27日飞返开罗，参与反政府示威，要求埃及总统穆巴拉克下台。他并表示愿意协助过渡时期的政府。他主张埃及需要制定新宪法，加强保障人权和制衡权力，并有意角逐下届的埃及总统大选。巴拉迪抵达开罗机场时表示：“这是埃及历史上的重要时刻。我来加入埃及人民的行列。”他说：“对改变的渴望必须获得尊重。这个政权绝不能对示威行动使用武力。”他同时呼吁示威者保持克制。他还表示，“穆巴拉克已为国效力30年，该是他退休的时候了。”

自从2010年回到埃及后，巴拉迪就成为穆巴拉克政府最大的挑战者之一，而且他在改革派中获得了大批支持，不过他仍坚称除非拥有操控选举权力的人下台且进行民主政治改革，否则自己不会参与总统选举。巴拉迪的返回，对于示威人群来说是莫大的鼓励，也可能导致抗议规模和局势加剧。巴拉迪的反对者则表示，巴拉迪离开埃及的时间太久，缺少对埃及社会彻底全面的认识，同时质疑其进行变革的承诺，以及能否真的实现。

（7）“穆斯林兄弟会”

“穆斯林兄弟会”是穆斯林兄弟协会的简称，成立于1928年，是一个以伊斯兰逊尼派传统为主的宗教与政治团队，他们的目标在于让《古兰经》与圣行成为伊斯兰家庭与国家最主要的核心价值。

“穆斯林兄弟会”于1929年正式成立，1933在开罗设立总部，并在50个地区建立了分支机构，在叙利亚、苏丹、约旦、巴勒斯坦等地都有支部、学校、清真寺和商业公司。该组织以训导局为最高领导机构，其成员在埃及已达50万之多，遍布社会各个阶层，该组织影响力遍及中东乃至全球穆斯林社会，是近代历史悠久、规模庞大、组织严密的世界性伊斯兰政治集团。

穆罕默德·穆尔西·伊萨·阿耶特是埃及“穆斯林兄弟会”的首脑人物之一，1951年8月20日生于埃及东部省，曾先后获得埃及开罗大学工程学学士、金属工程学硕士学位和美国南加州大学工程学博士学位。结束在美国留学生活后，穆尔西1985年返回埃及。他先前多次当选埃及人民议会议员，2005年成为穆斯林兄弟会最高决策机构指导局的成员。

（8）埃及“四月六日青年运动”组织

埃及“四月六日青年运动”组织成立于2008年，是埃及的一个学生组织，其初衷是支持当时的一次工人罢工。该组织在青年人、特别是学生中具有一定的影响力，是这次埃及国内大规模示威的最初发起者，后来其作用被其他主要反对派势力所替代。

3. 埃及1月25日至2月10日的事件集汇总

1月25日

25日，为了突出警察的腐败，埃及的抗议组织者挑选1月25日也是因为当天是埃及警察节，是埃及全国性的节日——举行抗议活动。至少有25人在抗议活动中死亡。

1月26日

26日凌晨，有示威者出现在首都开罗市中心的解放广场。警方随即使用催泪弹和高压水枪力图驱散示威人群。在埃及港口城市苏伊士，警察与示威民众发生冲突，造成2名示威者死亡。另有1名警察在开罗伤重不治。开罗警方为驱散示威人群出动了2—3万警力。尽管如此，示威者还是成功冲破警方封锁，前往市中心的塔利尔广场。示威者手举埃及和突尼斯两国国旗，称要效仿后者将总统赶下台。

当天，埃及网络也出现故障。

埃及政府26日下令禁止游行集会。这是该国持续3天的数万人示威抗议之后，埃及政府最新的管制措施。（26日，埃及当局还否认关于封杀网站的说法。）之前政府已经禁止了Twitter等通讯工具的使用。

阿拉伯联合酋长国报纸《Akhbar al－Arab》消息称，在埃及集会民众与警方发生冲突后，被认为是埃及总统“接班人”的贾迈勒·穆巴拉克或已携妻女外逃。

1月27日

27日，埃及内政部27日深夜发表声明，他们将采取“果断措施”对付异议分子。抗议人士计划在28日例行礼之后，发动大规模反政府示威。声明说，民运人士“传消息给民众，于周五祈祷时在各省各清真寺前集合”。当天，埃及的社交软件Facebook和Twitter无法登陆，黑莓即时通讯也不能使用。

27日，目前居住在奥地利首都维也纳的埃及改革派代表、下届总统大选的热门人物穆罕默德·巴拉迪回国参与示威，鼓舞更多埃及民众走上街头。

27日晚，美国总统奥巴马称穆巴拉克在很多关键性问题上都是美国的盟友，“但是我一直告诉他要确保不断推进政治改革和经济改革。”埃及执政党民族民主党总书记谢里夫27日说，该党有信心与其他政党和青年进行对话，表示将支持扩大青年的政治参与。他同时否认了一些政府官员逃离埃及的传言。

1月28日

28日凌晨起，首都开罗的互联网服务和手机通信中断。

28日上午，首都开罗相对平静，各重要地点有持枪警察守卫。

28日晚，位于首都开罗的埃及执政党（民族民主党）总部大楼被抗议者纵火。埃及国家博物馆当天晚上遭到不明身份人员袭击抢劫。

此前态度暧昧的美国转向支持埃及民众的“合理诉求”。28 日美国总统奥巴马通过社交视频网站 YouTube 回答了公众提出的问题。他说埃及需要一种表达合理不满的体制。奥巴马说：“人们都能看到街头出现的那些压抑之下爆发出来的强烈不满。现在我主要是希望不能用暴力解决这些问题，因此埃及政府必须小心，不要诉诸暴力，在街头抗议的人们也必须小心，不要诉诸暴力。”奥巴马还说：“埃及在很多关键议题上都一直是我们的盟友。他们和以色列达成了和平。穆巴拉克总统在中东一系列艰难问题上都提供了很大的帮助。但我也一直对他说，应该保证在改革方面作出进步，政治改革、经济改革，这些绝对都是埃及长治久安的关键。”美国国务卿希拉里 28 日表示，埃及应当容许和平的示威游行者，控制保安部队并恢复与民众之间的交流。她敦促埃及政府允许和平抗议，“我们深信，埃及政府此刻面临推进政治、经济和社会改革的重大机遇，以响应埃及人民的合法要求和利益。”她还指出：“对于埃及警方及保安部队针对反对者所采取的暴力措施，我们深表担忧，我们呼吁埃及政府采取一切措施控制保安部队，同时反对者也不应当采取暴力措施，而是以和平的方式表达观点。”她同时要求埃及政府不要屏蔽社交网站，而 Twitter 和 Facebook 等社交网站是抗议者使用的主要沟通渠道。美国国防部长罗伯特·盖茨说，美国对埃及、也门以及突尼斯政府一直明确表明进行政治改革的必要性。他说：“人权和民众的政治权利是基本权利，中东以及其他地区很多国家民众面临的经济挑战等等都是很重要的议题。”白宫发言人吉布斯在例行记者会上说，穆巴拉克政府是稳固的，美国在这场抗争中不会选择站在哪一边。但是他说埃及的政治改革不能再等待了。吉布斯说：“这是穆巴拉克总统和埃及政府的一次机会，可以展现其聆听自己民众声音的意愿。”

1 月 29 日

29 日凌晨，埃及总统穆巴拉克发表电视讲话，要求以纳齐夫为总理的政府辞职。穆巴拉克说，埃及是一个法治国家，人民应该保卫埃及在过去十几年中取得的成果，应该通过对话和努力实现自己的理想。“我们的目标是解决失业、提高医疗和教育服务水平，我一直都很关心穷人的生活，未来也会继续关心。”穆巴拉克还表示，他将继续已经开始的改革之路。没有迹象表明穆巴拉克将辞职或离开该国。

美国总统奥巴马宣布，在埃及总统演说不久后，他们进行了交谈。

29 日，埃及首都开罗爆发全面游行，老人、儿童、妇女都纷纷走上街头，游行人数不断上升。在开罗解放广场，聚集了数万名群众高喊口号参加游行，要求现任总统穆巴拉克辞职。埃及卫生部发言人阿卜杜—拉赫曼当天下午说，过去 4 天以来的抗议和骚乱已经导致至少 51 人死亡，1100 人受伤。

总统穆巴拉克当晚在召集有政府高级成员参加的紧急会议之后，宣布任命埃及民航部长艾哈迈德·沙菲克为新政府总理，同时任命埃及情报局局长奥马尔·苏莱曼担任副总统。这也是穆巴拉克执政近 30 年来首次设立副总统。

1 月 31 日

31 日大批民众上街示威，并计划稍后发起 100 万人大游行，迫使总统穆巴拉克下台。

埃及总统穆巴拉克早些时候前往军队指挥部，会见了高级军事指挥官。与此同时，埃及政府宣布禁止阿拉伯语半岛电视台在埃及的报道活动。当局的直升机 31 日早上继续在首都开罗的上空盘旋监视，民众就向直升机喝倒彩。而军方的坦克除了在市中心周围布防外，也在市区的主要马路驻守。一度离开岗位的警察恢复执勤，在市面指挥交通。

埃及重要的政治反对派“穆斯林兄弟会”表示支持巴拉迪出面

与当局展开谈判。巴拉迪是联合国国际原子能机构前总干事，也是诺贝尔和平奖获得者。

连日的冲突和抢掠，使市内不少建筑物痕迹累累。不少居民为免受到暴徒抢掠，自发组织起来，以棍棒作武器，在路口设置路障，检查来往的可疑车辆。民众继续在市中心的解放广场周围集结，响应百万人大示威和全国大罢工的号召，进一步向总统穆巴拉克施压，迫使他下台。

2 月 1 日

军方发表声明，表明不会使用武力对付示威者，又说公民用和平方法表达意见的自由得到保障，派驻在街上的士兵是要保障人民的安全，但绝不容许抢掠及破坏的非法行为，本次是军方首次表态，不会向示威民众动武。

穆巴拉克 1 日晚发表电视讲话，说自己无意竞选下届总统，将在本届剩余任期里努力保证政权平稳过渡，并敦促议会修改宪法中有关总统竞选人条件和任期的条款。埃及将在今年下半年举行总统选举。根据目前的埃及宪法，总统任期 6 年，可连选连任。

2 月 2 日

军方发言人 2 日发表电视讲话，呼吁民众结束示威游行，尽快使社会生活恢复正常。

埃及国防部一名发言人在电视讲话中对示威者说："你们的信息已经传达，你们的要求也已被知晓。"他同时呼吁示威者继续为建设国家效力。这名发言人表示，军队和人民有能力度过现在的困难时期，无论存在什么样的挑战，埃及军方将一如既往地保卫埃及。

截止 2 月 2 日，埃及抗议活动造成 100 多人死亡，上千人受伤。

2 月 3 日

穆巴拉克 3 日在开罗总统府表示，他已"厌倦"总统职位，愿意现在就辞职。但由于担心国家陷入混乱，他不能现在辞去总统职务。

穆巴拉克在接受美国广播公司记者采访时，他的儿子贾迈勒在场。穆巴拉克表示，他从未打算让儿子接任总统。穆巴拉克重申："我永远不会逃离。我要死在埃及这片土地上。"

同日，埃及副总统苏莱曼表示，不论是总统穆巴拉克还是他儿子贾迈勒，都不会参加2011年8月或9月的总统选举。这是埃及首次宣布贾迈勒不参选。今年总统选举前将完成关于总统选举候选人和总统任期的宪法修改，并将付诸全民公决。

美国总统奥巴马1日发表讲话说，埃及政权的"有序过渡必须是有意义的、和平的，并且必须从现在开始"。当被问及对此作何反应时，穆巴拉克说，他会告诉奥巴马，"你不了解埃及文化以及我现在辞职将会发生什么事"。

当天，穆巴拉克的支持者再度与反对派发生冲突，一些人还用棍棒和拳头殴打外国记者。

2月4日

4日要求民主改革的示威者潮水般涌入开罗解放广场，反政府民众的领导人称今天是"下台日"，这是示威者要求总统侯赛因·穆巴拉克交出权力的最后期限。

巴拉迪对记者说，穆巴拉克应该听到人们清晰无误的呼声，有尊严地辞职。据美联社报道，他称这"事关信任，而如今信任已荡然无存。"

埃及的国防部长侯赛因·坦塔维和其他军队高级将领在天亮后巡视了解放广场；这表明今天的示威活动是军方许可的。埃及军队这些天起着调和示威者和政府支持者的作用，可能是保持中立、不介入冲突。据《卫报》报道，成百上千的抗议者齐声唱诵、祈祷，还一齐唱埃及国歌。然后他们把一个坐在轮椅里的人连同轮椅抬起，他在涌动的人群上头振臂挥拳。志愿者开设了临时医疗站和安检点，穆巴拉克的支持者不能进入。

美国的外交官们正在讨论穆巴拉克立即辞职、并把权力交给副总统奥马尔·苏莱曼的可能性；此人长期以来是埃及的特工头子，在国内以严苛著称，而对美国却很忠心。

欧洲的外交官们今天也在布鲁塞尔开会，试图制定政策支持埃及的民主运动；这是埃及危机以来他们第一次召开会议。

2月5日

穆巴拉克5日召集政府总理及一些部长在总统府就埃及国内的经济形势召开会议，着重讨论抗议活动对经济造成的影响和确保民众基本生活等议题。

穆斯林兄弟会说不会指派候选人参加埃及新总统大选。穆斯林兄弟会是目前仍在持续的反政府抗议活动的主要组织者之一，此前一直被埃及政府认定是非法组织，此前坚持其与政府对话的条件是穆巴拉克总统必须立即离职。该组织官员6日表示，尽管同意加入对话，但这一要求没有改变。美联社援引穆斯林兄弟会一份声明的内容报道，这一组织代表将参加与苏莱曼的对话，要求后者实现本方“合法和公正的要求”。虽然最终接受政府提议，如果没有示威者代表参与，穆斯林兄弟会将退出对话。一名不愿公开姓名的穆斯林兄弟会成员告诉法新社，之所以同意与政府对话，是因为“我们希望看看他们准备接受多少民众的要求”。他认为，反对派与政府对话可以阻止“外国或地区势力插手我们的事务”。

埃及执政党民族民主党执行委员会5日集体辞职，其成员包括总书记谢里夫和穆巴拉克之子贾迈勒。民族民主党成员胡萨姆·巴德拉维被任命为该党新的总书记和政策委员会书记。

中东问题有关四方——联合国、美国、欧盟和俄罗斯5日在德国慕尼黑举行会谈，就中东问题及埃及等中东地区国家最近局势进行了磋商。联合国秘书长潘基文、美国国务卿希拉里·克林顿、俄罗斯外长拉夫罗夫参加了此次在慕尼黑安全政策会议期间举行的会谈。有关四方会后发表书面声明说：“有关四方注意到最近在埃及和该地区其它国家局势的发展变化。四方成员考虑到这些事件对阿拉伯和以色列和平的含义，同意在下一步会谈中作为首要关注事务进一步加以讨论。”

埃及各银行关门一周后于周日重新营业，雇员们陆续上班，顾客排起长队等待处理业务。银行家们在交易室忙着处理混乱的业务，海外投资和当地商人则纷纷抛出埃及镑。街头示威行动已导致埃及相当部分经济陷入瘫痪，同时失去重要的外汇来源。

军方装甲车在街头路口驻防，士兵们垒起沙包掩体，很多大型国有银行的雇员搭乘公交车来上班。

2月6日

6日埃及最大的反对派组织——穆斯林兄弟会派出代表，首次参加埃及政府与各反对派之间的政治对话。这次对话决定设立一个由各方代表参加的宪法修改委员会，同时还决定成立另一个委员会，负责处理解除对媒体限制，以及视国家安全局势结束紧急状态等问题。穆斯林兄弟会是目前仍在持续的反政府抗议活动的主要组织者之一，以建立政教合一的伊斯兰国家为政治目标，一直坚持穆巴拉克总统必须立即离职。

随着埃及政府与反对派开始正式的对话，埃及局势以和平收场的可能性又再增加。

副总统奥马尔·苏莱曼6日与“穆斯林兄弟会”等反对派团队的代表对话，商讨如何结束国内政治危机，2名“穆斯林兄弟会”领导层官员参加了对话。会议决定设立一个由各方代表参加的宪法修改委员会，以确定穆巴拉克总统承诺的宪法改革的具体方案。

虽然示威仍在继续，但埃及街头局势正在缓和。埃及首都开罗多家银行从昨天开始恢复营业，不少民众到银行取钱，试图回归正常生活。

2月10日

10日穆巴拉克发表电视讲话，宣布根据宪法会将部分权力移交给副总统苏莱曼，但他本人不会辞去总统一职。

第三节　团队分析方法模拟案例

案例：使用“头脑风暴”分析法评估美国 X－37B 无人空天飞机的作战用途

（一）案例说明

1. 训练目的

组建分析团队，通过使用“头脑风暴”分析方法研判美 X－37B 无人空天飞机的作战用途，体验团队分析的组织和实施过程，掌握“头脑风暴”分析方法的使用技巧，探索改进信息共享与合作分析的流程与方法。

2. 训练方式

5—10 名具有不同专业知识背景的训练人员共同组成一个分析团队，由 1—2 人充当“头脑风暴”分析的组织者，负责制定规则，引导团队开展讨论，依据规则管控分析进度；由 6—8 人充当“头脑风暴”分析的参与者，负责补充搜集相关素材，参与“头脑风暴”分析时提出观点，发散思考；由 1 人专门负责记录“头脑风暴”分析中产生的设想和观点，配合分析组织者整合评估结论。

（二）内容摘要

美国 X－37B 无人空天飞机是美国空军和太空总署联合研制的无人空天飞机，已经公开的资料反映其具有在轨时间超长、飞行速度超高、机动能力超强的基本特点，目前已经成功完成多次轨道飞行实验，预计即将定型生产并加入美军的空天作战体系。然而，除了在实验过程中披露的部分基本外形参数外，美国军方对 X－37B 无人空天飞机的详细情况守口如瓶，尤其是对其可能的作战用途严格保密，分析人员只能依据已经披露的研究资料对 X－37B 无人空天飞机的技术参数、实验情况、作战能力进行全面分析，在此基础上研判其作战用途。为避免个体分析人员的知识结构缺陷，以及不良先入之见对分析过程的影响，招集多名来自不同专业的分析人员组建分析团队，使用“头脑风暴”分析方法是完成这项分析任务的合理选择。分析团队应认真学习团队分析方法的基本内容与特点，熟悉掌握“头脑风暴”分析方法的具体步骤和使用规则，严格依据规范化的操作程序完成分析，积累团队分析方法的使用经验。

（三）案例正文

美国 X－37B 无人空天飞机的作战用途之谜

2015 年 5 月 20 日，一枚“宇宙神－5”型火箭将从佛罗里达州卡纳维拉尔角把 X－37B 无人空天飞机成功送入太空，开始执行第四次在轨飞行实验任务，返回时间待定。与此前 3 次实验任务高度保密、完全避谈细节显著不同的是，美国空军此次主动透露，此次实验任务的重点将转为对试验性载荷的测试，以及测试一种可提高能效的新型推进器。这表明，X－37B 无人空天飞机离最终完成全部实验并开始定型生产又进了一大步。作为世界第一款、研制进度最快的无人空天飞机，X－37B 具有低轨道驻留时间超长（数百天）、超高变轨机动性能和超高飞行速度（十几马赫）的梦幻能力，媒体热炒的“一小时打遍全球”、“第一代无人空天战机”、“卫星捕手”、“太空鹰眼”、“反导新利器”等描述更加突显了其神秘性。毫无疑问的是，这种新型空天武器平台一旦定型生产，并融入美军现有的空天攻防体系，必将成为美军保持“高边疆”战略领先能力的利器，进一步拉大在太空作战领域与其他国家的差距。然而，美国在保密方面做的可谓是滴水不漏，除了在实验过程中披露的部分基本外形参数外，美国军方对 X－37B 无人空天飞机的作战用途严格保密，据《参考消息》报道，美国一名参与 X－37B 无人空天飞机研制的科学家在接受媒体采访时得意地说，“关于 X－37B 的用途，要让外国人想破脑子也猜不出来”。因此，分析人员只能依据已经披露的研究资料对 X－37B 无人空天飞机的技术参数、实验情况、作战能力进行全面分析，在此基础上研判其作战用途。

思考题：

1. 如果组织分析人员采用“头脑风暴”研判 X－37B 无人空天飞机的作战用途，如何设计分析组织的过程，如何分配任务，如何保障条件，如何确保效率？

2. 有关 X－37B 空天无人战机的信息非常有限，如何搜集、整理尽可能多的可用资料，从中整理、挖掘出有助于开展“头脑风暴”分析的素材资料？

3. 在实施“头脑风暴”的过程中，可以采用哪些机制和方法保证“头脑风暴”的基本规则被参与者遵守，又不影响到参与者思维和表达的质量？

4. 如何规避可能出现的棘手状况，比如参与者提出的观点过于发散，分歧巨大而无法整合，或者参与者提出的观点过于集中，高度一致而没有创意？如果真的发生了这种情况，将如何处理？

5. 团队分析过程中，如何更好地规避“集团思维”倾向，如何在发挥团队分析方法的优点的同时改进其不足之处，比如提高分析的效率？

（四）分析思路

1. 确保分析参与者能够无差别的掌握所有获得的公共基础素材，并鼓励他们在分析开始前分享自己独有的素材，比如专门知识、重要线索以及研究数据。

2. 传统“头脑风暴”方法是使用黑板、白板的手写呈现方式，能够预先使用一定的技术软件改进呈现的方式，而又不改变“头脑风暴”分析的基本原则。这么做的目的主要是为了提高效率，也便于多名参与者更好地接受信息，并梳理大量涌现的观点。

3. 可以基于分析参与者的专业背景，对他们的观点进行分类整合，因为专业背景可能会影响思考和表达的倾向，从而导致简单重复的现象，将已有观点分类并呈现出来，低水平重复描述观点的情况会显著降低。

4. “头脑风暴”的效果好坏往往取决于前期讨论的铺垫是否足

够充分，最好的想法往往都是在最平庸的观点枯竭之后才会出现，但是很多时候，平庸的观点也会影响分析人员的思路，使之陷入一种从现成观点中挑选相对较好的观点的倾向。如何避免这种情形发生，以及这种情形不可避免的发生了，有什么处置的办法，是分析组织者需要提前设计好的。在这种情况下，“头脑风暴”的某些原则甚至可以被暂时打破，但最好由组织者来做而非参与者，以便达到激化僵局，又能够控制局面的效果。

（五）素材资料

本模拟案例所使用的素材来源包括中国、美国、俄罗斯公开媒体报道资料，以及以及维基百科等互联网资料。

1. X－37B 无人空天飞机研制和实验进程回顾

1996 年，美国太空总署（NASA）提出了 Future－X 计划。这个计划被拆成两个子计划，其中规模较小的“探险者”，就是 X－37 计划。这是因为 X－33 计划在 1994 年一度被冻结，影响到好几个关键技术的研究进度。为了让几个致力于太空运输方面的研究机构可以继续把他们的实验结果送上太空做高超音速的飞行验证，从 1998 年底直到 1999 年 7 月，波音与 NASA 签署了 4 年合作协议，建造一系列验证机中的第一架。依照计划，X－37 将成为第一架同时具备在地球卫星轨道上飞行和具备再入大气层能力的飞行器，而机上的自动操作系统将在 NASA 所致力的“降低进入太空的负载成本”上扮演关键性的角色。在原计划中，X－37 可以由航天飞机携带进入太空，但是在有报告指出使用航天飞机携带 X－37 进入太空不合乎经济效益后，就改由“三角洲 4”或是相似的火箭负责这个任务了。在太空中，X－37 可以经由本身配备的火箭引擎推动，得到 25 倍音速的飞行速度，直到重入大气层前，X－37 有 21 天的时间在太空中进行相关的实验，然后重返地球，降落在传统的跑道上。2010 年 4 月 22 日，美国空军花费 10 年研制的全新“空天战机”X－37B 首次试飞。这种外形和功能都酷似小型航天飞机的战机将通过火箭送入轨道环绕地球飞行，然后再以滑翔方式返回地面。

X－37B 共进行了 3 个架次的飞行，第一架 X－37B 从美国佛罗里达州卡纳维拉尔角空军基地发射升空，同年 12 月降落加州范登堡，任务编号 OTV－1；2011 年 3 月 5 日，第二架 X－37B（OTV－2）升空，发射工位仍然位于卡纳维拉尔角，在轨运行时间 469 天，2012 年 6 月返回，降落地点为加州范登堡；第三架 X－37B（OTV－3）在 2012 年 12 月升空，现在已经完成了轨道任务。

2010 年 4 月 23 日 7 点 52 分（美国东部时间 4 月 22 日 19 点 52 分），美国研制的人类首架太空战斗机 X－37B 从佛罗里达州卡纳维拉尔角空军基地 SLC－41 发射台成功发射升空，"阿特拉斯 5 号" 火箭执行了此次发射任务。X－37B 在战时，有能力对敌国卫星和其他航天器进行军事行动，包括控制、捕获和摧毁敌国航天器，对敌国进行军事侦察等等。

X－37B 发射后进入地球卫星轨道并在太空遨游，X－37B 在设计上能够执行最长为期 270 天的太空任务。结束太空之旅后，X－37B 将进入自动驾驶模式返回地球，最后在加州范登堡空军基地或者附近备用基地——爱德华兹空军基地（VAFB）着陆。这架 X－37B 无人驾驶太空飞机在当地时间 2010 年 12 月 3 日凌晨 1 点 16 分降落在美国加州范登堡空军基地。但是，美国空军没有透露飞机的具体用途，也没有说明这次飞行所携带的物品。这次 X－37B 安全着陆是太空飞机首次自主重返大气层，创下了新的纪录。对美国太空计划的发展具有重要意义。

2011 年 3 月 5 日美国东部时间下午 5 时 46 分，美国佛罗里达州卡纳维拉尔角空军基地成功发射第二架由一枚"宇宙神—5" 运载火箭搭载的 X－37B 轨道试验飞行器，计划飞行时间 9 个月，期满后延长 6 个月，于 2012 年 6 月 16 日成功返回地球。

2012 年 12 月 11 日从卡纳维拉尔角空军基地成功发射。执行本次任务的 X－37B 与 2010 时发射的为同一架。这架 X－37B 的发射，使用的运载工具为阿特拉斯 5 型火箭，累计轨道飞行时间 671 天，打破了前一架次 X－37B 所保持的记录。

2014年10月14日，X－37B（OTV－3）轨道飞行时间671天，美国空军“绝密级”X－37B迷你航天飞机可能返回，并降落在美国加州范登堡空军基地，空军的官员已经在范登堡空军基地准备迎接X－37B的降落。

2014年10月17日，美国军方宣布，2012年12月从佛罗里达州卡纳维拉尔角发射升空的X－37B于当地时间当天上午9时24分（北京时间18日0时24分）在加利福尼亚州范登堡空军基地着陆。这是该飞行器执行的第三次试飞测试任务，也是迄今耗时最长的一次“秘密任务”。

2015年5月20日，一枚“宇宙神－5”型火箭将从佛罗里达州卡纳维拉尔角把X－37B送入太空，执行第四次在轨飞行任务。与此前3次任务高度保密、完全避谈细节不同的是，美国空军此次主动透露，将在飞行中测试一种可提高能效的新型推进器。美国空军快速反应能力办公室主任兰迪·沃尔登在一份声明中表示，此前3次飞行任务主要是验证飞行器，而此次任务的重点将转为对试验性载荷的测试。

2. X－37B已知的主要性能参数

X－37B由波音公司旗下“幻影工厂”制造，重大约5吨，长约为8.8米，宽约2.9米，翼展大约4.6米，长度接近一辆加长型的劳斯莱斯幻影加长版，因此X－37B的体积比一般的轨道卫星要大，但又小于航天飞机，由于其发射方式也使用了火箭，因此X－37B应该被列为迷你航天飞机，而不是空天飞机，毕竟X－37B无法实现水平起飞。

X－37B已知的主要参数：

乘员	无
长度	约8.8米（29英尺3英寸）
翼展	约4.6米（14英尺11英寸）

续表

高度	约 2.9 米（9 英尺 6 英寸）
空重	3.5 吨
载重	11000 磅（4990 千克）
发动机	1×喷气发动机 AR2－3 火箭发动机，6600 磅（29.3 千牛）
电力	砷化镓太阳能电池、锂离子电池
有效载荷舱	2.1 米×1.2 米
轨道速度	28044 千米每小时
轨道	近地轨道
轨道飞行时间	270 小时（实验数据）

（1）内置货舱

X－37B 的内置货舱能够装载货物、机械臂，那么 X－37B 在轨验证航天器的导航控制技术、热防护材料、发动机技术、空间对接以及载人能力等就是“隐性”任务，美军可以根据 X－37B 不同阶段来制定各种分级任务。

X－37B 的体积虽小，但功能齐全，有一个与航天飞机相似的背部载荷舱，尺寸与皮卡车的后货箱相当，这是 X－37B 的一个显著的亮点，载荷能力为 2 吨左右，内置货舱可以搭载小型机械臂，抵达轨道后可展开轨道作业，如抓取敌方在轨卫星、破坏航天器、释放小型载荷等等。为了满足 X－37B 的在轨能源需求，其还携带了太阳能电池板，可提供不间断的电力供应。

（2）动力系统

X－37A 原先以高纯度的过氧化氢和 JP－8 煤油作为推进剂。但 X－37B 则改为了甲基肼（MMH）和 N2O4 的双组元自燃推进剂，虽然 MMH 有剧毒，然而技术上则更为成熟。X－37B 的在轨机动能力是美军测试的重点之一，由于 X－37B 需要对敌方航天器进行侦察、攻击，因此需要不断变轨，具备不同高度的轨道机动能力是非常重要的，有趣的是 X－37B 也需要不断变轨进行防御，因为轨道垃圾实在是太多了，稍不留神就有可能偷鸡不成蚀把米，被空间碎片击中而失效。

（3）武器配置（猜测）

尽管 X－37B 属于低轨道航天器，其直接的太空作战能力有限，但军事专家认为，X－37B 可搭载导弹、激光发射器等先进武器实施远程精确打击，其作战潜力不可低估。

X－37B 升空后可迅速到达全球任何目标的“上空”，利用自身携带的武器对敌国卫星和其他航天器采取控制、捕猎和摧毁等攻击，甚至向敌国地面目标发起攻击。由此可见，X－37B 完全有可能成为“轨道轰炸机”。

（4）侦察设备

截止 2014 年，美军的航天侦察能力主要由国家侦察局负责，但存在作战响应慢、费用昂贵等不足，因此美国国防部决定发展空天飞机以弥补美军航天侦察能力的不足。

X－37B 能够搭载多种侦察设备，在高空对海陆空目标及外太空目标进行侦察，并将侦察信息实时传递给作战单位。如果这种无人空天飞机可靠的话，可以促使美军快速大量部署低轨道侦察卫星。

X－37B 由“阿特拉斯”火箭送入轨道，并通过自身携带的太阳能电池板制造需要的电能。X－37B 可承担侦察、导航、控制、红外探测，并且在完成任务后自动返回地面。

3. X－37B 可能的用途

根据美国空军公布的资料，可重复使用的 X－37B 的尺寸只有美国现役航天飞机的 1/4。X－37B 已经可以在轨道上运行 270 天。在战时，该机有能力对敌国卫星和其他航天器开展“军事行动”，包括控制，捕获和摧毁敌国航天器，对敌国进行全方位军事侦察等等。因此，X－37B 很可能将是人类首架太空战斗机。X－37B 最高速度能达到音速的 25 倍以上，常规军用雷达技术无法捕捉。

第一，能实施空天侦察监控。X－37B 飞行轨道符合成像侦察载荷的特征，运行规律与成像侦察卫星的运行规律接近。与传统侦察卫星相比，X－37B 机动侦察性能更强。不仅能按既定的设计侦察相关区域，而且能根据需要改变飞行轨迹，灵活机动至传统侦察卫星的覆盖盲区，增大侦察和监视的面积。还可以有针对性地飞临目标上空，实现对敏感地区的及时、重点侦察和监视。这种灵活的变轨机动能力，将使敌方很难发现其轨迹行踪，从而达到隐蔽生存的目的。

第二，可充当“太空预警机”。X－37B 不仅可充当变轨型侦察卫星的角色，其自带的各种电子设备还能够完成大量信息处理，如飞行导航、通信指令传输、太空卫星监视和网络联结等。因此，它不仅是一只空天侦察之“眼”，而且是一个空间信息枢纽，可充当“太空预警机”的指挥角色。利用这一功能，X－37B 能与地面和空中其他装备互联互通，成为未来作战体系中极其重要的“神经中枢”。

第三，能有效充当太空运输工具。根据一份波音公司关于 X－37B 的建议报告，该公司将通过任务拓展使其具备执行低轨道货运和乘员运输的能力。一旦 X－37B 客运能力完善，就能有效充当“太空巴士”，将宇航员及时送往空间站或其他在轨飞行器。X－37B 体积虽小，但功能齐全，有一个与航天飞机相似的背部载荷舱，尺寸与皮卡车的货厢相当，载荷能力为2 吨左右。为满足 X－37B 在轨能源需求，其还携带可提供电力的太阳能电池板。

第四，可轻易反制敌国卫星。与“侦打一体”无人机相比，X－37B 借其空间机动能力，能进行天基反卫、天基反导任务。X－37B 可接近敌国卫星，实施软硬攻击行动。在硬打击方面，可通过伸出机械臂或拦截网的方式，将卫星捕获；在软打击方面，可使用激光动能武器，将卫星的电子元件烧毁。还可通过电子干扰或无线接入等方式，扰乱篡改敌方卫星程序，达到控制和利用敌卫星的目的，实现“你的卫星，为我所用”的攻击效果。

第五，可全球快速天对地打击。X－37B 可搭载导弹、激光发射器等先进武器，实施远程精确打击，其作战潜力不可低估。由于 X

-37B 的高速度，其升空后 1 小时内能到达全球任何目标上方，然后利用自身携带的武器对敌国卫星、航天器或地面目标进行攻击。实际上，X-37B 更像是一个轨道空间的作战平台。一旦该平台实验成功，美军完全可以根据需要，在其上搭载不同的模块，如卫星监控、地面侦察、近地攻击、导弹拦截、敌国卫星捕捉、侦察、卫星投放、太空工程、布雷等，从而实现不同的军事价值。由此可见，X-37B 完全有可能成为“轨道轰炸机”。

第六，可快速部署各类卫星。X-37B 具有灵活的载荷结构，具备运载小型卫星的能力。战事紧急的情况下，X-37B 可短时间内多次往返天地之间，从而快速将卫星部署到作战轨道上去。大大节省了卫星发射和部署时间，可有效解决美军面临的卫星资源短缺问题。

第四节　“结构化”分析方法模拟案例

案例：使用竞争性假设分析方法研判土耳其击落苏-24 飞机后俄罗斯会做出何种反应

（一）案例说明

1. 训练目的

组建分析团队，通过使用竞争性假设分析方法研判土耳其击落苏-24 飞机后俄罗斯会做出何种反应。学习、体验竞争性假设分析方法的核心思路、主要规则和操作方法，理解竞争性假设分析与传统经验分析方法的主要区别，在分析实践中探索和改进竞争性假设分析方法的使用技巧，尝试灵活使用不同的“结构化”分析技巧解决相关问题，积累使用“结构化”分析方法的经验。

2. 训练方式

挑选 6—10 名具有不同专业知识背景的训练人员组成一个分析团队，由 1—2 人充当分析流程的设计和组织者，负责任务分工，组织竞争性假设分析，其他分析人员负责补充搜集相关素材，参与竞争性假设分析。分析团队要充分设想分析过程中可能遇到的困难，思考出解决问题的办法，发展出竞争性假设分析法的基本原则，而在实际分析过程中又必须创造性地使用规则与技巧，从而真正发挥出竞争性假设分析注重证伪、规避思维定式、保持开放性思考的优点。

（二）内容摘要

2015年11月24日，土耳其参谋部突然宣布，当地时间上午9：20，土耳其空军出动2架F－16战机在与叙利亚接壤的土耳其境内击落1架侵入其领空的俄罗斯苏－24战机，飞机坠毁落入叙利亚境内，俄罗斯2名飞行员跳伞后1人死亡，1人被俘。俄罗斯国防部很快证实了这一消息，俄总统普京也发表声明对土耳其进行了强烈谴责，声称“恐怖主义帮凶在俄罗斯背后捅刀”，严厉表态要采取强硬措施回击。自从俄罗斯强势介入武力打击“伊斯兰国”之后，俄军在叙利亚境内展开大规模空袭行动打击极端武装势力。这一举动引起了北约尤其是美国的高度警觉，认为俄罗斯是以打击“伊斯兰国”武装为名介入叙利亚战事，维护自身在中东地区的利益。俄罗斯飞机在叙利亚频繁起飞执行作战任务，更是引发了历史上与俄罗斯存在“世仇”的土耳其的强烈不满。作为北约紧邻叙利亚内战和打击“伊斯兰国”前线的成员国，土耳其政府多次指责俄飞机侵犯了靠近叙利亚的土耳其领空，多次向俄方提出“强烈抗议”却被俄方置之不理。土耳其军方宣称俄罗斯战机侵入土耳其领空，而土方飞行员在击落俄方飞机前5分钟曾用无线电发出过10次警告，土耳其击落入侵领空的外国军机合乎规则，并公布了证明俄方飞机入侵领空的航迹图。然而，与土耳其方面的说法针锋相对，俄罗斯国防部坚称俄罗斯飞机从未侵入过土耳其领空，而土方击落俄战机是“蓄意攻击行为”。在双方各执一词，互不相让的时候，俄罗斯政府已经表态准备对土耳其进行制裁，俄军在事发后数天就将S－400防空导弹系统部署到叙利亚境内的赫梅米姆基地，还派出搭载有S－300防空导弹系统的俄黑海舰队旗舰“莫斯科”号导弹巡洋舰部署至靠近叙利亚拉塔基亚的水域，以此来加强该地区的空中防御。总之，普京执政的俄罗斯在国际事务上一向强硬，对于土方的行为一定不会善罢甘休，但是俄罗斯也一定会考虑土耳其背后的北约也在密切关注俄方的动向。毕竟，从乌克兰危机以来，俄罗斯和北约已经多次在不同领域和方向交手，双方的关系已经出现了显著恶化。在错综复杂的情况面前，判断俄罗斯究竟会做出何种反应，采用竞争性假设分析方法是一个比较明智的选择。分析人员应在系统、深入掌握竞争性假设分析方法的基本理念和使用技巧基础上，探索并改进具体的操作过程和判断规则，创造性发扬竞争性假设分析方法在解决复杂问题方面具有的优势，使先进分析方法能够发挥有效作用。

（三）案例正文

2015 年 11 月 24 日，土耳其参谋部突然宣布，当地时间上午 9：20，土耳其空军出动 2 架 F－16 战机在与叙利亚接壤的土耳其境内击落 1 架侵入其领空的俄罗斯苏－24 战机，飞机坠毁落入叙利亚境内，俄罗斯国防部很快证实了这一消息。俄罗斯 2 名飞行员跳伞后遭到了叙利亚境内亲土耳其的土库曼民族武装射击，1 人死亡，1 人被俘。土耳其军方宣称俄罗斯战机之前就曾多次侵入土耳其领空，此次被击落的苏－24 战机已经进入土耳其境内，而土方飞行员在开火击落俄方飞机前 5 分钟曾用无线电明确发出过 10 次警告，土耳其击落入侵领空的外国军机合乎规则，并公布了可以证明俄方飞机入侵领空的航迹图。然而，俄罗斯方面显然不认同土耳其方面的说法，俄总统普京也发表声明对土耳其进行了强烈谴责，声称“恐怖主义帮凶在俄罗斯背后捅刀”，严厉表态要采取强硬措施回击。俄罗斯军方也立即加强了驻叙利亚地区的防空力量部署，在事发后数天就将一套 S－400 防空导弹系统部署到叙利亚境内的赫梅米姆基地，还派出搭载有 S－300 防空导弹系统的俄黑海舰队旗舰“莫斯科”号导弹巡洋舰部署至靠近叙利亚拉塔基亚的水域，俄方战斗机也开始为执行任务的轰炸机提供护航。俄罗斯和土耳其均认为对方应该为事件负责，在外交方面保持了强硬姿态，两国关系因此瞬间紧张起来，事态似乎有进一步恶化的可能。事实上，自从俄罗斯强势介入武力打击“伊斯兰国”之后，俄军在叙利亚境内展开大规模空袭行动打击极端武装势力。这一举动引起了北约尤其是美国的高度警觉，认为俄罗斯是以打击“伊斯兰国”武装为名介入叙利亚战事，维护自身在中东地区的利益。俄罗斯飞机在叙利亚频繁起飞执行作战任务，更是引发了历史上与俄罗斯存在“世仇”的土耳其的强烈不满。作为北约紧邻叙利亚内战和打击“伊斯兰国”前线的成员国，土耳其政府多次指责俄飞机侵犯了靠近叙利亚的土耳其领空，多次向俄方提出“强烈抗议”却被俄方置之不理。因此，这次土耳其出动飞机击落俄罗斯战机，确实也有挟北约之威，敲打俄罗斯的“蓄意”之嫌。然而，普京执政的俄罗斯在国际事务上一向强硬，对于土方的行为一定不会善罢甘休，但是俄罗斯也一定会考虑土耳其背后的北约也在密切关注俄方的动向。毕竟，从乌克兰危机以来，俄罗斯和北约已经多次在不同领域和方向交手，双方的关系已经出现了显著恶化。目前，俄罗斯和土耳其争论的焦点已经不再是俄罗斯飞机是否越境，而是俄罗斯和土耳其的关系究竟会发生怎样的变化？在错综复杂的情况面前，判断俄罗斯究竟会做出何种反应，采用竞争性假设分析方法是一个比较明智的选择。分析人员应在系统、深入掌握竞争性假设分析方法的基本理念和使用技巧基础上，探索并改进具体的操作过程和判断规则，创造性发扬竞争性假设分析方法在解决复杂问题方面具有的优势，使先进分析方法能够发挥有效作用。

思考题：

1. 组建分析团队，采用竞争性假设分析法研判，在事发后一周之内汇报结论。筹划并准备好以下方面，比如，分析团队需要哪些类型的人员？怎么分工合作？具体分析活动怎么组织？

2. 当前拥有的分析素材主要是来自各个渠道的动态通报资料，除此之外，还要收集哪些资料来充实分析素材？有什么措施可以弥补素材缺口？

3. 竞争性的假设应该如何提出，怎样表述才能清晰、合理又却分出不同的可能性？

4. 具有“诊断性”的证据怎么确定，如果分析人员对某些“诊断性”证据的判断存在意见分歧，能够采取何种机制处理？

5. 如果采用竞争性假设分析法得出的结论与初始通报结论不一致，应如何处置？

6. 如何在分析过程中结合使用其他“结构化”分析方法？

（四）分析思路

1. 提出好的相互竞争的假设是非常关键的起步，尤其需要注意假设应该处于同一层次，不要让一种假设与其他次级假设相互竞争，此外，对于相互竞争的假设的表述要做到尽可能精准。

2. 分析过程中，有部分证据是源自分析人员的经验，不需要填入竞争性假设分析矩阵当中的，但是这些证据对于其他证据的“诊断性”或者说证伪能力提供了必要支撑，有必要对这些证据首先进行仔细衡量，避免将某些先入之见不经意地代入分析矩阵，从而动摇了结论的可靠性。

3. 不同来源的证据的可靠性也不一样，可以使用其他定量分析方法来给予权重分配，以改进原始规则对一致和不一致关系简单相加的做法。

4. 对于分歧意见的处理是非常重要的，比如一项证据被部分分析人员认定为具有高度“诊断性”，而被其他分析人员认定为没有“诊断性”，这种情况下，应综合采用其他分析方法致力于解决分歧，至少降低分歧的相差程度。

5. 采取将“A 队 B 队”与竞争性假设分析相结合的做法也是可取的，两组初始倾向针锋相对的分析人员背靠背地组织分析，但都采取竞争性假设分析法，各自得出结论后再共同展示，往往会有意想不到的效果。

6. 如果在分析中使用了大量证据，比如 20 条以上去填充分析矩阵，则最好使用竞争性假设分析法的软件版本，不仅可以提高效率，而且有助于于分析结果的可视化呈现。

（五）素材资料

本模拟案例所使用的素材来源包括中国、美国、俄罗斯、土耳其、英国的公开媒体资料，以及维基百科等互联网资料。

1. 事发前后土耳其方面的相关表态和行动

事发后，土耳其方面已请求北约成员国在比利时布鲁塞尔召开特别会议，通报击落俄战机过程以及商讨对策。

土耳其总统埃尔多安 11 月 26 日在接受美国有线电视新闻网采访时说："土耳其不会因击落俄战机向俄方道歉，相反，那些侵犯土耳其领空的人应该向我们道歉。"

土耳其总理达武特奥卢认为飞机侵犯了土耳其领空，被击落合乎规则。他在 10 月 17 日就曾表示，土耳其会毫不犹疑地击落侵犯该国领空的飞机。在 10 月 16 日，土耳其军方在靠近叙利亚边境的土耳其领空击落了 1 架不明国籍的无人机。

2012 年叙利亚战争爆发后，叙利亚政府军用防空导弹击落了 1 架越境的土耳其战机。之后土耳其单方面宣布将土耳其防空领域延伸进入叙利亚 5 英里。

土耳其向联合国提交的文件指出，俄战机侵犯领空达 17 秒。土耳其参谋部宣称在击落俄方飞机之前，土方飞机使用无线电在 5 分钟内发出 10 次警告，警告无效后才最终开火。但是，土耳其方面拒绝将有关苏 -24 战机遭击落的相关资料移交给俄驻土武官，并表示不会将 F -16 战机同苏 -24 战机飞行员之间的通话记录公之于众。

土耳其总统埃尔多安 11 月 28 日对俄罗斯军机被土方击落事件表示遗憾，同时呼吁与俄罗斯总统普京在巴黎会面。埃尔多安在土西部城市巴勒克谢希尔的一次讲话中，一方面重申应维护土耳其的国家主权和领空，另一方面对俄罗斯战机被击落感到"难过"。他说："我们并不希望发生这样的事情，但遗憾的是，还是发生了，希望今后不再发生。"这是埃尔多安首次在公开场合对俄罗斯战机被击落表示遗憾。

土耳其总理达武特奥卢 11 月 29 日表示，上周在土耳其击落俄罗斯苏－24 战机事件中遇难的俄罗斯飞行员的遗体将被移交给俄罗斯代表。在前往布鲁塞尔与欧盟领导人会面之前，达武特奥卢向媒体表示："这名牺牲的飞行员遗体昨晚在叙利亚边境被我们接收。"他还补充说，一名俄罗斯代表和一位土耳其军方代表将尽快飞往哈塔伊南部地区完成遗体交接过程。

2. 事发后俄罗斯方面的相关表态和行动

事发后，俄罗斯克林姆林宫发言人表示，"我们目前需要耐心，这起事件非常严重，但是我们需要看到飞机完整的画面和数据，任何匆忙的外交声明都是错误的。"

俄罗斯政府证实 1 名俄罗斯战斗机飞行员跳伞后被地面火力击中死亡。俄罗斯军方派出 1 架搜集直升机前去营救，但是被反对派武装用反坦克导弹击落，1 名俄罗斯陆战队成员身亡。

俄总参谋部行动总局局长鲁茨科伊 11 月 24 日称，俄军将采取"额外措施"，以确保俄罗斯在叙利亚执行反恐任务的安全。俄空军的所有轰炸机都将在歼击机掩护下行动，以确保飞行安全。此外，搭载有 S－300 防空导弹系统的俄黑海舰队旗舰"莫斯科"号导弹巡洋舰，也已部署至靠近叙利亚拉塔基亚的水域，以此来加强该地区的空中防御。26 日，俄国防部已将最先进的 S－400 防空导弹系统部署在俄空军驻扎在叙利亚赫梅米姆的空军基地。

俄罗斯电视台 11 月 25 日报道，俄罗斯总参谋部官员谢尔盖·鲁德斯科伊中将日前发表声明称，俄罗斯战机并未侵犯土耳其领空。不仅如此，根据叙利亚赫梅米姆空军基地的雷达数据，土耳其战机攻击俄罗斯战机时已进入了叙利亚领空。鲁德斯科伊由此宣称，土耳其攻击俄战机的行为"严重违反国际法"。

俄罗斯《共青团真理报》11 月 26 日报道称，土耳其反对党亲库尔德党副主席伊德里斯·巴鲁科纳表示，土耳其击落俄罗斯苏－24 战机是有预谋的攻击行为。

俄罗斯国防部新闻发言人卡纳申科夫在 11 月 26 日晚表示，根据此前通过的决议，俄中断了与土武装力量现有的所有联系，包括为轰炸叙利亚恐怖分子基础设施而设立的“热线”联系。同时，俄罗斯还召回了协调黑海舰队与土耳其海军行动的俄驻土海军代表。

俄罗斯政府认为土耳其方面拒绝向俄方道歉、并强硬回绝了俄方对土方的一切指责，致使双边关系最终走向了破裂。俄总理梅德韦杰夫在 11 月 26 日的内阁会议上称，俄政府将责令相关部门，在两天时间内，以最快的速度制定出对土耳其的制裁措施。而且，这些举措将不设时限，时限取决于国际局势和俄土双边关系的发展态势。梅德韦杰夫指出，在制裁措施中，将包括对土耳其在俄境内的经济机构的活动进行限制或禁止，还将涉及俄、土投资合作项目。

俄罗斯苏 –24 战机被击落后，俄罗斯国内以及白俄罗斯、希腊等国民众，自发举行了示威游行活动，谴责土耳其方面的举动。11 月 26 日，俄西南部城市新罗西斯克市，近 200 人聚集在土耳其总领馆外，集会持续近半天，示威人群点燃了土耳其国旗，以表示对土耳其的抗议和不满。临近土耳其的俄联邦北奥塞梯 – 阿兰共和国当局宣布，该国将中止与土耳其的经贸及事务关系。该国政府代表塔伊姆拉斯·图斯卡耶夫向俄媒《消息报》表示，俄战机被击落事件，将使共和国当局重新审视与土耳其的诸多协议，在冲突得到解决之前，将与土方中断所有经贸联系和事务往来。他希望土耳其官方应尽早发表道歉声明。

俄总统新闻秘书佩斯科夫 11 月 28 日则表示，俄方呼吁对土耳其有影响力的国家，尤其是美国，能确保土耳其未来的行为更具有可预见性，“不要想再击落俄罗斯飞机，不要想再对俄罗斯有所图谋”。

3. 第三方对事件的报道和推测

英国路透社 11 月 25 日报道，一名不愿透露姓名的美国官员表示，美国方面认为，俄罗斯苏 –24 战机在“短暂入侵”土耳其领空后，在叙利亚领空内被土耳其击落。报道称，该官员表示此项评估是基于对战机热源信号的检测而做出。

英国天空电视台防务记者 Alistair Bunkall 在仔细分析了土耳其提供的两国战机雷达轨迹后，对这起事件发表了自己的看法：第一，土耳其官方标注的俄罗斯战机“侵犯”土耳其南部领空的空域非常狭窄，最大不超过 50 千米；第二，即便是土耳其的 F－16 战机在附近巡航，也需要花费时间靠近俄罗斯苏－24 战机；第三，土耳其空军表示他们曾经在 5 分钟内向俄战机发出过多达 10 次警告，土耳其飞行员有足够的时间吗？第四，土耳其 F－16 战机在开火前，应该就在俄苏－24 战机附近，有伏击之嫌。

德国《明镜》周刊 11 月 27 日报道称，莫斯科宣布，加强对来自土耳其的进口食品控制。俄罗斯农业部长已经证明，土耳其进口商品被更多监察。

《华尔街日报》11 月 27 日称，尽管俄罗斯尚未公布针对贸易、旅游业的全部拟议制裁措施内容，但可能扩大至金融、商业交易领域。俄经济部长说，扩大黑海海底天然气管道的计划可能将被搁置，同样搁浅的还有俄罗斯正在土耳其修建并帮助融资的一个核电站。有分析称，俄罗斯采取的经济制裁措施将使土耳其损失约 120 亿美元，相当于土耳其年度 GDP 的 1.6% 左右。但对土耳其水果和蔬菜的进口禁令可能推高俄罗斯已然高达 15% 的通货膨胀率。

《环球时报》记者 11 月 27 日在莫斯科参加一场由塔斯社举办的俄土关系圆桌会议。俄国家能源安全基金副会长阿列克谢·格里瓦齐表示，喊停两国能源合作的一系列大项目，将使俄土双方都蒙受巨大损失，但眼下“不是算经济账的时机”。在会上，俄罗斯各界普遍认为，土耳其自己不会做出攻击俄战机的愚蠢决定，他的背后老板肯定是华盛顿。俄地缘政治问题学院院长列昂尼德·依瓦绍夫表示，如何处理俄土危机是摆在俄面前的紧迫问题。土攻击俄战机的行为是中情局参与制定的一场政治预谋。美国设下这一圈套的真实目的是让中东地区出现战乱。攻击俄战机的圈套不过是中情局迈出的第一步。俄应做好军事斗争的准备，应对未来危险局面。

参考文献

一、著作

（一）中文著作

高金虎：《美国战略情报与决策体制研究》，西安：陕西师范大学出版社，2004 年版。

高庆德：《军事情报分析模型建构》，北京：军事科学出版社，2010 年版。

高元新：《美国情报文化研究——从思维行动到决策的透视》，北京：军事谊文出版社，2008 年版。

李际均：《军事战略思维（增订本）》，北京：军事科学出版社，1998 年版。

李景龙：《美国情报分析理论发展研究》，北京：军事科学出版社，2014 年版。

刘宗和、高金虎主编：《第二次世界大战情报史》，北京：解放军出版社，2009 年版。

申华：《美国国家情报管理制度研究》，北京：军事科学出版社，2010 年版。

田实：《美国中央情报局局长》，北京：军事科学出版社，2008 年版。

钱军：《情报分析的认知理论与方法》，深圳：深圳报业集团出版社，2009 年版。

任国军：《美军联合作战情报支援研究》，北京：军事科学出版社，2010 年版。

宋筱元：《国家情报问题之研究》，台北：中央警官大学出版社，1995 年版。

许嘉：《美国战略思维研究》，北京：军事科学出版社，2003 年版。

阎学通、孙学峰：《国际关系研究实用方法（第二版）》，北京：人民出版社，2007 年版。

翟晓敏、杨寿青编著：《军事情报分析与预测》，北京：国防大学出版社，2000 年版。

张长军：《美国情报失误研究》，北京：军事科学出版社，2006 年版。

张长军：《战略突袭预警研究》，北京：军事科学出版社，2010 年版。

张晓军主编：《军事情报学》，北京：军事科学出版社，2001 年版。

张晓军等著：《美国军事情报理论研究》，北京：军事科学出版社，2007 年版。

张晓军主编：《美国军事情报理论著作评介》，北京：时事出版社，2005 年版。

张晓军主编：《美国军事情报著作理论评介【第二辑】》，北京：时事出版社，2010 年版。

（二）译著

【美】阿兰·盖兰：《中央情报局人物志》，何重译，北京：群众出版社，1984 年版。

【美】艾布拉姆·舒尔斯基，加里·斯密特：《无声的战争：认识情报世界（第 3 版）》，罗明安，肖皓元译，北京：金城出版社，2011 年版。

【美】布雷德利·F·史密斯，《美国战略情报局始末》，宋静存等译，北京：国际文化出版公司，1983 年版。

【美】蒂姆·韦纳著，杜默译，林添贵审订，魏宗雷审校：《中情局罪与罚——CIA60 年秘史存灰》，深圳：海天出版社，2009 年版。

【美】葛里高利·特勒沃顿：《重塑信息时代国家情报系统》，时事出版社，2003 年版。

【美】杰森·R·瑞奇著：《头脑风暴》，黄蓓蓓，孟涛译，北京：金城出版社，2005 年版。

【美】罗伯特·杰维斯：《国际政治中的知觉与错误直觉》，秦亚青译，世界知识出版社，2003 年版。

【美】罗伯特·索尔所等：《认知心理学（第 7 版）》，邵志芳等译，上海人民出版社，2008 年版。

【美】美国“9·11”独立调查委员会：《9.11 委员会报告》，史禺等译，北京：世界知识出版社，2005 年版。

【美】唐纳德·丹尼尔，凯瑟琳·赫伯格主编：《战略欺骗》，徐晓军、扈新生译，北京：军事科学出版社，1990 年版。

【美】托马斯·巴尼特：《五角大楼的新地图：21 世纪的战争与和平》，王长斌等译，东方出版社，2007 年版。

【美】托马斯·库恩：《科学革命的结构》，北京大学出版社，2003 年版。

【美】托马斯·特罗伊：《历史的回顾——美国中央情报局的由来和发展》，狄奋等译，北京：群众出版社，1988 年版。

【美】维克托·马凯蒂，约翰·马克斯著：《中央情报局与情报崇拜》，曹山等译，北京：生活·读书·新知·三联书店，1979 年版。

【美】威廉·科尔比：《情报生涯三十年——美国中央情报局前局长科尔比回忆录》，纪晴译，北京：群众出版社，1982 年版。

【美】谢尔曼·肯特：《战略情报：为美国世界政策服务》，刘徽，肖皓元译，北京：金城出版社，2012 年版。

【美】亚历克斯·阿贝拉著，梁筱芸，张小燕译：《白宫第一智囊：兰德公司与美国的崛起》，新华出版社，2009 年版。

【美】约翰·兰尼拉格：《中央情报局》，潘世强等译，中国社会科学出版社，1990年版。

【英】卡尔·波普尔：《猜想与反驳——科学知识的增长》，上海：译文出版社，1986年版。

【英】卡尔·波普尔：《科学发现的逻辑》，查汝强，邱仁宗，万木春译，杭州：中国美术学院出版社，2008年版。

（三）外文著作（含论文集、出版报告）

Berkowitz, D. Bruce, Goodman, E. Allan, *Strategic Intelligence for American National Security*, NJ: Princeton University Press, 1989.

Berkowitz D. Bruce, Goodman E. Allan, *Best Truth: Intelligence in the Information Age*, New Heaven, CT: Yale University Press, 2000.

Berkowitz, D. Bruce, ed., *The Future of American Intelligence*, Standford, CA: Hoover Press, 2005.

Best, Richard A., Jr. *Intelligence Estimates: How Useful to Congress?* Washington, D. C.: Congressional Research Service, Library of Congress, November 21, 2006.

Betts, Richard, Mahnken Thomas, eds., *Paradox of Strategic Intelligence: Essays in Honor of Michael I. Handel*, Portland: Frank Cass, 2003.

Chalou, George, *The Secret War: The Office of Strategic Services in World War II*, Washington, D. C.: National Archives and Records Administration, 1992.

Clark, Robert, *Intelligence Analysis: A Target - Centric Approach*, Washington, D. C.: CQ Press, 2007.

Cline, Ray, *Secrets, Spies, and Scholars: Blueprint of the Essential CIA*, Washington, D. C.: Acropolis Books, 1976.

Codevilla, Angelo, *Informing Statecraft—Intelligence for a New Century*, CA: Free Press, 1992.

Committee on Behavioral and Social Science Research to Improve Intelligence Analysis for National Security; National Research Council, *Intelligence Analysis for Tomorrow: Advances from the Behavioral and Social Sciences*, Washington, D. C. , The National Academies Press, 2011.

Cooper, Jeffrey, *Curing Analytic Pathologies: Pathways to Improved Intelligence analysis*, Washington, D. C. : Center for the Study of Intelligence, December 2005.

Daniel, Donald, Herbig Katherine, *Strategic Military Deception*, New York: Pergamon Press, 1982.

Devlin, Keith, *Confronting Context Effects in Intelligence Analysis: How Can Mathematics Help?* CA: Stanford University Press, 2005.

Diamond, John, *The CIA and the Culture of Failure: U. S. Intelligence from the End of the Cold War to the Invasion of Iraq*, CA: Stanford University Press, 2008.

Directorate of Intelligence, *A Compendium of Analytic Tradecraft Notes, Volume I*, Washington, D. C. : The Central Intelligence Agency, Reprinted with a new Foreword by the Deputy Director for Intelligence, February 1997.

Fingar, Thomas, *Reducing Uncertity: Intelligence Analysis and National Security*, CA: Standford University Press, 2011.

Fischoff, Baruch and Cherie Chauvin, eds. , *Intelligence Analysis: Behavioral and Social Scientific Foundations.* Washington, D. C. : The National Academies Press, 2011.

Garst, Ronald, ed. , *A Handbook of Intelligence Analysis, 2nd Edition*, Washington, D. C. : Defense Intelligence College, 1989.

Gentry, John, *Lost promise: How CIA Analysis Misserves the Nation*, MD: University Press of America, Inc. , 1993.

George, Roger, James Bruce, eds. , *Analyzing Intelligence: Origins, Obstacles, and Innovations*, Washington, D. C: Georgetown University Press, 2009.

Godson, Roy and Wirtz James, eds., *Strategic Denial and Deception: The Twenty – First Century Challenge*, NJ: Transaction Publisher, 2002.

Goldman, Jan, *Words of Intelligence: An Intelligence Professional's Lexicon for Domestic and Foreign Threats, 2nd Edition*, Lanham · Toronto · Plymouth, UK: The Scarecrow Press, Inc., 2011.

Grabo, Cynthia, *Anticipating Surprise: Analysis for Strategic Warning*, Washington, D. C.: National Defense Intelligence College, 2002.

Hackman, Richard, *What Makes for A Great Analytic Team? Individual versus Team Approaches to Intelligence Analysis*, Intelligence Science Board Task Force Report, Washington, D. C.: Office of Director of Central Intelligence Agency, February 2005.

Heuer, Richards Jr., *Psychology of Intelligence Analysis*, Washington, D. C.: Center for the Study of Intelligence, 1999.

Heuer, Richards Jr., *Quantitative Approaches to Political Intelligence: The CIA Experience*, CO: Westview Press, 1978.

Heuer, Richards Jr., Pherson, Randolph, *Structured Analytic Techniques for Intelligence Analysis*, Washington, D. C.: CQ Press, 2011.

Hulnick, Arthur, *Fixing Intelligence: Preparing American Intelligence for the Twenty – First Century*, CT: Praeger, 1999.

Janis, Irving, *Victims of Groupthink* Psychological Studies of Policy Decisions and Fiascoes, Boston: Houghton Mifflin, 1972.

Janis, Irving, *Groupthink: Psychological Studies of Policy Decisions and Fiascoes*, Boston: Houghton Mifflin, 1982.

Johnson, Loch ed., *Strategic Intelligence Vol. 1: Understanding the Hidden Side of Government*, London: Praeger Security International, 2007.

Johnston, Rob, *Analytic Culture in the U. S. Intelligence Communi-*

ty: *An Ethnographic Study*, Washington, D. C. : Center for the Study of Intelligence, 2005.

Kam, Ephraim, *Surprise Attack*: *The Victim's Perspective*, MA: Harvard University Press, 1990.

Katz, Bary, *Foreign Intelligence*: *Research and Analysis in the Office of Strategic Services*, *1942 – 1945*, MA: Harvard University Press, 1989.

Kent, Sherman, *Strategic Intelligence for American World Policy*, NJ: Princeton University Press, 1949.

Krizan, Lisa, *Intelligence Essentials for Everyone*, *Occasional Paper Number Six*, Washington, D. C. : Joint Military Intelligence College, June 1999.

Lahneman, William, *The Future of Intelligence Analysis*, *Volume I*, *Final Report*, Center for International and Security Studies, MD: University of Maryland, 2006.

Lahneman, William, *The Future of Intelligence Analysis*, *Volume II*, *Final Report*, *Center for International and Security Studies*, MD: University of Maryland, 2006.

Levite, Ariel, *Intelligence and Strategic Surprise*, New York: Columbia University Press, 1987.

Lowenthal, Mark, *Intelligence*: *From Secrets to Policy*, Washington, D. C. : Congressional Quarterly Press, 2002.

Marrin, Stephen, *Improving Intelligence Analysis*: *Bridging the Gap between Scholarship and Practice*, London and New York: Routledge, 2011.

McCarthy, Shaun, *The Function of Intelligence in Crisis Management*: *Towards an Understanding of the Intelligence Producer – Consumer Dichotomy*, London: Ashgate Publishing Limited, 1998.

Michael, I. Handel, *War*, *Strategy and Intelligence*, London:

Frank Cass and Company, Ltd. , 1989.

Mike, Wertheimer, *A – Space: The Intelligence Community's Common Analytic Workspace*, Office of the Deputy Director of National Intelligence for Analysis, 27 October, 2008.

Moore, David, *Critical Thinking and Intelligence Analysis*, Washington, D. C. : National Defense Intelligence College, 2007.

National Commission on Terrorist Attacks, *The 9/11 Commission Report: The Full Final Report of the National Commission on Terrorist Attacks Upon the United States*, New York: W. W. Norton & Co. , 2004.

Odom, William, *Fixing Intelligence: For a more Secure American*, New Haven: Yale University Press, 2003.

Pettee, George, *The Future of American Secret Intelligence*, Washington, D. C. : Infantry Journal Press, 1946.

Platt, Washington, *Strategic Intelligence Production: Basic Principles*, CT: Praeger, 1957.

Richard, K. Betts, *Surprise Attack*, Washington, D. C. : The Brookings Institution, 1982.

Richards, Julian, *The Art and Science of Intelligence Analysis*, New York: Oxford University Press, 2010.

Robert, Katter, Christine Montgomery, and John Thompson, *Cognitive Processes in Intelligence Analysis*, Technical Report 445, U. S. , Alexandria, VA: Army Institute for the Behavior and Social Science, December 1979.

Roy, Godson, Ernest R. May, and Gary Schnitt, eds. , *United States Intelligence at the Crossroad: Agendas for Reform*, Washington, D. C. : Brassey's, 1995.

Russell, Richard, *Sharpening Strategic Intelligence: Why the CIA Gets It Wrong and What Needs to Be Done to Get It Right*, New York: Cambridge University Press, 2007.

Schum, David, *Evidence and Inference for the Intelligence Analyst, Vol. I*, Lanham, MD: University Press of America, 1987.

Schum, David, *Evidence and Inference for the Intelligence Analyst, Vol.* Ⅱ, Lanham, MD: University Press of America, 1987.

Shulsky, Abram, Schmitt Gary, *Silent Warfare: Understanding the World of Intelligence*, New York: Brassey's, Inc., 1991.

Sinclair, Robert, *Cognitive Science and Intelligence Analysis*, Washington, D. C.: Center for the Study of Intelligence, 1984.

Steele, Robert, *The New Craft of Intelligence: Achieving Asymmetric Advantage in the Face of Nontraditional Threats*, Carlisle: U. S. Army War College Strategic Studies Institute, 2002.

Steury, Donald, ed., *Sherman Kent and the Board of National Estimates, Collected Essays*, Washington, D. C.: Center for the Study of Intelligence, 1994.

Thompson, J. R., Hopf - Weichel, R., and Geiselman, R., *The Cognitive Bases of Intelligence Analysis*, Alexandria, VA: Army Research Institute, Research Report 1362, 1984.

Treverton, Gregory, *Reshaping National Intelligence for an Age of Information*, New York: Cambridge University Press, 2001.

Treverton, Gregory, Gabbard Bryan, *Assessing the Tradecraft of Intelligence Analysis*, CA: Rand Publication, 2008.

Turner, Michael, *Why Secret Intelligence Fails*, VA: Potomac Books, Inc, 2005.

U. S. Government, *A Tradecraft Primer: Structured Analytic Techniques for Improving Intelligence Analysis*, Washington, D. C.: U. S. Government, March 2009.

Walter, Laqueur, *The Uses and Limits of Intelligence*, New Brunswick, NJ: Transaction Publishers, 1993.

Whaley, Barton, *Stratagem: Deception and Surprise in War*, Cambridge, MA: MIT Center for International Studies, 1969.

Wirtz, James, *The Tet Offensive: Intelligence Failure in War*, New York: Cornell University Press, 1991.

Wohlstetter, Roberta, *Cuba and Pearl Harbor: Hindsight and Foresight*, Santa Monica, CA: The Rand Corporation, 1965.

Wohlstetter, Roberta, *Pearl Harbor: Warning and Decision*, CA: Stanford University Press, 1962.

二、研究论文

（一）中文论文和期刊文章

韩建新：《二战期间美国情报分析中人文社科学者的作用》，《解放军理工大学学报（综合版）》2010 年第 6 期。

钱红良、王霄：《美国中央情报局战略分析工作的特点评析》，《解放军国际关系学院学报》2002 年第 2 期。

石高能：《美国情报分析中的批判性思维研究》，解放军外国语学院 2011 届硕士学位论文未刊稿。

晓谈、杨啸：《中情局冷战密件大曝光》，《档案时空》2003 年第 7 期。

张晓军：《六十年的“显学”之路——情报理论研究在美国》，《解放军外国语学院学报（社会科学版）》2010 年第 1 期。

（二）英文论文和期刊文章

Armstrong, Fulton T., Ways to Make Analysis Relevant but Not Prescriptive, in *Studies in Intelligence*, *Vol. 46*, *No. 3*, *Unclassified Edition*, 2002.

Ben – Israel, Isaac, Philosophy and Methodology of Intelligence: The Logic of Estimative Process, in *Intelligence and National Security*, *Issue.* 4, *No. 4*, October 1989.

Betts, Richard K., Analysis, War, and Decision: Why Intelligence Failures Are Inevitable, *World Politics*, *Vol. 31*, *No. 1*, October 1978.

Davis, Jack, Combating Mind – set, in *Studies in Intelligence*, *Vol. 36*, *No. 5*, December 1992.

Davis, Jack, Improving CIA Analytic Performance: Analysts and the Policymaking Process, in *The Sherman Kent Center for Intelligence Analysis Occasional Papers*, *Vol. 1*, *No. 2*, September 2002.

Davis, Jack, *Intelligence Changes in Analytic Tradecraft in CIA's Directorate of Intelligence*, Washington, D. C.: CIA Directorate of Intelligence, April 1995.

Davis, Jack, Sherman Kent and the Profession of Intelligence Analysis, in *The Sherman Kent Center for Intelligence Analysis Occasional Papers*, *Vol. 1*, *No. 5*, November 2002.

Davis, Jack, Sherman Kent's Final Thoughts on Analyst – Policymaker Relations, in *The Sherman Kent Center for Intelligence Analysis Occasional Papers*, *Vol. 2*, *No. 3*, June 2003.

Davis, Jack, Strategic Warning: If Surprise is Inevitable, What Role for Analysis? in *The Sherman Kent Center for Intelligence Analysis Occasional Papers*, *Vol. 2*, *No. 1*, January 2003.

Davis, Jack, Tensions in Analyst – Policymaker Relations: Opinions, Facts, and Evidence, in *The Sherman Kent Center for Intelligence Analysis Occasional Papers*, *Vol. 2*, *No. 2*, January 2003.

Davis, Jack, *The Challenge of Opportunity Analysis: An Intelligence Monograph*, Center for the Study of Intelligence, CSI92 – 003U, July 1992.

Fishbein, Warren, Gregory Treverton, Rethinking "Alternative Analysis" to Address Transnational Threats, in *The Sherman Kent Center for Intelligence Analysis Occasional Papers*, *Vol. 3*, *No. 2*, October 2004.

Fisk, Charles E., The Sino – Soviet Border Dispute: A Comparison of the Conventional and Bayesian Methods for Intelligence Warning, in *Studies in Intelligence*, *Vol. 16*, *No. 2*, Spring 1972.

Folker, Robert, Jr., *Intelligence Analysis in Theater Joint Intelligence Centers: An Experiment in Applying Structured Methods*, *Occasional Paper Number Seven*, Washington, D. C.: Center for Strategic Intelligence Research, Joint Military Intelligence College, January 2000.

Gannon, Michael W., *Cruise Missile Proliferation: An Application of Bayesian Analysis to Intelligence Forecasting*, Master's Thesis of Science in National Security Affairs, from the Naval Postgraduate School, September 1992.

Gates, Robert M., Guarding against Politicization, in *Studies in Intelligence*, *Vol. 36*, *No. 1*, 1992.

Gates, Robert M., The CIA and American Foreign Policy, *Foreign Affairs*, *Vol. 66*, *No. 2*, Winter 1987.

George, Roger Z., Fixing the Problem of Analytical Mind - Sets: Alternative Analysis, in *International Journal of Intelligence and Counter-Intelligence*, *Vol. 17*, *No. 3*, September 2004.

Handel, Michael I., the Yom Kippur War and the Inevitability of Surprise, *International Studies Quarterly 21*, *No. 3*, September 1977.

Hansen, Eric C., *Operation Iraqi Freedom 04 - 06*: *Opportunities to Apply Quantitative Methods to Intelligence Analysis*, Presentation at U. S. Military Academy, West Point, New York, 21 - 23 June, 2005.

Helmer, Olaf, Rescher Nicholas, On the Epistemology of the inexact Science, in *Management Science*, *No. 6*, 1959.

Heuer, Richards J., Jr., *Small Group Processes for Intelligence Analysis*, in www. pherson. org/Liberary/H11. pdf, 2008.

Heuer, Richards J., Jr., *Taxonomy of Structured Analytic Techniques*, prepared for the International Studies Association 2008 Annual Convention, March 26 - 29, San Francisco, CA, 2008.

Heuer, Richards J., Jr., *The Evolution of Structured Analytic Techniques, Presentation to the National Academy of Science, National Research Council Committee on Behavioral and Social Science Research to Improve Intelligence Analysis for National Security, Washington, D. C.*, December 8, 2009.

Hulnick, Arthur S., The Intelligence Producer – Policy Consumer Linkage: A Theoretical Approach, in *Intelligence and National Security, Volum. 1, Issue. 2*, May 1986.

Johnston, Rob, Developing a Taxonomy of Intelligence Analysis Variables, in *Studies in Intelligence, Vol. 47, No. 3, Unclassified Edition*, 2003.

Jevis, Robert, Reports, Politics, and Intelligence Failures: The Case of Iraq, in *Journal of Strategic Studies Vol. 29, No. 1*, February 2006.

Kent, Sherman, A Crucial Estimate Relived, *Studies in Intelligence, Vol. 8, No. 2*, Spring 1964.

Kent, Sherman, Estimates and Influence. *Studies in Intelligence, Vol. 12, No. 3*, Summer 1968.

Kent Sherman, The Need for an Intelligence Literature, in *Studies in Intelligence, Vol. 1, No. 1*, Fall 1955.

Kerr, Richard, Collection and Analysis on Iraq: Issues for the US Intelligence Community, in *Studies in Intelligence, Vol. 49, No. 3*, September 2005.

Kuhns, Woodrow, ed., *Assessing the Soviet Threat: The Early Cold War Years*, Washington, D. C.: Central Intelligence Agency, 1997.

Lowenthal, Mark M., Towards a Reasonable Standard for Analysis: How right, How often on which issues? in *Intelligence and National Security, Vol. 23, No. 3*, June 2008.

Marrin, Stephen, CIA's Kent School: Improving Training for New Analysts, in *International Journal of Intelligence and CounterIntelligence*, *Vol. 16*, *No. 4*, October 2003.

Marrin, Stephen, Training and Educating U. S. Intelligence Analysts, *International Journal of Intelligence and CounterIntelligence*, *Vol. 22*, *No. 1*, 2009.

Medina, Carmen A., The Coming Revolution in Intelligence Analysis: What to Do When Traditional Models Fail, in *Studies in Intelligence*, *Vol. 46*, *No. 3*, *Unclass Edition*, 2001.

Nye, Joseph S., Jr., Peering into the Future, *Foreign Affairs*, *Vol. 73*, *No. 4*, 1994.

Office of Director of National Intelligence, *Analytic Transformation*: *Unleashing the Potential of a Community of Analysts*, Washington, D. C.: Office of Director of National Intelligence, September 1, 2008.

PARC AI^3 Team with Richards Heuer, *ACH1. 1*: *A Tool for Analyzing Competing Hypotheses Technical Description for Version 1. 1*, CA: Palo Alto Research Center, 27 June, 2005.

Ransom, Harry, Strategic Intelligence and Foreign Policy, in *World Politics*, *Vol. 27*, *No.* 2, October 1974.

Rose, P. K., *Two Strategic Intelligence Mistakes in Korea*, *1950*, in *Studies in Intelligence*, Fall – Winter 2001.

Schweitzer, Nicholas, Bayesian Analysis for Intelligence: Some Focus on the Middle East, in *Studies in Intelligence*, *Vol. 20*, *No. 2*, Summer 1976.

Stech, Frank J. and Elsässer Christopher, *Midway Revisited*: *Detecting Deception by Analysis of Competing Hypothesis*, presentation at the 72nd MORS Symposium, Naval Postgraduate School, Monterey California, 22 – 24 June 2004.

Taylor, Sarah M., *The Several Worlds of the Intelligence Analyst*,

Lockheed Martin IS&S, in Pennsylvania State University E – Education Papers, 2005.

Teitelbaum, Lorne, The Impact of the Information Revolution on Policymakers' Use of Intelligence Analysis, in *The Pardee RAND Graduate School dissertation series*, 2005.

Ward, Steven, Evolution Beats Revolution in Analysis, in *Studies in Intelligence*, *Vol. 46*, *No. 3*, *Unclass Edition*, 2001.

Warner, Michael, McDonald Kenneth, *US Intelligence Community Reform Studies since 1947*, Washington, DC: Center for the Study of Intelligence, 2005.

White, Ralph, Empathy as an Intelligence Tool, in *International Journal of Intelligence and CounterIntelligence*, *Vol. 1*, *No. 1*, Spring 1986.

Wilhelm, Agrell, When Everything is Intelligence, Nothing is Intelligence, in *The Sherman Kent Center for Intelligence Analysis Occasional Papers*, *Vol. 1*, *No. 4*, October 2002.

Zlotnick, Jack, A Theorem for Prediction, in *Studies in Intelligence*, *Vol. 11*, *No. 4*, Winter 1967.

三、情报条令、官方指令性文件

Office of the Director of National Intelligence, *100 Day Plan*: *Integration and Collaboration*, 11 April 2007, http://www.dni.gov/100 – day – plan/100_ day_ plan. pdf.

Office of the Director of National Intelligence, *500 Day Plan*: *Integration and Collaboration.* 10 October 2007, http://www.dni.gov/500 – day – plan. pdf.

Office of the Director of National Intelligence, *The National Intelligence Strategy of the USA*: *Transformation through Integration and Innovation*, October 2005. http://www.dni.gov/ publications/NISOctober2005.

pdf.

Office of the Director of National Intelligence, *The National Intelligence Strategy of the United States of America*, August 2009. http://www.dni.gov/reports/2009_ NIS. pdf.

Office of the Director of National Intelligence, *Vision 2015: A Globally Networked and Integrated Intelligence Enterprise*, July 22, 2008, http://www.odni.gov/reports.htm.

U. S. Joint Chiefs of Staff, Joint Publication 2 – 0: *Joint Intelligence*, Washington, D. C.: GPO, June 22, 2007.

U. S. Joint Chiefs of Staff, Joint Publication 1 – 02, *Department of Defense Dictionary of Military and Associated Terms*, Washington, D. C.: GPO, November 8th, 2010 (As Amended through 31 January 2011).

U. S. Joint Chiefs of Staff, Joint Publication 2 – 01, *Joint and National Intelligence Support to Military Operations*, Washington, D. C.: GPO, 05 January 2012.

四、网络资源

1. http://www.cia.gov/
2. http://www.crs.gov/
3. http://www.fas.org/
4. http://www.intellitmuskingum.edu/index.html/
5. http://www.insightassessment.com/
6. http://www.nap.edu/
7. http://www.odni.gov/
8. http://www.pirp.harvard.edu/
9. http://www.rand.org/
10. http://www.umd.edu/

后　　记

本书评介和阐释了大量国内外情报分析主流研究成果，在此向各位情报分析学术研究的前辈和同仁的辛勤劳作致以由衷的敬意和感谢。同时，因作者学术水平和研究能力所限，对各位专家的观点和论述难免有解读不够到位，或者解释不够清楚之处，希望读者海涵。

本书的完成也得到了很多专家和同仁的鼎力支持，张晓军教授、孙建民教授、彭亚平副教授不仅经常与作者交流和研讨学术观点，也为本书的写作提出了很多宝贵意见，使作者受益匪浅；张兵城和张伟伟两位博士因为课题合作也参与了本书部分内容的设计和撰写工作，对他们的辛勤劳动表示感谢；同事林淳为本书获得出版资助做了大量事务性工作，尤其值得感谢。最后还要感谢时事出版社的苏绣芳副总编，她对于本书最终的修改和出版，提供了无私的帮助，更要特别致以谢意！